Alptraum Auto

Eine hundertjährige Erfindung
und ihre Folgen

ISBN 3-922696-46-5
Gesamtherstellung: Druckteufel GmbH, München
Satz: Fotosatz München
Gestaltung: Karla Hey

Dies ist das Begleitbuch zur gleichnamigen Photo-Ausstellung „Alptraum Auto".

Vergabe der Ausstellung: Gesellschaft für sozialwissenschaftliche und ökologische Forschung e.V., Frohschammerstr. 14, 8000 München 40

Alptraum Auto

Eine hundertjährige Erfindung
und ihre Folgen

Peter M. Bode
Sylvia Hamberger
Wolfgang Zängl

Mitarbeit:
Ossi Baumeister

Raben Verlag

Bildtafeln

Aufsätze

Vom Straßenleben zur Lebensgefahr

„Man redet gerne vom finsteren Mittelalter – wir haben viele triftige Gründe, von einer sehr finsteren Gegenwart zu sprechen.“ (Adolf Portmann)

Auf den alten Bildern: Kinder spielen mitten auf der Straße, eine Gänseschar kommt vorbei, der Dorfbach fließt am Rand und hohe Bäume stehen mitten auf den Plätzen. Eine friedliche Ruhe liegt über diesen LebensRäumen: Bilder aus einer anderen Welt.

Daneben Szenen aus unserer Welt: am gleichen Ort, aber heute. Da spielt kein Kind mehr. Die Fahrbahn ist bis zum Hauseingang hinasphaltiert, die Plätze sind hart, laut, verstopft: maschinengerecht und menschenleer. Ein Beispiel auch für den Niedergang menschlichen Zusammenlebens – ein Sieg der Technik?

Passau: ein Beispiel

„Nicht nur in der Dreiflüssestadt haben grenzloser Dilettantismus und Mißachtung von Tradition und Stadtgeschichte den Weg zur profillosen Stadt abgesteckt. Hier aber, im jahrhundertealten, im langsam gewachsenen Passau wird vieles

deutlicher, der Austausch ist ganz offensichtlich: eine gewachsene Straßenzeile am Anger gegen eine Rennbahn, ein Tante-Emma-Laden in der Leopoldstraße gegen einen Plus-Supermarkt, ein barockes Haus mit großen Wohnungen an der Hängebrücke gegen ein gesichtsloses Parkhochhaus…

Im 17. Jahrhundert konnten italienische Künstler der Stadt ihr Gepräge geben, heute tun es Technokraten und Autofahrer." (Peter Seewald)

Vom Landverschnitt . . .

Noch geplant sind in der Bundesrepublik weitere 3.000 Kilometer neue Autobahnen, 200.000 Kilometer zusätzliche Bundes-, Staats-, Kreis- und Gemeindestraßen, Wald- und Wirtschaftsstraßen. Der Prozeß der totalen Automobiliserung geht ununterbrochen weiter: Jedes Jahr wächst der Autobestand um eine halbe bis eine Million. Die Droge Auto steht mehr denn je für „Freiheit", aber der Traum von der Beweglichkeit ist längst zum Alptraum geworden.

... zum Autoland

Unsere ganze Gesellschaft ist inzwischen auf den berufstätigen Autofahrer ausgerichtet: Städte und Dörfer, Versorgung und Verkehr. Und das soziale Leben.
Über die vom Auto verursachten Schäden war noch nie so viel bekannt wie heute. Dennoch wird mehr und schneller gefahren als je zuvor. Politiker machen Propaganda fürs schnelle Fahren und feilschen um Abgasprozente. Und die Automobilindustrie gibt Millionen für ihre hundertjährige Jubelfeier aus. So als sei nichts geschehen.

Vor den Autos . . .

Herstellung, Betrieb und Beseitigung der Automobile sind extrem umweltzerstörend: Abgase, Reifenstaub, Altöle, Lösungsmittel, Schwermetall-Lacke, Straßenabrieb, Bremsflüssigkeiten, Kunststoffe . . . Alles taucht wieder auf und durchmischt sich, vergiftet die Landschaft, wird weitergetragen und schädigt den Menschen.
Denn unsere Haut ist nicht aus Nirosta und die Lunge nicht aus Plastik.

... sterben die Wälder

Dieses Foto wurde 1984 im bundesdeutschen Harz aufgenommen. Kein Einzelfall. Der zerfetzte Wald erinnert an Krieg und Flammen. Umgekommen sind die Bäume aber durch die Abgase der Autos, durch die Abluft aus Kraftwerken, Industrie- und Haushaltskaminen. Durch die Gifte, die sich in der Luft daraus bilden.
Soll das Waldsterben wirklich erst zu Ende sein, wenn es keinen Wald mehr gibt?

Auto-Bahn und Auto-Wahn

Stau-Landschaften, Beton-Äcker, Asphalt-Wiesen, Abgas-Himmel.

Die schöne deutsche Landschaft – nur mehr ein Restposten, ein Sonderangebot zum Schleuder-Preis, ein Fremdenverkehrs-Mythos. Eine Fahrer-Kulisse.
Fahren, fahren – immer nur fahren. Tag und Nacht. Wie auf einem Fließband bewegt sich die automobile Nation.

Lauter „Individualisten“, vereint im Stau.
Und dann die Glücksmeldungen: „Autotouristen können, künftig von Hamburg über Lyon nach Valencia fahren, ohne auch nur einmal die Autobahn verlassen zu müssen.“
So eine Freude.

Dabei sind die psychischen Folgen des deutschen Autobahn-Lebens noch gar nicht voll absehbar:
„Was *zwischen* Hamburg und München eingeübt wird, das Recht des Stärkeren, das wirkt *in* Hamburg und *in* München dann erst so richtig.“ (Stefan Baron)

Die heile Welt . . .

So sieht die Welt aus, wie wir sie gerne hätten. Meilenweit Natur, würzige Bergdörfer, verträumte kleine Häfen, enge, gewundene Gäßchen, romantische Altstädte, urbane Plätze - ohne Auto.
Diese Bilder erscheinen uns als Idylle. Um solche Bilder zu sehen, fahren wir Hunderte von Kilometern - mit dem Auto. Plätze und Straßen in unseren Dörfern und Städten sind noch bis vor kurzem oft nicht weniger schön gewesen.

... und wie man hinkommt

„In Wirklichkeit dient ein wesentlicher Teil des Individualverkehrs nur dazu, den Auswirkungen eben dieses Verkehrs zu entfliehen." (Jürgen Dahl)

Große Fluchten

Je weiter wir fahren, desto weiter führen die Autobahnen. Die Parkplätze werden mehr. Das ganze Verkehrsleben nimmt zu.

Was gestern noch Ziel unserer Träume war – einsam, still und schön –, ist heute asphaltiert. Autogerecht aufbereitet. Versammelt auf Park-Plätzen, an Park-Ufern und Park-Buchten treffen wir uns wieder. Erstaunt, daß wir einander nicht entkommen sind.

Kleine Fluchten

Freizeit ist Autozeit. Ob Alpenglühen und Sonntagsbraten, ob stiller Wald und blauer See, ob Natur oder Kultur.

Das Auto ist immer dabei. Im Sommer und im Winter. So wird alles zum Motorsport: das Wandern, Kegeln, Surfen, Schwimmen, Segeln, Skilaufen.
Im Auto hin. Im Auto heim. Der ganze Feiertag im Blech.

Der Straßen-Fraß

Je mehr gefahren wird, desto mehr Straßen werden gebaut, desto mehr wird gefahren, desto mehr Straßen . . . eine Spirale ohne Ende? Je weniger Landschaft vorhanden ist, umso schneller geht die Zerstörung voran.

In Rheinland-Pfalz arbeiten hauptberuflich für den Straßenbau 7 000 Beamte; im Naturschutz sind es 300; das dürfte repräsentativ für alle Bundesländer sein.
„Jeder Kleinstadt-Baudirektor verfügt über eine Armee, die in ihrer Vernichtungskraft den mit Panzern bewaffneten Divisionen in nichts nachsteht." (Peter Seewald)
Unsere Frage an die Baudirektoren, die Ministerialbürokratie, die Straßenplaner und Straßenbauer: Finden Sie diese Welt wirklich schön, die Sie da errichten?

Der Tod eines Naturschutzgebietes

Nahe dem gerade begonnenen Bau des Münchner Flughafens im Erdinger Moos wird seit 1985 die Autobahn A 92 vorwärtsgetrieben – mitten durch ein Naturschutzgebiet. In den Erdhaufen verkümmern in großen Mengen Pflanzen, die auf der „Roten Liste" ganz oben stehen.
Neben der zukünftigen Trasse hat das letzte Storchenpaar der Gegend sein Nest. Und wenn es verschwunden ist, wird es wieder niemand gewesen sein.

Vom Isental zur A 94

Bilder einer unzerstörten Gegend, in unmittelbarer Nähe Münchens. Durch diese Landschaft soll die Autobahn betoniert werden, „die Wallfahrer-Autobahn – über Altötting nach Braunau". (Gerhard Polt).
„Ein Beitrag zum aktiven Umweltschutz", preist das Innenministerium die Landschaftszerstörung.
Auch wenn die Trasse nun etwas verschoben wird, droht diesem Tal der Tod.

Schöne Straßen

Straßen gab es schon immer in der menschlichen Geschichte. Sie dienten dem Tausch und dem Austausch, dem Handel, Krieg und Frieden. Sie verbanden Siedlungen, Dörfer und Städte miteinander. Immer paßten sich die Straßen den Gegebenheiten der Landschaft an. Ansteigend und sanft abfallend, geschwungen, in Bögen und Kurven verlaufend, folgten sie dem Gelände, den Tälern, Hügeln, Ebenen und Bergen.

Neue Straßen

Die kürzeste Verbindung von A nach B ist eine Gerade. Dieser fixen Idee wird die Landschaft heute angepaßt. Nie wurden Straßen so brutal, so breit und schnurgerade in die Landschaft geschlagen wie in unserer Zeit. Nie waren sie so lebensfeindlich und leer. Kein Platz für Menschen. Kein Platz für Tiere.
Hier wird das Gehen zur Geh-Fahr. Denn ausschließlich für den schnellen Autoverkehr sind diese Straßen gebaut.

Treibjagd auf Rädern

Wir Deutschen sind ein tierliebendes Volk. Jeder zweite hält sich ein Haustier. Aber draußen, vor der Tür, rotten wir die Tiere aus. Auch mit dem Auto. Treibjagd auf Rädern.
Von diesem Tod der Tiere nimmt kaum jemand Notiz. Früh morgens räumt die Straßenreinigung die kleinen Körper von der Fahrbahn. Die Sauberkeit ist wiederhergestellt...

Rund 20 Minuten benötigt ein Erdkrötenpaar, um eine sieben Meter breite Fahrbahn zu überqueren.

Auf einer Strecke von 100 Kilometern Landstraße haben wir an einem Sonntag im Juli 1985 die toten Tiere am Straßenrand gezählt:
13 Vögel, 3 Katzen und 17 Igel. 33 überfahrene Tiere. Durchschnitt eines Wochenendes.

Nicht gezählt die Schmetterlinge, Käfer und anderen Insekten und alles, was an Kühlergrill, Windschutzscheiben oder unkenntlich unter den Reifen zerquetscht wurde.

Wege verbinden

Wege sind die ältesten menschlichen Zeichen in einer Landschaft. Sie entstanden durch Wanderer und Bauern, durch Feldarbeit und Ernten, durch Arbeit und Muße.
Wie viele Menschen haben sie benutzt, ohne sie zu zerstören.

Räume durch Bäume: Alleen

„Auch für den Verkehr hat der Groß-Khan in bester Weise vorgesorgt... Auf beiden Seiten der Landstraßen läßt er in zwei Schritt Entfernung Bäume pflanzen, welche rasch und stark wachsen. So haben die Reisenden im Sommer Schatten, und im Winter, wenn alles verschneit ist, zeigen die Bäume den Weg; zudem aber glaubt der Groß-Khan seinen Sterndeutern, welche aussagen, daß das Pflanzen von Bäumen durch ein langes Leben belohnt werde". (Marco Polo)

Das Dorf

Gesäumt von Gärten, Obstbäumen und von Brunnen, eingebunden in Häuser ist die Dorfstraße Lebensraum.

Verbindet, trennt nicht.
Und bietet lebendiger Tradition eine letzte Zuflucht.
Das Dorfleben hat sich gewandelt.
Aber müssen diese Orte nur deshalb unwiederbringlich auf ihre Qualitäten verzichten?

Das Durchfahrts-Dorf

Eines ist wie das andere: trist, eintönig, zerissen. Werksverkehr und LKW, Urlauberkolonnen, Tankstellen und Asphaltpisten zerschneiden die Dorfkultur, die gewachsenen Verbindungen und das soziale Leben. Geblieben sind nur Namen, die noch Geschichte tragen.
Doch weiterhin ist das autogerechte Dorf der Traum vieler Gemeinderäte: Wir machen mit beim Straßenbau, wir sind dabei beim Ampelrausch.

Die neue Heimat

Bauherren erfüllen sich ihre Vorstellungen vom Leben auf dem Land: jede Menge Straßen, Einfahrten, Durchfahrten, Garagen, Vorplätze, Stellplätze. Denn das Haus im Grünen ist nur mit dem Auto zu erreichen.

Die Häuser-Landschaften wachsen ins Unermeßliche. Mit ihnen die sauberen Straßen, die sauberen Fahrzeuge, die sauberen Gärten und die sauberen Reihen-Heime: versteinerte Einsamkeit. Nur die Schilder erinnern noch an Natur: Eichenstraße, Ahornstraße, Lilienstraße, Nelkenweg, Tulpenpfad…

Auto-Heimat

Mindestens eine Garage, meistens zwei und oft schon drei pro Haus und Familie sind der Standard.

Vom Zweitfahrzeug über die Drittgarage zum Viertstellplatz. Unsere Autos sollen es schließlich besser haben als wir. Früher hat man Bäume gesetzt. Heute setzt man Doppelgaragen.

Vom Marktplatz . . .

Die schönsten Plätze gehörten dem Markt. Denn der Markt war immer ein Ereignis.

Er ist es heute noch: die Fülle der Blumen, der Früchte und Gemüse, die Farben und Düfte der Jahreszeiten, Tausch und Austausch, Geselligkeit und Gespräch.

. . . zum Parkplatz

Anstatt nach Jasmin riecht es nach Benzin.

Auf den schönsten Plätzen stehen heute die Fahrzeuge und warten auf den Feierabend ihrer Besitzer. Ruhendes Blech. Tag für Tag.
Zwischendurch Überreste, traurige Botschaften aus Zeiten, als man noch kein Auto für alles und jedes brauchte.

Von der Idylle . . .

Wasser ist Lebenselement und Lebenslust. Alte Dörfer und Städte wurden ans Wasser gebaut. Bis heute verdanken sie ihre Gestalt, ihr Gesicht dem Lauf ihrer Bäche und Flüsse.

Doch das Wasser von damals ist nicht mehr das Wasser von heute. Verschmutzt und vergiftet blieb nur sein Anblick erhalten: Schönheit fürs Auge.
Noch könnte man das Wasser retten. Noch sind nicht alle Möglichkeiten verschüttet.

... zur Kloake

Der Autowelt ist Wasser nur ein Hindernis.

Begradigt, verrohrt, überbaut und beerdigt wird es zum „Vorfluter“ mit öligem Geschmack. Zum Abwasser, zur Kloake.
Der ganze Dreck der Straßen schwemmt hinein.
Nur noch ein Schild bezeichnet Fluß und Bach. Die Bewegungen des Wassers sind in der DIN-Welle erstarrt.

Der Fluß-Sarg von Idar-Oberstein

Das ist der neue Fluß von Idar-Oberstein: ein Fluß der Planer, der Betonmischer, der Bürokraten.
Die Nahe ist eingesargt: zwei Kilometer lang, über 20 Meter breit. Dieses Wasser-Grab hat 250 Millionen Mark, 30 Altstadthäuser, ein reizvolles Stadtbild und einen Teil des Fremdenverkehrs gekostet. Fußgänger müssen den völlig zugedeckelten Fluß in acht Meter Höhe überqueren, damit keine Ampel die Autos bremst. Was heute strömt, ist der Verkehr.

Auto und Wirtschaft

Aufschwung

Entwicklung des PKW-Bestandes in der BRD:

1958	1963	1968	1973	1978	1983	1985	2000 (Prognose)
3,1	7,3	11,7	17,0	21,2	24,6	25,5	30 (Mill.)

Gesamtumsatz der deutschen Autoindustrie 1984:	133,8 Mrd. DM
Exportumsatz 1984:	80,2 Mrd. DM
Kassenbestand der Automobilfirmen Ende 1985:	12 Mrd. DM

Produktion 1985: über 4 Mill. Automobile
Pro Jahr fließen aus dem Autosektor etwa 55 Mrd. DM Steuereinnahmen an den Bund (allein 25 Mrd. DM über die Mineralölsteuer).
Die Automobilindustrie investierte 1983 eine Milliarde DM in Anzeigen.

Straßenbau

Straßenbaumittel:

1950	1960	1970	1975	1980	1984	
0,4	6,0	14,8	17,5	23,0	19,5	(Mrd. DM)

Ein Kilometer Autobahn kostet durchschnittlich etwa 10 Millionen DM.
Hinter den Baufirmen stehen die Banken und Versicherungen, die auch hinter den Autofirmen und hinter den Autofahrern stehen.
Die Autoindustrie hat viele Erfüllungsgehilfen, bewußte und unbewußte: Autofahrer, Autobauer, Straßenplaner, den ADAC, Verkehrswirtschaftler und -wissenschaftler, die Mineralölindustrie, Stadt- und Gemeinderäte, Politiker, Funktionäre …

Arbeitsplätze

Jeder 7. Beschäftigte, so heißt es immer, verdient sein Geld durch das Auto. (Das Deutsche Institut für Wirtschaftsforschung kam in einer Untersuchung auf jeden 15.)

Dazu drei Aspekte:
- Ist es nicht eine absurde Verschleuderung von Geld und Arbeit, von Phantasie und Intelligenz, einen Teil der Volkswirtschaft auf eine größtenteils unproduktive Beförderungsmaschinerie, auf eine „zukunftslose Technologie“ (Frederic Vester) zu konzentrieren?
- Ist die Arbeit, die die Automobilindustrie anzubieten hat, nicht zum großen Teil unqualifiziert und dadurch in Krisenzeiten entsprechend unsicher?
- Wer hat je nachgeprüft, wieviele Menschen durch das Auto ihren Arbeitsplatz *verloren* haben? (Z. B. die vielen tausend kleinen Einzelhändler, die von Großmärkten verdrängt wurden, welche nur mit dem Auto zu erreichen sind.)

Steuerpolitik

Statt diejenigen steuerlich zu entlasten, die durch Verzicht auf das Auto oder zumindest durch ihren überlegten Umgang damit dem Staat Kosten ersparen (weniger Straßen- und Umweltbelastung), werden die noch steuerlich belohnt, die alle 2 bis 3 Jahre ein neues Auto kaufen, das sie „absetzen“ können. Auch das Kilometergeld zielt in diese Richtung.

Die Boden-Verdichtung

Für jede Tätigkeit stehen der Landwirtschaft hochmotorisierte Fahrzeuge zur Verfügung. Das hat Folgen: Asphaltierte Feldwege, maschinengerechte Felder.

Und der Boden wird hart wie Beton.
Um diesen Boden zu lockern, werden die Traktoren und Pflüge immer größer, stärker und schwerer. Dadurch wird der Boden noch mehr verdichtet. Und so weiter. Heute ist man unter 100 PS fast schon kein richtiger Landwirt mehr.

Die Boden-Vergiftung

In Deutschland werden allein auf den Autobahnen pro Jahr 160.000 Tonnen giftiger Straßenstaub erzeugt. Zu diesem Reifen- und Fahrbahnabrieb kommen noch 700.000 Tonnen Streusalz, 3.500 Tonnen Blei und weitere Millionen Tonnen feinverteilte Schwermetalle, Giftstoffe und Abgasrückstände, die über die Luft und das Fahrbahnwasser in der Landschaft verteilt werden. Nach den Wäldern sterben die Böden.

Verletzungen

Über 100.000 Bäume verlieren in deutschen Großstädten Jahr für Jahr durch das Auto ihr Leben.

Direkt und indirekt: durch das Salz im Winter, durch die Bodenverdichtung parkender Autos, durch die Wunden in Stoßstangenhöhe, durch den Asphalt.
Verdurstet und verhungert, aus „Sicherheitsgründen" verstümmelt und amputiert, sterben die Bäume einen qualvollen Tod.

Vernichtungen

Was nicht von selbst stirbt, wird gefällt.
Der Krieg gegen Bäume nimmt kein Ende. Jeden Tag wird umgesägt. Für den Parkplatz. Für die Fahrspur: die dritte, vierte, fünfte ...
Ex und hopp. Mit Stumpf und Stiel. Der Rest ist Abfall.

Der Wald ist tot . . .

Der Wald stirbt. Überall. Am schnellsten im Gebirge. Ganze Waldflächen knicken um und rutschen die Hänge hinunter. Neuanpflanzungen sterben an vielen Stellen gleich wieder ab. Selbst Keimlinge werden schon gelb und welk.
Was folgt, sind kahle Berge. Ungeschützt gegen Lawinen, gegen Muren. Was folgt, sind Säuresteppen.
Mit dem Wald sterben die Pilze, die Beeren, die Moose und Farne, es sterben die Tiere des Waldes.

. . . es lebe das Auto

Die Natur stirbt nicht nur im Freien. Die Schadstoffe, die das Baumsterben verursachen, verursachen auch den Tod unserer Bronchialbäume, der Lungen.

Untersuchungen im Saarland haben nachgewiesen, daß Lungenkrebserkrankungen überall dort besonders häufig vorkommen, wo auch die Bäume überdurchschnittlich starke Schäden aufweisen. Zum Beispiel entlang der Hauptverkehrslinien . . .

Wie lange noch?

„früher als die Bäume noch grünten
werden die sagen, die nach uns kommen...“
(Friederike Mayröcker)

Was wird daraus?

Der Nachwuchs: „Jungbäume, die früher fast von selber wuchsen, sind heute nur mit hohem Pflegeaufwand durchzubringen. Die trockene Luft und hohe Rückstrahlung über Beton und Asphalt, die schlechte Wasserversorgung in verdichteten Böden, Beschädigungen durch Autos und Baumaschinen und schlechter Baumschnitt steigern die Anfälligkeit für Pflanzenkrankheiten. Wir sind Zeuge des größten Baumsterbens, das unsere Städte je erlebt haben". (Bernd Lötsch)

Die neuen Bäume

Mit dem Tod der Bäume zieht eine zweite, künstliche Natur in die Städte ein: Lampenbäume, Parkbäume, Zeichenbäume, Plastikbäume, Ampelbäume, Planerbäume.
An jeder Straße fallen sie einen an.
Umsorgt, geschützt, gestrichen und absurd geordnet bieten sie ein Bild, dessen erbärmlicher Anblick die ganze Misere des öffentlichen Raumes offenbart: optischer Terror.

Der Schilder-Wald

Kein schöner Land in dieser Zeit?

Das Auto erobert eine Ausfallstraße

Haus-Nummer 4: PEUGEOT-Autohandlung, Neu- und Gebrauchtwagen; 6: CARAVAN- UND REISEMOBILVERKAUF; 7–11: Autohaus MAHAG-VOLKSWAGEN, Versicherung, Leasing, Finanzierung, Gebrauchtwagen, Neuwagen, Nutzfahrzeuge; 21: BAVARIA Freizeit- und Campingmobile Verkauf; 27: GEBRAUCHTWAGEN An- und Verkauf, Finanzierung, Leasing; Ecke Feldbergstraße: BOSCH Autoelektrik, BLAUPUNKT Autoradio; 34: AGRIPPINA Versicherung – Generalvertretung; Ecke Helenenstraße: MERCEDES Verkauf, Reparatur; 51: ARAL - Tankstelle, Waschstraße, Reparatur; 52: M^C DONALD Drive-in-Restaurant; 60: SUZUKI-Vertretung; Ecke Friedenspromenade: GEBRAUCHTWAGEN; Ecke Brandströmstraße: COLONIA-Versicherung, Zulassungsdienst; Fahrschule; 86: RENAULT-Autohaus, Neuwagen, Gebrauchtwagen; 121: GEBRAUCHTWAGENMARKT; 133: SPEDITION; Ecke Drosselweg: Hinweisschilder (FORD-Autoteile, Motorradservice); Ecke Bahnstraße: FIAT-Autohaus, HERCULES, LANCIA Verkauf und Reparatur; 183: AGIP-Tankstelle, Reparaturbetrieb; 188: AUTO-AN- UND VERKAUF; Ecke Turnerstraße: Fahrschul-Wegweiser; 205: ALLIANZ-Versicherungsvertretung; 215: MAZDA-Autovertretung, Neuwagen; 256–260: OPEL, GENERAL MOTORS Teileverkauf, Reparatur, Alt- und Neuwagenverkauf; 285: SHELL-Tankstelle, Autowäsche, Auto-Shop; 292: ESSO-Tankstelle.

Diese Straße endet bei Nummer 292. Tot ist sie schon lange vorher.

Die autogerechte Stadt

„Die Männer in ihren blechernen Karossen, die an einem Lenkrad sitzen und nichts mehr zu lenken haben, bekommen violette Gesichter, ihre Muskeln verkrampfen, die Arbeitszeit, die sie gewonnen haben, verlieren sie auf Straßen und Plätzen. Destruktion als Folge von Konstruktion. Tod im Gefolge von Technik und Präzision.“
(Gerhard Zwerenz)

Gegen Nadelöhre und Engstellen

Seit Jahrzehnten permanente Baustellen. Aus den Engpässen wurden acht Spuren. Und noch immer reicht es nicht. Noch immer ist es den Autos zu eng.

Eine Milliarde Mark wird in den nächsten Jahren für den Ausbau des „Mittleren Rings" in München aufgebracht – für die Schaffung neuer Engstellen. Der ADAC klatscht, der SPD-Oberbürgermeister lobt, die CSU-Opposition ist begeistert.

Die letzten Parks und Ruhezonen in unseren Städten werden systematisch von Schnellstraßen angefressen: Da herrscht der autogerechte Krieg.
In 24 Stunden fahren 100.000 Automobile über diese Monumente der Stadtzerstörung. Zweimal am Tag Verstopfung.

Also neue Durchbrüche – bis die Stadt nur noch Fahr-Bahn ist. Die Luft: im wahrsten Sinn atem-beraubend.
Was machen wir eigentlich mit diesen Beton- und Asphaltwüsten im nahen 21. Jahrhundert, wenn das Öl zuende geht: darauf spazierengehen oder radfahren?

Der lange Weg ...

Jeder zweite Berufstätige fährt mit dem Auto morgens zur Arbeit und abends zurück: drei Viertel der Fahrer sitzen allein in ihren Fahrzeugen.
Die Wege sind lang geworden, und zwischen ihnen fährt das Auto. Das Innere und das Äußere sind verwüstet, und die Lebensbereiche haben sich „entmischt“: Ghettos für jedermann.

. . . zum fernen Wohnen

„Die Stadt vor der Stadt heißt Vorstadt, die Stadt vor der Vorstadt heißt Schlafstadt.

Die in den Vorstädten wohnen, arbeiten in der eigenen Vorstadt, in einer anderen Vorstadt oder der Innenstadt. Die in den Schlafstädten wohnen, arbeiten in den Vorstädten oder der Innenstadt.

Am Morgen fahren die Wagen aus den Schlafstädten in die Vorstädte und Innenstadt, die Wagen aus den Vorstädten in andere Vorstädte und die Innenstadt.
Am Abend nehmen alle Wagen den umgekehrten Weg, aus der Innenstadt in die Vorstädte und Schlafstädte, aus den Vorstädten in andere Vorstädte, aus den Vorstädten in die Schlafstädte. Zur späteren Abendzeit sitzen die Leute außerhalb der verödeten Innenstadt in den Vorstädten und Schlafstädten an den Fernsehapparaten, und einige von ihnen fahren aus den Schlaf- und Vorstädten in die Theater, Kinos, Lokale der Innenstadt. Um Mitternacht und danach fahren sie wieder hinaus in die Vor- und Schlafstädte, und am Morgen wieder hinein, falls kein Sonn- und Feiertag ist.“ (Gerhard Zwerenz)

Leben im Verkehr

Sozialwohnungen werden als Lärmschutz an den Straßenrändern errichtet: Die Architekten, Stadtplaner und Hausbesitzer wohnen da nicht.

Für sechzig Prozent der Bevölkerung ist der Verkehrs-Lärm die stärkste Umweltbelästigung. Der ruhigste Ort auf der Straße ist inzwischen das Auto-Innere.
Die halbe Wohnung als Lärmschutzwall. Fenster öffnen und lüften streng vermeiden. Sonst wabern die giftigen Autoabgase

direkt ins Bett. Und bei Verlassen des Hauses besteht Lebensgefahr. Von Null bis 24 Uhr, von Montag bis Sonntag, von Januar bis Dezember ist Auto-Zeit: die einzige Zeit, die man hören, riechen und fühlen muß.
Wenn Hunderte von Autos vor Ihrem Fenster vorbeifahren, Ihre Mahlzeiten und Gespräche und Ihren Schlaf stören, ist das keine Lärmbelästigung, sondern heißt Verkehr, ist gesellschaftlich völlig akzeptiert und ein Beitrag zum Bruttosozialprodukt: Schallschutzfenster, Schlaftabletten und Psychopharmaka mit eingeschlossen.

Der öffentliche Verkehr

Ein zweispuriges Bahngleis ist 13,7 Meter breit. Eine Autobahn hat gut das Doppelte. Einspurige Bahnstrecken zweispurig auszubauen gilt heutzutage fast als unmöglich. Aber für vierspurige Autobahnen scheint überall Platz zu sein.

Die Bahn wurde in Deutschland systematisch ruiniert. Ihre Verschuldung ist bekannt, ihr Fahrplan wird schlechter, ihre runtergekommenen Wartehäuschen sind Durchschnitt und ihre stillgelegten Bahnhöfe haben Methode: Sie soll keine Chance haben. Da zählen plötzlich keine Arbeitsplätze mehr. 40 Milliarden DM werden in die landschaftszerstörenden Schnellbahntrassen investiert: immer weniger Linien, aber immer schneller. So hängt man die breite Bevölkerung ab. Dabei müßte der öffentliche Verkehr nicht schneller, sondern besser und dichter werden.

Der öffentliche Verkehr sollte den Autoverkehr eindämmen und ersetzen. Stattdessen bekam der Autoverkehr in der Stadt noch die zwei Spuren der Trambahn, und die Fahrgäste mußten in den Untergrund.

Wie man erfolgreich das Auto ersetzt, zeigen die erstaunlichen Erfahrungen aus Basel und Freiburg mit einem übertragbaren „Umwelt-Abo“; Wiesbaden und Mainz haben es gerade eingeführt. Die Voraussetzungen für ein gutes öffentliches Verkehrssystem sind längst vorhanden und bekannt.

100 Millionen Mark kostet ein Kilometer U-Bahn. Diese Kosten tragen alle. Die Stationen liegen weiter auseinander, die Gebrechlicheren tun sich schwerer, und der Grundwasserspiegel wird weiter abgesenkt: darunter leiden die Bäume.

Park-Landschaften

Die Parkhäuser, ob über oder unter der Erde, sind trostlose Bunker, asoziale Fremdkörper in der Stadt, abweisend, furchterregend, finster. Orte der Angst und Einsamkeit: menschenfeindlich.

Der gesamte Flächenbedarf eines Tiefgaragen-Stellplatzes beträgt mindestens 25 qm. Die Herstellungskosten je qm Tiefgaragenfläche sind etwa halb so hoch wie bei Wohnflächen. Die Tiefgaragenmiete liegt bei DM 75,-- bis 100,--, also 3,-- bis 4,--/qm. Bei einer den Herstellungskosten entsprechenden Verteilung auf die Mieten müßte der Quadratmeter bei ca. 6,-- bis 8,--/qm liegen. Die Wohnungsmieten sind aber wesentlich höher. Über die hohen Wohnungsmieten subventionieren wir also in der Regel die relativ billigen Tiefgaragenstellplätze. Bei den öffentlichen Tiefgaragen beträgt die Subvention pro Stellplatz ca. 200,-- monatlich.

Parkhäuser besetzen riesige Flächen in den Innenstädten und verdrängen urbane Funktionen. Sie haben nur einen Zweck und sind für gemischte, vielfältige Nutzungen nicht zu gebrauchen.

Tiefgaragen in Wohngebieten erzwingen außerdem die Abholzung der gesamten Grundstücke. Auf die Betondecke kommen dann Bäume in armselige Betonlöcher, die oft nach kurzer Zeit eingehen. Die giftigen Abgase werden an die Wohnungen weitergegeben.

Tanken

„In lediglich 13 Jahren hat die Menschheit mehr Erdöl verbraucht als in ihrer gesamten Geschichte davor.“ (Bodo Gemper)

„1984 war das Jahr mit dem höchsten Kraftstoffverbrauch überhaupt.“ (Hans-Jürgen Schneider)
Von der Nabelschnur zum Benzinschlauch.
Nach der SHELL-Studie von 1983 soll das Erdöl noch bis zum Jahr 2018 reichen.

Auto-Hygiene

Ordentliche Menschen haben ordentliche Autos. Das rollende Heim wird genauso sauber gehalten wie die Wohnung. Oder wie die Wäsche.

Vollautomatische Waschstraßen, die pro Waschgang bis zu 200 Liter Trinkwasser verbrauchen, dienen der Blechkörperpflege. 30 Millionen Kubikmeter Trinkwasser im Jahr für saubere Autos: Das ist ein Fünftel des jährlichen Wasserverbrauchs von München.

Beton(t)räume

Leben wie im Hochsicherheitstrakt: Beton bis oben hin. Abgetrennt und abgesichert existiert die Straße als „Fahrbahn“. Ohne Verbindung zur Umgebung, die sie durchtrennt. Steril, kalt, grau, aber todsicher.

Ein deutscher Platz

Ob Enge oder Weite. Da öffnet und schließt sich kein Raum.
Nur formlose Leere.
Ein deutscher Platz: austauschbar. Unpersönlich, ungestaltet.
Öde.

Plätze für Autos

Platz? Wer hat denn da noch Platz – außer den Autos? Heutige Plätze sind nur noch Kreuzungen, wo sich die Auto-Fließbänder überschneiden.
Oder sie werden als Parkplätze mißbraucht, auch wenn es einst königliche Plätze waren.

Plätze für Menschen

Diese Plätze bieten Platz. Dazu müssen sie nicht groß sein. Plätze sind immer Ereignisse: Begegnungen und gute Gespräche, Zusammentreffen und Auseinandergehen. Plätze sind Spiegelbilder unseres Zusammenlebens: Sie zeigen, wie Menschen miteinander umgehen.

Das Leben in der Stadt

Sind Straßen wirklich nur für Autos da?
Oder – als Gegenstück – nur Fußgängerzonen?
Unser Stadtleben könnte – jenseits von Verödung und Geschäftigkeit, von Verkehrs- und Einkaufszentren, von Fußgängerrevieren und Parkhäusern – lebendiger sein.

Eine sinnliche Stadt:
Wo der Aufenthalt auf der Straße angenehm ist.
Wo man bei schönem Wetter vor der Tür sitzen kann.
Wo Arbeit und Müßiggang, Fahren und Gehen, Spielen, Schlafen, Wohnen und Flanieren sich nicht ausschließen.

Wenn die Stadt wieder zum Ort der Erfahrungen und Entfaltungen, der Begegnungen und Erlebnisse werden soll, müssen wir die Trennungen aufheben und die Straße als Lebensraum zurückgewinnen.

Gastlichkeit

Einkehren: sitzen, reden, essen, trinken, spielen – glückliche Bereiche der Gastlichkeit, in die das Auto noch nicht eingebrochen ist.

Verkehrs-Wirtschaft

Stellplätze haben die einstigen Biergärten ersetzt. Wo Linden und Kastanien standen, ist jetzt Asphalt.

Vom Sitzplatz zum Parkplatz. Wichtig ist das Auto vor der Tür. Besser noch: neben dem Stuhl.
Der neue Biergarten hat sich gleich inmitten der Fahrzeuge plaziert.

Wohn-Höfe

Abgeschirmt von der Straße ist der Hof auch Garten, Laube, Tanz und Fest. Spielplatz, Arbeitsplatz, Sitzplatz.
Kein Parkplatz.
Eine Oase in der Stadt.

Auto-Höfe

Markierungen auf dem Boden. Auto-Nummern an der Wand. Die Besitzverhältnisse sind klar. Hier spielt kein Kind, hier wächst kein Baum.
Hier ist nur noch Verkehrsfläche.

Erhaltene Vorgärten

Der Garten vor der Tür. Gemischte Zierde aus Blumen und Bäumen. Privat und öffentlich. Licht und Schatten. Grüner Raum zwischen Straße und Wohnen.

Verlorene Vorgärten

Entblößt liegt das Haus an der Straße. Harte Beläge haben das Grün verdrängt.
Nur kein Schritt zuviel.

Einfahrten so ...

Friedliches Nebeneinander von Pflanzen, Menschen und Fahrzeugen. Es geht durchaus.

... oder so

Tote Fläche bis in den letzten Winkel.
Abweisend. Autofreundlich.
Asphalt bis zum Wohnzimmer?

Straßenbegleitgrün

Reißbrettgrün im Grenzland zwischen Autobahn und Supermarkt. Eingezwängt in Waschbeton und reduziert auf „Grünstreifen“ fristen die Pflanzen ihr Dasein als Kulisse. Abgashart und pflegeleicht garnieren sie den Verkehr. Abgeschnittene Inseln im Asphalt: „Betreten verboten“.

Restgrün

Das, was noch wächst, sind Reste: Es drängt sich durch Ritzen, bricht durch den Asphalt. Ungeplant und ungeordnet. Aber die Beseitigung ist gewiß. Zu sehr stören diese Reste wilden Lebens die Ordner des Asphalts.

Parken brutal

„Ein Fußgänger hat eine Spurbreite von 75 Zentimeter.“ Das ist eine Binsenweisheit deutscher Verkehrsplaner.

„Auf den Gehwegen gibt es Platz“. Das ist eine Binsenweisheit deutscher Autofahrer.
Den Fußgängern erging es wie den Indianern:
Ihre Reservate wurden immer kleiner.
Heutige Indianer wehren sich wieder.

Fußgänger: rauf und runter

Warten. Warten auf das Grün der Ampel. Im besten Fall.

Oder treppab durch verdreckte Tunnels. Oder treppauf über zugige Brücken.
Schon die Architektur der Fußgängerunterführungen und -überführungen macht uns klar: Das Gehen ist eine niedere Bewegungsform. Der Zivilisierte fährt.

Vom Radfahren

Warum nimmt man in unserem Land das Fahrrad nicht ernster?

In Holland ist es für viele Menschen eine Alternative zum Auto. In der richtigen Entfernung, am richtigen Ort. „Produktive Sozialbeziehungen unter freien Menschen bleiben auf das Fahrradtempo beschränkt.“ (Ivan Illich)

Hindernisfahren

Während die Straßen für die Autos immer breiter werden, müssen Radfahrer und Fußgänger mit immer weniger Platz auskommen. Und auch der wird ihnen weggenommen: Das Auto ist immer dabei, immer vorn, parkt auf den Trottoirs und Radwegen.
Auf der Landstraße ist ein Fahrradfahrer Freiwild, Hindernis, Störenfried.
Freie Fahrt dem Stärkeren.

Deutschland: DIN-Land

Leben zwischen Leitplanke und Ladezone. Signale, Tafeln, Zeichen, Verbote, Gebote und Schilder jeder Größe besetzen die Stadt, besetzen das Land. Rücksichtslos und überdimensioniert klotzen sie ihre Botschaften in den Straßenraum. DIN-Norm ist der Name für diese Scheußlichkeiten.

Verkehrs-Beruhigung

Das ist bisher eine der wenigen Möglichkeiten, die Vorherrschaft des Autos einzudämmen: Schadstoffe, Lärm und Unfälle werden weniger.

Aber wieviel Geld, Zeit und Nerven sind hierzu nötig – und wieviel Kübel und Schilder!
Nur die allerdicksten Eisengitter, Betonpfeiler und Holzbarrieren können Autofahrern klarmachen, daß hier Fußgänger, Kinder und Radfahrer Priorität haben.

Kinder

„Der junge Mensch . . . braucht seinesgleichen – nämlich Tiere, überhaupt Elementares, Wasser, Dreck, Gebüsche, Spiel-raum. Man kann ihn auch ohne das alles aufwachsen lassen, mit Teppichen, Stofftieren oder auf asphaltierten Straßen und Höfen. Er überlebt es, doch man soll sich dann nicht wundern, wenn er später bestimmte soziale Grundleistungen nie mehr erlernt, zum Beispiel ein Zugehörigkeitsgefühl zu einem Ort und Initiative.“ (Alexander Mitscherlich)

Kinder im Verkehr

„Schärfen wir die vom schillernden Chrom geblendeten Augen! Das vergötterte Traumidol wandelt sich zum grausamen Moloch, dem immer noch, wie einst in Babylon, Kinder geopfert werden, Jahr für Jahr mehr als 600 unschuldige Todesopfer und mehr als 50 000 verunglückte Kinder allein in der Bundesrepublik. Ist es nicht unendlich traurig, wenn bei uns die Kindersterblichkeit der Ein- bis Fünfjährigen zu 45 % und der Sechs- bis Zehnjährigen sogar zu 70 % allein auf Verkehrsunfällen beruht". (Klaus Spitzer).

Altstadt und Auto

Die Stadtplaner sind inzwischen vom *Begriff* der autogerechten Stadt abgegangen: In Wirklichkeit werden sämtliche Städte und Orte ständig auto-gerechter. Da reißt man Schneise um Schneise in die alten Ortskerne: Geschichte raus, Verkehr rein. Unsere jetzigen Städte brauchen anscheinend keine alten Gebäude, keine Denkmäler, keine Tradition, sondern Parkplätze, Fahrbahnen, Zubringer.
Autos haben eben keine Heimat.

Ein Beispiel: Wasserburg

Die historische Stadt Wasserburg ist vom Verkehr völlig überlastet; vor allem vom Pendlerverkehr nach München. Zur Entlastung wird eine Umgehungsstraße gebaut, der 16 Hektar Wald zum Opfer fielen. Zusätzlich ist eine 200 Meter lange Straßenrampe vor dem historischen Stadtbild geplant. Demnächst soll die ohnehin schlechte Bahnverbindung nach München stillgelegt werden.
Das Auto siegt auch hier auf der ganzen Linie: geplant.

Die Zerstörung der Vergangenheit

„Der Stein weint . . . Etwas, stärker als Kummer, hat sich in diese schönen Wangen eingegraben: saurer Regen, vergiftete Luft. Mögen diese Gesichter ehemals blick- und ausdruckslos gewesen sein – unser Jahrhundert hat ihnen seinen Ausdruck aufgenötigt, den der Trauer . . .“ (Christa Wolf)

Kirche im Verkehr

Auch der Glaube ist längst motorisiert.

„Und der Oberkirchenrat unterstreicht die ökumenische Bedeutung der Autobahn zu den Ostkirchen, während der katholische Bischof das Werk als Diözesanautobahn zwischen Regensburg und Passau preist.“ (Hubert Weinzierl)

Schönheit am Boden

Pflaster sind Kunstwerke aus Stein zum Begehen und Befahren.
Doch die meisten Städte haben die Pflaster ihrer Straßen mit großem Aufwand herausreißen lassen und asphaltiert.

Asphalt Fahrerideal und Planertraum: die ganze Welt als Fahrbahn. Pro Stunde entstehen in der Bundesrepublik über 5 400 Quadratmeter neue asphaltierte Verkehrsflächen. Das ist fast die Größe eines Fußballfeldes. Tag und Nacht: jede Stunde.

Der Asphalt nimmt die Wüste vorweg: Die Oberfläche wird tagsüber kochend heiß, nachts eiskalt, Winde fegen darüber hinweg und Feuchtigkeit verdunstet sofort, da sie nicht ins Erdreich eindringen kann.
Diese Wüste lebt nicht.

Der Auto-Dom zu Köln

Die aggressiven Luftschadstoffe zerstören die Steine des Doms, und die aggressiven Straßeneinschnürungen zerstören die restliche Substanz.
Eines der berühmtesten Bauwerke Deutschlands wurde systematisch ruiniert: aber mit bester Verkehrsanbindung.

Platzbedarf

„Ein Autobahn-Kleeblatt braucht soviel Platz wie die historische Altstadt von Salzburg, die aus über 4000 Wohnungen in 920 Häusern, 430 Gewerbebetrieben, 16 Kirchen, 13 Schulen und einer Universität besteht.“ (Roland Rainer)

Einkaufen gehen

Zum Leben in der Stadt gehören die kleinen Läden und die Handwerker in den Hinterhöfen. Sie sind für alle Altersgruppen zu erreichen: zu Fuß. Nachbarschaft, Lebensqualität, Vielfalt.
Aber diese vitale Stadt zerfällt: durch hohe Mieten, Großkonzerne, Abriß und Hinaussanierung. Und immer mehr kaufen mit dem Kofferraum ein. In den letzten Jahren haben über 150.000 kleinere Geschäfte schließen müssen.

Einkaufen fahren

Die Trennung der Lebensbereiche – Arbeiten, Wohnen, Einkaufen, Freizeit –, erzwingt die Fahrt. Die Autofahrt: zum Wohn-Center, Bau-Center, Fleisch-Center, Einkaufs-Center.

„Was bleibt, ist die verwüstete Durststrecke des Hin und Her zwischen Start- und Zielpunkten im aufgeteilten Leben . . . Eilig wird hier nur weggetragen, was man aus dem Inneren des Warenhauses in das Innere des Wohnhauses schafft.“ (Brigitte Wormbs)

Last-Kraft-Wagen

Die größten Fahrzeuge bestimmen die Dimension der Straßen:

Der Schwerlastverkehr und der Werksverkehr zerstören Stadtteile, Dörfer und die letzten kleinen Landstraßen.
Bis zum Jahr 2000 sollen es noch 50 Prozent mehr werden.
Obwohl heute schon täglich 80.000 Güterwaggons der Bahn nutzlos herumstehen.

Alles Müll

Schon unsere fabrikneuen Produkte sind Vorformen von Müll. Auch das teuerste Zeug ist bald Abfall. Lawinen von Hausmüll, Sperrmüll, Industriemüll, Giftmüll türmen sich auf.

Von den Alpen bis zur Nordsee: Ganz Deutschland wird allmählich zur Müll-Deponie.
Einkaufen und konsumieren – mit dem PKW. Anfuhr der Waren und Mülltransport – mit dem LKW. Bequem – viel zu bequem. Der reinste Müll-Tourismus.

querfeldein

Die Wildnis ruft. „Steinzeit“ ist alles, was noch nicht Straße ist: Felder, Wiesen, Bäche, Wälder. Und der Gehweg in der Stadt für Boulevard-Carboys im Drittfahrzeug der Marke „Abenteuer“.
Auch für die private Militarisierung ist gesorgt. Belagerungszustand mit Allradantrieb.

Fetisch Auto

Fetisch:
- mit magischer Kraft erfüllter Gegenstand, Götzenbild (Duden).
- Machwerk, Amulett, Zauber. Bei primitiven Völkern als Gottheit beseelte Gegenstände, die Macht über das Leben haben, auch Amulette, Waffen, Werkzeuge etc. (Das neue Lexikon).

Die große Fahr-Schule

Heutiges Erziehungsziel ist das autogerechte Kind.
Das Alphabet der Massenmotorisierung soll in Herz, Hirn und Blut übergehen. Spielzeugautos, die Autoumwelt und das Vorbild der Eltern lassen die Liebe zum Automobil reifen und die Einsicht in seine scheinbar unabänderliche Notwendigkeit wachsen.
Am Ende steht die Fahrprüfung als Aufnahmeritus in die Autowelt.

Mobil-Machung PS-potent und bis an die Zähne motorisiert liefern sich Automarken-Persönlichkeiten erbitterte Kämpfe auf den Straßen. Jeder ist Feind des anderen: der, den man weghetzt, weghupt, schneidet – besiegt. Auf der Strecke bleiben Andersfahrende, Langsamere, Nichtmotorisierte. Denn der Krieg wird gleich mitverkauft in der Werbung, im Jargon: „Aufrüstung“ auf deutschen Straßen.
Auto-Peepshow. Und am Kiosk hängen die Pornohefte gleich neben dem Motorsport.

TÜV-TIPS FÜR ZUBEHÖR-ANBAU

Spielregeln für die Aufrüstung

Mord und Totschlag

1984: 466.000 Verletzte, 10.199 Tote
„so schlimm wie die zahl der toten ist unser neurotischer zwang, sie nicht wahrhaben zu wollen.“ (otl aicher)

Die Opfer

Zum Andenken an
Sabina und Barbara
die hier am 13. Juni 1984
bei einem schrecklichen
Verkehrsunfall im Alter
von noch nicht 18 Jahren
ums Leben kamen.

Zum Gedenken
an unseren lieben Peter
und unsere liebe Gabi
die am Karfreitag 22.3.78
unschuldig durch einen Verkehrsun-
fall uns verließen.

Das Auto-Reich

In Deutschland propagieren Industrie und Politiker die totale Automobilisierung auf das Entschiedenste: Jedes Parlament hat sich in den letzten Jahrzehnten so verhalten, als ob es ein Zweigwerk von BMW, Mercedes oder Volkswagen wäre. Als Belohnung für das neue BMW-Zweigwerk Regensburg mußten zum Beispiel der Firma verbindliche Zusagen für den Bau der Autobahnen Regensburg-München und Regensburg-Dingolfing gemacht werden.

Alles fürs Auto: Ölquellen, Tanker, Raffinerien, Tankstellen, Fließbänder, Teststrecken, Blei, Kunststoff, Lack, Asphalt, Beton, . . . , Wasser, Boden, Luft.
General Motors-Chef Smith: „Der weltweite Bedarf an Autos ist enorm. Fast ganz Südamerika ist heute erst so motorisiert, wie es die USA in den 20er Jahren waren. Und Afrika ist noch viel weiter zurück.“

Mit den Autos in die Rüstung

Die Autoindustrie kauft sich weltweit in die Rüstungsbranche ein:
General Motors und FORD sind die bedeutendsten Anbieter für Nachrichten-Satelliten. General Motors übernahm 1985 für 5 Mrd. Dollar die Hughes Aircraft Company (Lenkwaffen, Satelliten, Hubschrauber etc.); Chrysler kaufte im gleichen Jahr die Gulfstream Aerospace Corporation.
„BMW bestätigt Interesse am Erwerb einer MBB-Mehrheit." (SZ, 13. 11. 1985)
MERCEDES ist seit Herbst 1985 der größte Rüstungskonzern der Bundesrepublik. In diesem Jahr wurden übernommen:
MTU für 680 Mill. DM; Rüstungsanteil: 1,133 Mrd. DM
Dornier für 500 Mill. DM; Rüstungsanteil 640 Mill. DM
AEG für 1,6 Mrd. DM; Rüstungsanteil 1,926 Mrd. DM
Rüstungsproduktion von Mercedes, AEG, MTU und Dornier:

Transportpanzer UR 416 (Lieferung u. a. an Südafrika und Chile)
Unimogs, Panzer- und Flugzeugmotoren

Feuerleitsysteme für Kampfpanzer Leopard
Kameras für Panzer, Raketen, Hubschrauber, Flugkörperlenkanlagen für Milan-, Roland- und HOT-Raketen
Bauteile für Kampfflugzeuge Tornado, Alpha-Jet, Phantom
Minen, Minenräumgeräte
militärische Funksysteme und Radaranlagen
Torpedos und Raketenteile

Triebwerke für Tornado
Motoren für Leopard und Marder sowie U-Boote
Strahltriebwerke für Militärflugzeuge

Bauteile für Raketen
Fliegerfäuste
Seegrundminen
Aufklärungsflugkörper
militärische Ausbildungssysteme
Softwareprogramme für militärische Aufgaben.

Die neueste Zielsetzung ist der unbemannte Panzer. Mercedes hat mit der Bundeswehr bereits Versuche auf abgesperrten Straßen gestartet. (Vielleicht liegt hier auch eine Verwendungsmöglichkeit für das Boxberg-Testgelände.)
Nicht nur die Aufrüstung des Straßenverkehrs geht also weiter, sondern auch die militärische Aufrüstung durch die Automobilindustrie.
Das bedeutet, daß die Autoindustrie durch diesen speziellen Zuwachs an ökonomischer Macht sich auch politisch immer stärker mit den staatlichen Machtinteressen verbindet und dadurch letztlich immer unangreifbarer wird.

Anzeige von 1940

Boxberg, Mercedes

4,8 Kilometer Länge, 1500 Meter Breite. 615 Hektar Land: beste Äcker, Wiesen und Wälder sollen zu MERCEDES-LAND werden, da dies „dem Wohle der Allgemeinheit dient". (Bundesverwaltungsgericht Berlin)

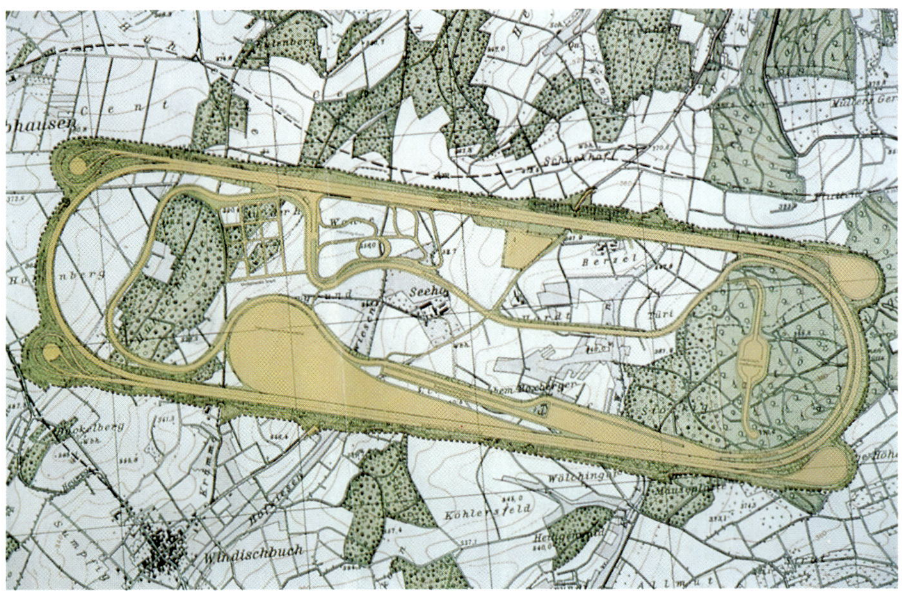

Eine Teststrecke, aber auch ein Testfall: wieweit Privatunternehmen mit dem Droh-Argument „Arbeitsplätze" und dem Verweis auf das „Allgemeinwohl" endgültig die Regierungsgewalt im Land übertragen bekommen.

Dingolfing, BMW

„Zwischen der Umweltfeindlichkeit der Massenmotorisierung und der Umweltfeindlichkeit der Massenfertigung von Autos besteht ein unlöslicher innerer Zusammenhang. In der Massenfertigung von Autos verliert der Mensch das Wissen um einen ausgewogenen Umgang mit Natur . . . Er verliert dort die Gegenständlichkeit und Greifbarkeit der Produkte seiner Arbeit. Er verliert dort auch den Bezug zu der menschlichen Umwelt, die ihn trägt und bestimmt.“ (Jochen Sonn)

Die „Motor-Welt“ Der ADAC: 7,8 Millionen Mitglieder, eine Vereinszeitung mit 7,8 Millionen Auflage, ein Kampf-Verein. Der ADAC kämpft für tausende Kilometer neuer Autobahnen, für Autorallyes, für Bergrennen, für Parkplätze, für Autogerechtes; er kämpft gegen das Tempolimit. Und fast alle machen mit: Vom Mitläufer zum Mitfahrer.

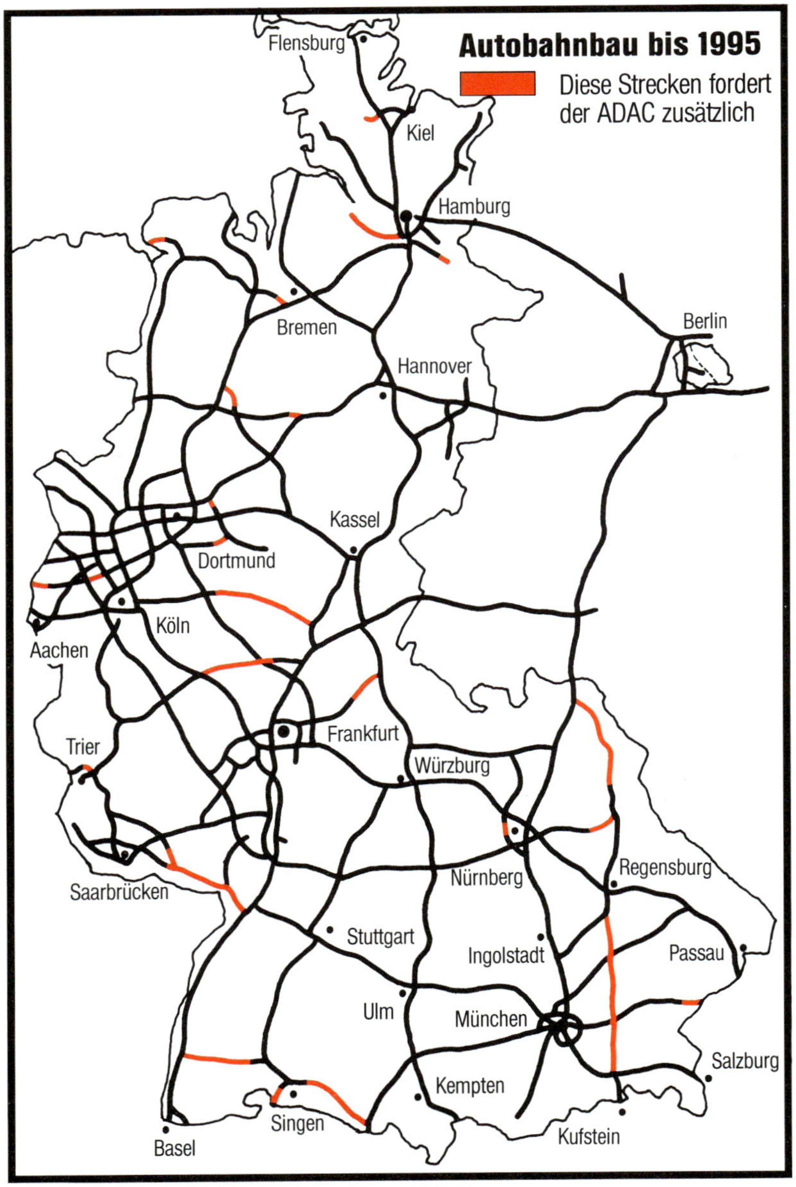

Wofür wir Geld haben

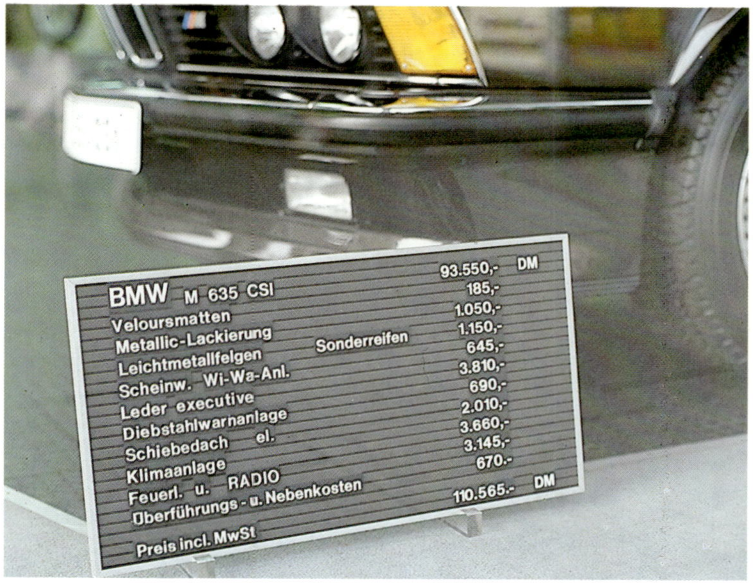

Wir sind ein sparsames Volk. Unsere Kinder halten wir auf zehn Quadratmetern. Die Hühner legen in Kleinstkäfigen Billigeier. Fische gibt es in Brikettform und Möbel aus Plastik. Wir sparen, wo wir können.
Schwermetalle im Getreide, Östrogene im Fleisch, Frostschutzmittel in Getränken: Die industrielle Erzeugerschlacht tobt, und wir essen bereitwillig Sonderangebote.
Graureiher werden abgeschossen, weil sie ein paar Fische wegfangen. Feldhecken werden niedergebrannt und umgelegt, um ein paar Quadratmeter Anbaufläche zu gewinnen. Nur nichts ungenutzt lassen. So sparen wir, dauernd, mehr denn je.
Nur an einem Punkt, da gönnen wir uns etwas, alle Jahre wieder:
von Null auf Hundert unter 10 Sekunden. Und wer will schon auf die elektrische Sitzverstellung verzichten, oder auf das Digital-Radio oder gar auf die Metallic-Lackierung. Und das Schiebedach, das Außenthermometer, die Scheinwerfer-Wisch-Wasch-Anlage, die elektrischen Fensterheber, die Niveau-Regulierung, die Alarmanlage …

Die neue Andacht

Unser täglich Auto gib uns heute.

Deutschland privat

Am Auto führen viele Wege vorbei

Die zentralverriegelte Persönlichkeit:

Ein Automobil entspricht in idealer Weise der Bunkermentalität unserer Zeit: Sicherheitselektronik und Zentralverriegelung, BTX und Heimcomputer, Tiefgarage und Flüsterlüfter. Warum noch nach draußen, wenn dort alles immer giftiger ist? Natur wird immer ferner; technische Geräte rücken in den Vordergrund. Sie faszinieren, sie funktionieren. Auch das Auto hat seine Faszination: Es befördert, wann und wohin wir wollen, es ist schnell. Aber seine Zeit ist vorbei: Es hat sich krebsartig vermehrt und vernichtet dadurch unsere Lebensgrundlagen.
Aus dem Mittel zum Zweck wurde ein Geschoß. Über die Waffe Auto spielt sich auch die Auseinandersetzung zwischen zwei Lebensarten ab. Auf der einen, extremen Seite die autoharten Männer, hochgeschwindigkeitserprobt, klimaanlagenverwöhnt, thermopenscheiben- und hydrokulturisoliert, immer auf Achse: eine durchsetzungsfähige Minderheit.
Auf der anderen Seite die Nachdenklicheren, die überlegter und langsamer leben möchten, die auch Fragen stellen, wohin ihr Leben geht.

Anstiftung zum Aufhören:

Wie ist das eigentlich mit dem Fortschritt? Man kann die Argumentation auch umdrehen: Einer, der immer noch an seinem Auto hängt, ist ein total rückständiger Mensch, weit hinter seiner Zeit, überholt, ein gedankliches Fossil, gemeingefährlich sowieso, gesundheitsschädigend, langweilig und spießig. Was hat Fortschritt noch mit Automobilen zu tun – schon die neuesten sind hoffnungslos veraltet. Da läuft nicht bloß ein Modell aus, sondern das Auto an sich.
Oder soll das ewig so weitergehen: Auto kaufen, alle drei Jahre, immer größer, immer schneller? Soll das der Sinn des Lebens sein, seine Erfüllung?
Wir müssen lernen, wie man den Gebrauch einer Maschine wieder verlernt.
Sie müssen nicht schnell fahren, Sie müssen überhaupt nicht fahren, und nirgends steht verordnet, daß man überhaupt ein Auto haben muß. Man braucht an dieser Verkehrsart nicht teilzunehmen.
Müssen Sie wirklich Ihr Auto in der Stadt benutzen – die Hälfte aller Fahrten liegt hier unter drei Kilometer Entfernung.

Die Gründe für den innerörtlichen Verkehr sind sowieso meist lächerlich und liegen eher darin, daß man eigentlich ein fauler und eitler Tropf ist.
Haben Sie wirklich etwas zu transportieren - außer sich selbst?

Und zum Transport Ihrer paar Kilo Lebendgewicht schleppen Sie eine Tonne Metall und Chemie mit sich herum?
Müssen Sie unbedingt im Jahr 20.000 oder 50.000 Kilometer fahren, oder geht es vielleicht auch mit dreitausend? Beim Telefonieren sind Sie ja auch sparsam, und beim Auto können Sie die Gebühren genauso leicht zählen; die sind hier allerdings verdammt teuer - und hochgiftig.
Benötigen Sie wirklich so viel PS, um sich durch die Stadt zu quälen? Warum gehen Sie nicht zu Fuß oder nehmen das Fahrrad, oder ein öffentliches Verkehrsmittel? Schauen Sie einmal auf Ihren Stadtplan: Sie werden sich wundern, wieviel verschiedene Fahrmöglichkeiten Ihnen offen stehen.
Brauchen Sie schon wieder ein neues Auto - oder wollen Sie das private Wettrüsten nicht lieber doch beenden? Und wenn Sie hin und wieder ein Auto brauchen - warum haben Sie allein eines? Warum haben Sie es nicht gemeinsam mit Freunden und Verwandten?
Wozu müssen Sie eigentlich so teuflisch mobil sein: wenn diese Mobilität nur Unruhe und Erschöpfung mit sich bringt.

Ihre „überwundenen" Entfernungen werden immer länger, aber sind Sie dadurch weitergekommen? Und warum haben Sie eigentlich nie Zeit, obwohl Sie soviel autofahren - oder deswegen?

Außerdem: Wissen Sie eigentlich, was Sie Ihren Mitmenschen antun und zumuten? Setzen Sie sich einmal zehn Minuten auf einen Klappstuhl neben eine Hauptverkehrsstraße, und Sie werden sich wundern, wohin man nach zweitausend Jahren Kulturgeschichte in diesem Land gekommen ist.
Denken Sie beim Fahren ruhig an die wörtliche Bedeutung von Vergaser und Gas geben. Schauen Sie sich auch einmal die erschlagenen Insekten auf Blech und Kühler an: nicht gleich wieder abwaschen.
Oder sind Sie bloß stolz darauf, autofahren zu können? Das ist schon lange keine Kunst mehr, das können die meisten.
Wenn Sie einmal den sinnlosen Transport Ihres Körpers genauer bedenken, werden Sie froh sein, nicht mehr so mobil sein zu müssen. Plötzlich können Sie in aller Ruhe über etwas nachsinnen, und plötzlich kommt Ihnen die ganze Fahrerei wahnsinnig anstrengend vor: ist sie ja auch. Und Sie selbst haben wieder mehr Energie. Ein Auto braucht ja nicht nur Benzin und Umwelt und Geld: Es (ver)braucht Sie.

So werden Sie vom fahrenden zum nichtfahrenden Autofahrer. Dazu brauchen Sie nur Ihre Füße, eine bezüglich des Wetters etwas bedachtere Kleidung, ein paar gute Transportbehältnisse zum Tragen, ein Fahrrad und ein paar Abfahrtszeiten von Bus und Bahn. Das ist kein Aufwand.

Die Entdeckung der Nähe:

Dafür werden Sie Ihre nähere Umgebung neu entdecken, das, was früher Heimat genannt wurde. Und Sie werden erschrekken über diese verunstalteten Gebiete: So haben Sie das vom Auto aus nie gesehen. Dagegen sollten Sie, sollte Ihre Gemeinde, Ihre Stadt angehen.
Genauso wie man das Autofahren attraktiv machen konnte, kann man es auch unattraktiv machen: Geschwindigkeiten senken, Asphalt aufreißen, usw. Eine Gemeinde muß keine Parkplätze zur Verfügung stellen, sie muß kein Salz zum Streuen verwenden, sie kann ihren Bürgern helfen, ohne Auto zur Arbeit zu kommen, und warum soll es nicht einmal autofreie Gemeinden geben.

Die ersten Schritte sind schon gemacht. Straßen werden rückgebaut, in Wohngebieten werden Teerdecken durch andere Beläge ersetzt, altes Pflaster wird erneuert etc. In Hessen werden für 21 Millionen Mark Bäche in einen naturnahen Zustand zurückversetzt: Da hätte man sich das Betonieren gleich sparen können. Vermutlich wird das nächste Jahrhundert ein richtiges Abbruch-Jahrhundert, in dem unsere so brutalen wie nutzlosen Ewigkeitsbauten wieder beseitigt werden müssen: hingeklotzt und durchbetoniert von Parteifunktionären, die sich auch noch *Real*politiker nennen.
Der miserable Zustand der Bundesbahn wird Ihnen auch auffallen: Die Bahn legt vor allem da Strecken still, wo sie mit der Billigung der Autofahrer rechnen kann. Überall, wo sich die Bevölkerung gewehrt hat, wurde auch der öffentliche Verkehr besser.

Für die einsehbaren Notwendigkeiten der Beförderung mit dem Auto braucht man in der Bundesrepublik keine 30 Millionen Fahrzeuge. Wohin sind übrigens Rote-Punkt-Aktion, Fahrräder am Bahnhof usw. geraten? Unter dem Wohlstandsmüll begraben, von den Autofahrern verspottet, von der Autoindustrie in die Vergessenheit gedrängt (genauso wie die faszinierenden autofreien Sonntage).
Das Wiederentdecken der Nähe ist so schmerzlich wie notwendig. Dazu gehören auch Zusammenschlüsse derjenigen, die nicht zum lautstärksten und in jeder Hinsicht lärmendsten Teil der Bevölkerung gehören: Bündnisse von Fußgängern, Radfahrern, Alten und Jungen, Autolosen und bedachten Autofahrern... von all jenen, denen es zu danken ist, daß noch nicht alles kaputt ist.

Beenden wir das Zerstörungswerk. Wir brauchen bloß nicht wie bisher alle Kraft aufzuwenden, um stets die neueste automobile Technik zu besitzen: Wir können Kraft und Phantasie auch auf andere Lebensmöglichkeiten verwenden. Und hier endet der befestigte Teil Deutschlands.

Peter M. Bode

Weniger Autos, mehr Lebensqualität

Warum Alptraum Auto? Obwohl doch Autofahren, mit Maßen und am richtigen Ort betrieben, durchaus angenehm und vernünftig sein kann. Jedoch, diese positiven Möglichkeiten verengen sich zusehends. Die Verheerung einer ganzen Zivilisation durch ihr liebstes Kind - das Auto - haben ein so katastrophales Ausmaß erreicht, daß wir an einem Scheideweg stehen. Entweder lassen wir alles treiben wie bisher, überlassen der übermächtigen Auto-Lobby und ihren politisch-staatlichen Vollstreckern das Gesetz des Handelns, dann verkehren in 15 Jahren, zur Jahrtausendwende, 30 Millionen Autos in der Bundesrepublik mit allen zerstörerischen Folgen: erstickende Städte, verödete Zentren, vergiftete Wohngebiete, zerrissene Siedlungen, entstellte Denkmäler, tote Wälder, entseelte Dörfer, von Straßen aufgefressene und zerstückelte Landschaft... Oder wir wehren uns gegen die Diktatur des Autos und besinnen uns auf Alternativen, die das Auto in seine Grenzen weisen und seine Nutzung soweit eindämmen, daß andere, menschenfreundlichere und naturnahere Verkehrs-Formen wieder eine Chance bekommen.

Dabei wird das Auto durchaus seine Rolle spielen (allerdings nicht mehr als lebensgefährliche und luftverpestende „Lenkwaffe", sondern als gemächliches, leises und mit sauberer Energie gespeistes Fahr-Zeug in sinnvoller Ergänzung zu anderen Verkehrsmitteln). Nicht undenkbar ist aber auch eine Welt ohne Autos - auch oder gerade in einer Industriegesellschaft. Erinnert sei nur an das späte hochindustrialisierte 19. Jahrhundert in Mitteleuropa und in Nordamerika. Es gab damals noch keine Autos, dennoch expandierte die bereits überaus arbeitsteilige und großräumig verflochtene Wirtschaft - nur mit Hilfe der schienengebundenen Eisenbahn. Ansonsten hatte man das Pferd, das Fahrrad und die eigenen Füße. Das reichte.

Voraussetzung waren freilich dichte kompakte Siedlungsstrukturen und ein Miteinander von Wohnen und Arbeiten. Kurze Wege. Erst das Auto hat die Auflösung der Städte möglich gemacht. In die verhängnisvolle Architekten-Ideologie der 30er Jahre („Charta von Athen"), die Propaganda für die Trennung der urbanen Funktionen - draußen Wohnen, im Zentrum Arbeiten, Erholung ganz draußen - machte, fügte sich das Auto nahtlos ein. Mit ihm war das Mittel gegeben, die fußläufige, durchmischte, lebendige, historisch geprägte Stadt, den identifizierbaren Ort zugunsten der nur noch von motorisierten Individuen benützbaren Überall-Irgendwo-Agglomeration zu ersetzen. Die weltweite Folge: Siedlungs- und Gewerbe-Brei in den Ballungsräumen - mit Entfernungen von fünfzig bis zu einigen Hundert Kilometern Durchmesser in und um Los Angeles und in den Großräumen Paris, Tokyo, London, Mailand, Frankfurt, Rhein-Ruhr und München.

Dafür und für die entsprechenden Straßen sind Schneisen geschlagen, Durchbrüche gebrochen, Wälder abgeholzt, Flüsse zubetoniert (Idar-Oberstein), Täler zugeschüttet, Berge planiert, Dörfer begradigt und ganze Stadtquartiere abgeräumt worden. Der Bagger, das Auto mit dem Riesenmaul, dem Stahlgebiss und den hydraulischen Greifarmen hat's möglich gemacht. Ein Knopfdruck genügt, und monströse Kräfte setzen sich ohne jede menschliche körperliche Anstrengung in Bewegung. Die Landschaft wird einfach weggeschoben. An ihrer Stelle ergießt sich Asphalt flächendeckend auf die Erde. Eine Auto-Bahn ist inclusive aller direkten und indirekten Nebenflächen über 170 Meter breit. Somit verschlingt jeder Straßenkilometer in diesen Dimensionen über 17 Hektar Land. Und das in der vergleichsweise winzigen Bundesrepublik.

Ein aktuelles Beispiel, wie das geht, wie eine kleine Stadt dem Moloch Verkehr, der über sie hereinbricht, ihren Charakter zu opfern bereit ist: Dem bayerischen Wasserburg droht Gefahr. Die wegen ihrer einmaligen Lage und architektonischen Schönheit berühmte Fast-Inselstadt am Inn - sie liegt in einer engen Schleife des Flusses, dessen Ufer sich an der schmalsten Stelle des Ortes, dem sogenannten „Hals" beinahe berühren - zählt zu den Perlen spätmittelalterlicher Stadtbaukunst. Typisch für Wasserburg sind die gewundenen Straßenzeilen, die Laubengang-Häuser mit ihren Blendgiebeln vor den Grabendächern und die räumliche Intimität des gedrängten Stadtgrundrisses, der vom Inn förmlich zusammengepreßt wird. Unglücklicherweise zwängt sich die stark befahrene Bundesstraße zwischen

München und Salzburg durch diese Idylle. Die B 304 zielt von der Höhe des „Halses" direkt in das Herz der Stadt und verläßt sie wieder über die einzige Brücke Wasserburgs.

Um die strangulierte Altstadt zu entlasten, wurde der Bau einer ebenfalls extrem umweltzerstörerischen Umgehungsstraße in Angriff genommen, die 1986 fertiggestellt sein wird. Doch damit nicht genug. Die Gemeindepolitiker Wasserburgs wollen mehrheitlich nicht abwarten, was diese neue Umfahrung an Verkehrsverminderung fürs Zentrum bringt, sondern sie haben mittlerweile noch ein anderes Straßenprojekt beschlossen, mit dem sie den innerörtlichen Autostrom zusätzlich „kanalisieren" wollen. Bedingt durch die steile Topographie Wasserburgs soll das eine auf zwölf Meter hohen Betonstützen geführte Rampe von 200 Meter Länge und 17 Meter Breite sein, die – wiederum vom „Hals" aus – den Verkehr in die nördliche Innenstadt ablenken soll.

Dieses Ungetüm würde das geschlossene, kleinteilig strukturierte Ensemble von Wasserburg so schlimm verunstalten wie ein dicker Balken das Gesicht auf einem Polizeifoto unkenntlich macht. Gegen diesen brutalen Angriff auf die Unversehrtheit der Stadt laufen einige unabhängige Bürger Sturm. Sie werfen dem Gemeinderat vor, den Rampenbau-Beschluß unter Nichtbeachtung demokratischer Spielregeln durchgezogen zu haben (Verhinderung der vorgeschriebenen Bürgerbeteiligung am Verfahren). Die Argumente der Gegner der Rampe sind: Sie würde dem historischen Stadtbild Wasserburgs irreparablen Schaden zufügen; zu beiden Seiten der hohen Rampe entstünden Hinterhofsituationen, die das betroffene Viertel unattraktiv machen; außerdem wären die Anwohner durch Lärm und Abgase aufs Ärgste beeinträchtigt.

Man befürchtet auch, daß der Bau der Rampe der Anfang eines Altstadt-Rings sein könnte, der weitere Bereiche der Innenstadt in die Verkehrsmisere hineinzieht. Stattdessen wird vorgeschlagen, die vorhandenen Hauptstraßenzüge sehr maßvoll und vorsichtig zu erweitern, aber im Wesentlichen dem Autofahrer keine weiteren Flächen anzubieten, um ihn gar nicht erst anzulocken. Gegen die Rampe sprechen nach Ansicht der Bürgerinitiative auch die jüngsten Prognosen, die keine nennenswerten Verkehrszuwachsraten mehr voraussagen. Die „autogerechte Stadt" wird als fehlgeleitete Zielvorstellung früherer Jahrzehnte abgelehnt. Man kämpft stattdessen für den Vorrang der ästhetischen und kulturellen Werte der geschichtlich gewachsenen Stadt.

Davon zeigen sich jedoch die Rampen-Verfechter gänzlich unbeeindruckt, Sie verteidigen ihr Vorhaben mit den gleichen technologischen Sachzwangparolen, die immer wieder die Vernichtung vieler intakter Zentren eingeleitet haben: „Die Zeit drängt, sonst gehen uns Zuschüsse in Millionenhöhe verloren. Wir müssen den Verkehr entflechten. Alle Alternativen sind geprüft und verworfen worden. Der Rampenbau ist die beste Lösung, die den Verkehr am problemlosesten versickern läßt." Dahinter stecken freilich auch handfeste ökonomische Interessen. Denn die Rampe würde über acht Millionen Mark kosten; also ein Brocken, von dem die örtliche Bauwirtschaft gerne profitiert. Was die Versickerungstheorie betrifft, so ist nur sicher, daß die erwarteten 2700 Fahrzeuge, die täglich über die Rampe in die Stadt kämen, sich in heute noch ruhige Wohngebiete ergießen würden.

Proteste aus ganz Bayern haben bis jetzt immerhin bewirkt, daß die obersten Genehmigungsbehörden noch kein grünes Licht für den Rampenstart gegeben haben, obwohl Wasserburgs Politiker nach wie vor mit Macht darauf drängen. Es scheint so, als wollten die Verantwortlichen in München nun doch erst einmal abwarten und sehen, was die Umgehungsstraße an Entlastung bringt.

Der Einzelkampf um Wasserburg zeigt im übrigen, daß auch die Frondeure gegen die offizielle Verkehrspolitik noch nicht ans Grundsätzliche rühren. Sie wehren sich gegen die Symptome der Krankheit und wollen diese letztlich nur mit dem Instrumentarium ihrer Widersacher kurieren (Straßenverbreiterung z. B.). Was aber not täte – für die Wiederbelebung der Umwelt und für die Wiedergewinnung menschenwürdigerer Formen des Zusammenlebens –, wäre ein tiefgehender allgemeiner Umschwung im Denken und Handeln. Wir müßten alle begreifen, daß wir das Auto und damit den Straßenbau und die mit ihm verbundenen Schäden nur zurückdrängen können, wenn wir dem Auto nach und nach deutlich einschneidend Flächen entziehen: Fahr-Flächen, Park-Flächen, Bewußtseins-Ebenen. Das Auto muß unwichtiger werden – in Wirklichkeit und in unseren Köpfen.

Für große Entfernungen ist die Bahn da, für mittlere Entfernungen das öffentliche Nahverkehrsmittel (Straßenbahn, Kabinenbahn, Kleinbusse), für den Nahbereich sind das Fahrrad, gegebenenfalls das Taxi und die Füße das Richtige. Das Auto verkehrt nur noch da, wo es Bedarfslücken bedient. Die Innenstädte werden für Autos gesperrt. Parkhäuser werden nicht mehr gebaut, Straßen nicht mehr verbreitert. Im Gegenteil, die Straßen sind „rückzubauen“: Nur noch zwei Fahrspuren, breite Trottoirs, breite Baumstreifen. Warum sind italienische Städte so attraktiv? Weil sie nichts fürs Auto tun. Deshalb fühlen sich dort die Menschen wohl.

Anzustreben wären überschaubare, eigenständige Siedlungsorganismen, mit allem was der Mensch braucht: Platz zum Wohnen, Arbeitsstätten, Kultureinrichtungen, Einkaufsstraßen, Erholungsmöglichkeiten. Modell Rothenburg oder Modell Venedig oder Modell Hydra. Das sind Städte und Orte, die entweder real ohne Autos existieren oder jedenfalls ohne diese existieren könnten. Auch heute. Eine Welt im Prinzip ohne Autos wäre beileibe kein Rückfall in die Steinzeit. Es wäre das eher eine Renaissance der nahen Räume, der Natur und der humanen Stadtkultur. Eine Utopie, die machbar ist, weil sie schon einmal da war.

Sylvia Hamberger

Die Ordnung des Verkehrs

1. Nach-Kriegs-Mobil

„Langsam ergreift die Natur mit Birken, Kiefern, Gras und Heide wieder Besitz von diesem Streifen Land, der ihr in harter Arbeit abgerungen wurde. Nicht nur der Verkehr, auch die Vernunft verlangt, daß das ganze Werk so schnell wie möglich vollendet wird.“[1)] Es ist die Rede von einer unvollendeten Vorkriegs-Autobahn. Die Zeit: 1950.

Die UN-Wirtschaftskommission in Genf arbeitet 1949 einen Entwurf für ein europäisches Durchgangsstraßennetz aus, in dem die Autobahnen des Dritten Reiches als internationale Durchgangsstraßen eingegliedert sind. „Wer wollte es in der Zeit der bittersten Not, in der wir leben, verantworten, die bereits für diesen Bau aufgewendeten Mittel weiter ungenutzt und die vielen ausgeführten Bauwerke, die zum Teil fertig sind, weiter verkommen zu lassen ...“[2)] Deutschland-West wird Autoland. Die Argumente des Sachzwanges gelten bis heute.

Die Erziehung zur Automobilität verursacht damals noch Kopfzerbrechen: „Man muß Wege finden, das Interesse der Jugend zu wecken ... Laßt sie Seifenkisten-Rennwagen bauen, laßt sie spielen und basteln, laßt sie so ihre kleinen Rennen an irgend einem Berg fahren, die eigene Arbeit der Jugend wird ihr bester Propagandist sein.“[3)] In der Schule lernen wir über das Dritte Reich, daß Hitler auch die Autobahn bauen ließ, von der wir alle profitieren – politische Bildung deutscher Art.

Die Lieder Amerikas, die über den Nachkriegsäther schallen, führen zum Erfolg: I GOT A NEW CAR.[4)] Sehnsüchte werden geweckt: „Gierig stürzte sich das autohungrige Amerika – 1948 – auf die 5 500 000 Wagen, die von den Fließbändern rollten.“[5)] Amerika, junge Leute, Jazz und Luxus erwecken Lust und verbinden sich mit der alten Sehnsucht nach dem Blauen Meer: Die CAPRIFISCHER locken – KOMM LASS MICH NICHT WARTEN.[6)] Doch Träume sind Schäume. Der authentische Ort liegt plötzlich nah. Mit dem eigenen Auto.

2. Auto-Hygiene

Sachlich und sauber gibt sich der neue bundesdeutsche Staat, fleißig und sauber sind seine Bürger: „Allenthalben ... trifft man wieder auf wirklich einwandfrei gepflegte, neu lackierte frisch gepolsterte Automobile ... Ihr Wagen muß eben glänzen, genauso wie ihr Hemdkragen einwandfrei sauber und weiß ist. Man kann darauf schwören, daß es bei diesen Leuten auch unter der Motorhaube sauber aussieht."[7] Im neuen Deutschland der Bundesrepublik wird geschrubbt, gewaschen und poliert, als gelte es, die braune Vergangenheit durch akkurat durchgeführte Waschriten zu beseitigen. Bis heute hat in diesem Land keine wirkliche Auseinandersetzung mit der Vergangenheit des Dritten Reiches stattgefunden. Bis heute haben die Deutschen den höchsten Wasch- und Putzmittelverbrauch der Welt. Zufälle? Sauber ist weiß, glatt und mächtig.[8]

Das 'Häusle' und das Auto spielen dabei von Anfang an eine entscheidende Rolle: „heimelig" sollen sie sein, aber vor allem sollen sie einen Schutzraum bilden, in dem der Bürger abgeschirmt von der geschädigten Umwelt - standorttreu oder mobil - existiert. „Unser Automobil ist ein kleines Haus auf Rädern, es ist ein Heim, in dem wir uns viele Stunden des Tages aufhalten ... so daß schon aus diesem Grunde alles getan sein sollte, um den Aufenthalt so angenehm, so entspannend wie möglich zu gestalten."[9] Dieses 'Heim' muß genauso rein gehalten werden wie die Wohnung, ist es doch das rollende Aushängeschild für die saubere Wohlanständigkeit des deutschen Menschen.

War das Auto zunächst nur männliches Revier, so geschah die „legale" Annäherung der Frau über die Schmutzbeseitigung: „Seit einiger Zeit ... wandere ich mit in die Garage, bewaffnet mit Staubsauger, Wischtuch und Bürste ... nur eine Frau kann das kleine Haus, das auf vier Rädern steht ... wirklich so pflegen, wie sie auch das größere Heim zuhause pflegt und sauber hält ..."[10] Liebe geht durch den Wagen; schon bald wird er als zweite stählerne Außenhaut des Mannes empfunden, die ihn unangreifbar und mächtig macht. Jeder Kratzer am Lack wird als Beschädigung seiner selbst empfunden, und das Schaben eines Astes an der Autowand löst starke Mitleidsgefühle aus - mit dem Auto, nicht mit der Pflanze. Denn jeder direkte Kontakt mit der Außenwelt wird als unangenehm empfunden - deshalb „ist mir nicht einmal die Reinigung durch die Tankstelle genug."[11] Nur vollautomatische Waschstraßen genügen der hygienischen Neurose. Mit 200 Litern Trinkwasser und überdimensionierten Bürsten, eingehüllt in Schaumströme, verwandelt sich das besudelte Eigentum in hochglanzpolierte Technik - wie neu und unverbraucht.

Oft legt der Bürger auch selbst Hand an und wäscht sein Auto auf der Straße, in Höfen, inmitten der Landschaft. Denn die Schmutzgrenze verläuft scharf: Dreck ist, was am Eigentum haftet. Das, was an verschmutztem Wasser, an Ölrückständen, Schaum und anderer Chemie vom Auto abgewaschen auf den Boden läuft, wird ebenso ignoriert wie die Abgase, die aus dem Auto heraus die Luft verpesten. (Ebenso wie die Müll- und Abwassermengen, die die Wohnungen verlassen.)

Bisher befällt den Bürger nur ein dumpfes Unbehagen über ein gelegentliches Unwohlsein, über schlechte Luft und sterbende Bäume, nicht jedoch die Einsicht, welche Folgen die eigene, dauernde und lückenlose Schmutzbeseitigung hinterläßt.

Doch die Dinge schlagen zurück. Nach den Hiobsbotschaften über giftige Dämpfe wie Formaldehyd, Lindan, Chlorgas und PCB, die aus den „hygienischen" neuen und keimfrei gehaltenen Wohnungseinrichtungen aufsteigen wie aus den zu ihrer Säuberung verwendeten Putzmitteln, ist nun der Autoinnenraum in Verruf geraten. In ihm fängt sich ein großer Teil der giftigen Abgase. Außerdem sammeln sich im Innern der Neuwagen Dämpfe aus Klebern, Lacken und Kunststoffen ...

3. Unter sich

„Wer hat wohl schon einmal darüber nachgedacht, daß die Pneus nur mit einer handtellergroßen Fläche auf der Straße stehen?"[12] Die Berührung der Außenwelt erfolgt über wenige Quadratzentimeter Reifengummi. Darunter liegt eine dicke Asphalt- oder Betonschicht: die Straße. Sie sorgt für den Gleichlauf der Räder und verhindert jede Art des Feindkontaktes. Denn noch immer gilt es, Erde, wuchernde Gewächse und grüne Dickichte abzuwehren als säße der Leibhaftige darin. Selbst Flächen, die nicht direkt befahren werden, versinken

unter dicken Versiegelungsschichten. Nichts wird ausgelassen, nicht die Zwischenräume, nicht die Ecken und Winkel: Alles wird desinfiziert und asphaltiert.
Das Wasser wird in Rinnen abgeleitet und beerdigt, und jeder Fremd-Körper, jedes Lebewesen wird von der Fahrbahn eliminiert. Was sich noch regt, wird überrollt, denn die Reinheit der Straßen ist längst durch Verordnungen gewährleistet. Bereits 1948 lobt der ADAC, daß „man heute in dankenswerter Weise dazu übergeht, Vieh- und Hammelherden, Radfahrer und Fußgänger wieder von der Autobahn zu verweisen ...“ [13]
Die Städte, durch die Kriegseinwirkungen schwer geschädigt, werden ein weiteres Mal – autogerecht – verwüstet. Von Anfang an gilt auch die Bereinigung der kurvigen Land- und Dorfstraßen als vordringlich: „Die romantischen Kleinstadt- und Dorfgassen ... sind für den Kraftfahrer und das Wirtschaftsleben sowie die Anwohner der Gemeinden ein Anlaß ständiger Ärgernisse.“ [14]
Wer sich heute in den Dörfern umsieht, weiß wie diese Ärgernisse beseitigt wurden: Betonpisten und Asphaltberge ersticken jede selbständige Kultur und Geschichte. Der Charakter des Landes geht im Lärm der neuen Straßen unter. Doch noch immer steht der Straßenbau für „Mobilität und Fortschritt“: „Wo die Straße endet, verliert die Zivilisation ihren Sinn“ [15] – wo die Straße gebaut wird, verliert das Leben.
„Auf gleicher Fahrbahn begegnen sich auch heute noch Pferdefuhrwerke, landwirtschaftliche Maschinen, Radfahrer und Fußgänger. Schon die gewaltigen Geschwindigkeitsunterschiede ergeben eine ständige Behinderung ... Was für heutige Autobahnen wichtigstes Merkmal ist, muß für die ... Landstraßen genauso wichtige Voraussetzung werden: mehrspuriger Ausbau ... Wobei die neuen Verkehrswege dann allein dem Kraftverkehr vorbehalten bleiben sollten ...“ [16] Die säuberliche Trennung der Verkehrswege hat sich auch in den Köpfen vollzogen. Kein Mensch kann sich, während er Auto fährt, in die Situation eines Fußgängers hineinversetzen, obwohl er außerhalb seiner Fahrzeiten selbst zu Fuß geht.
Jede Straße – ob unnötig oder ökologisch bedenklich – wird gebaut. Denn Straßenbau ist ein Politikum und hebt das Prestige der Gemeinden: „Je erfolgreicher die Geld- und Kreditpolitik dazu beiträgt, den interlokalen und -regionalen Leistungsaustausch zu erleichtern und zu stabilisieren, als umso wichtiger erweist sich, für eine ausreichende Ausstattung des Raumes mit verkehrlicher Infrastruktur zu sorgen.“ [17] Diese „Ausstattung“ beginnt mit einem „Raum-Ordnungs-Verfahren“.
„Moderne Maschinen fressen sich durch Fels und Erdreich, um dem Verkehr jene Wege zu schaffen, die getrennte Wege aneinanderbinden“ [18] – moderne Straßen sind DINnormiert: Höhenverläufe, Neigungswinkel, Querschnitte, Längsschnitte, Breiten und Böschungen haben mit der Landschaft, der Stadt, die sie durchdringen, nichts zu tun. Was dem Straßenbau im Weg ist, wird umgeholzt, abgerissen, zerschnitten, aufgeschüttet, erdrückt und planiert: „Hätten Sie gedacht, daß für den Bau der B 326 ... 200 Gebäude abgerissen werden müssen, daß 68 Gewerbebetriebe verlagert und 764 Ersatzwohnungen beschafft werden müssen, daß für ein Brückenbauwerk ... 64 Pfähle von 1,50 Meter Durchmesser bis zu 65 Meter tief durch zerklüftete Massenkalkablagerungen gebracht werden mußten, bevor tragfähiger Baugrund erreicht war?“ [19] Die Auswirkungen dieser Gewalteingriffe und die des darauffolgenden Autoverkehrs werden bagatellisiert, sogar beschönigt, „so ist die Auswirkung von saurem Regen auf basischem Boden dem Pflanzenwuchs häufig sogar förderlich.“ [20]
Förderlich doch wohl nur einer Habgier, die selbstdestruktiv über die äußere kollabierende Natur hinaus auch die eigene, innere mißachtet. „Tatsächlich versperren sich noch manche Projekteinflüsse auf Natur und Landschaft jeglicher monetären Bewertung“, [21] d. h. ganz banal: Was nichts kostet, ist auch nichts wert.
Doch solange „... Umwelt als Lieferantin von Fertigprodukten und von veredelungsbedürftigen Grundstoffen zur Befriedigung materieller Bedürfnisse sowie als Deponie von Abfällen in Erscheinung tritt ...“ [22] – solange liegt der Verdacht nahe, daß sich mit der Asphaltierung der Landschaft auch eine Asphaltierung der Köpfe vollzogen hat.

4. Aufrüstung

Bereits kurz nach dem Krieg machen die Interessenverbände der Autofahrer, Straßenbauer und Automobilkonzerne wieder mobil, um die autogerechte Zurichtung des Landes voranzutreiben. Schon wieder sind die Deutschen ein Volk ohne Raum – ohne Straßenraum: „Die Frage darf niemals lauten: Wie schränken wir den Autoverkehr ein? sondern wir müssen fragen: Wie erreichen wir für den von Tag zu Tag weiter anschwellenden motorisierten Verkehr die größtmögliche Bewegungsfreiheit?“ [23] Bis heute tobt der Kampf um den Straßenbau mit unverminderter Härte und Demagogie. „Von einem Straßennetz kann noch lange keine Rede sein,“ [24] befindet Franz Josef Strauß 1984.

Das Auto hat die Straße erobert und „wer die Straße erobern kann, ... der erobert damit den Staat“ [25] : Die Einstellung zum Auto bestimmt über „Sein oder Nichtsein“ in der bundesdeutschen Politik. Wie sehr die Belange eines privaten Automobilkonzerns zu öffentlichen gemacht werden, zeigt das Gerichtsurteil zur Mercedes-Teststrecke am Boxberg in Baden-Württemberg: „Die Enteignung von Grundstücken zugunsten eines privatwirtschaftlichen Unternehmens ist grundsätzlich möglich, wenn sie dem Wohle der Allgemeinheit dient.“ [26] Es geht um die Enteignung von rund 280 ha Acker, Wald und Wiesen. Der Konzern beansprucht insgesamt rund 615 Hektar Land für seine Versuchsstrecke.

Straßen- und Automobilbau zielten in Deutschland von Anfang an auf die hohen Geschwindigkeiten. Nie ging es darum, das Auto als Transportmittel vernünftig zu nutzen, als eines unter vielen möglichen. Hitlers Maxime für den Kraftverkehr: „Die besten Autostraßen der Welt hat Deutschland; die schnellsten Automobile werden bei uns gebaut,“ [27] hat über alle politischen Systeme hinweg aktuelle Gültigkeit.

Bereits 1964 wurde kritisiert, daß „die vorgeschriebene Mindestgeschwindigkeit auf Autobahnen lediglich 40 Stundenkilometer beträgt. [So] kann sie auch jeder Kleinwagen, vornehmlich auf Steigungen, blockieren... Die Konsequenz... kann nur die Änderung der Besteuerungsgrundsätze sein, die stärkere Motoren auch für wirtschaftlich schwächere Bevölkerungsschichten erlauben, Heraufsetzung der Mindestgeschwindigkeit auf Autobahnen bis auf wenigstens 60 Stundenkilometer...“ [28] Diese 'Demokratisierung‘ der starken Motoren, deren PS-Zahlen jährlich erhöht werden, erzwingt die Teilnahme am schnellen Fahren, damit der Verkehr 'reibungslos‘ abläuft. Jedes andere, langsamere Fahrzeug wird in der Benutzung beschränkt und aggressiv angegriffen, als störendes verdrängt. Wenn ein Innenminister Zimmermann 1984 erklärt: „Mit 100 auf der Autobahn zu fahren, halte ich für ein verkehrswidriges Verhalten,“ [29] kann man die moralischen und politischen Folgen schon absehen. Denn immer mehr Autos kommen auf den Markt, die nur gefahren werden können, wenn die Spielregeln des allgemeinen Verkehrs rücksichtslos ignoriert werden. „Dem Sportwagenhersteller Porsche ging es in erster Linie um mehr Power... Wer sich nicht scheut, die Autobahn-Richtgeschwindigkeit um annähernd 100 km/h zu überschreiten, wird feststellen: der Geradeauslauf ist perfekt...“ [30] Mercedes – seit kurzem größter Rüstungskonzern des Landes – rüstet auch für den Alltag automobil auf. Ein ganz normaler Mercedes 300 E läuft schon 230 km/h. Und wer die PS-Zahlen der Automodelle auf der IAA 1985 in Frankfurt sah, weiß, daß dies kein Einzelfall ist. „Hans-Werner Aufrecht, Boß der Mercedes-Tuningfirma AMG... will sich einen Traum erfüllen. Warum, so sagte er sich, soll das schnellste Auto der Welt eigentlich kein Mercedes sein... 'Wir müssen‘, sagte er, '308 km/h schaffen‘...“ [31]

Die Aussage, daß die schnellsten Autos auch die sichersten sind, kann nur vom Terminus der Waffentechnik her verstanden werden: Die schnellsten Waffen sind die sichersten, weil sie den Gegner außer Gefecht setzen, bevor er zurückschlagen kann...

5. Der nationale Rausch

„So hat offenbar... die angebliche Demokratisierung der hohen Geschwindigkeiten die starre Gerade [der Straßen] über alles Verschlungene gestellt, über die unheilvolle Gestalt der sich windenden Schlange und die Kurve, die das Tempo der Fahrt bremst ... all das läßt ein mythisches, ein mythologisches Klima auferstehen, in dem es wieder von Drachen, Meeresschlangen und labyrinthischen Gängen wimmelt – Gestalten einer durchquerten, durchfahrenen Welt."[32] In rasender Fahrt verstopft sich der Bürger – den Gefährten des Odysseus gleich – die Ohren, um nicht von dieser Welt verschlungen zu enden: „Manchmal vermittelt das Autoradio ganz seltsame Visionen: die Geräusche draußen scheinen verstummt und erloschen. Die Umwelt wird merkwürdig unwirklich, ganz so, als säße man im Kino und sähe einen Stummfilm von einst ..."[33]

Die Zerlegung der Wirklichkeit in einzelne Sehsequenzen nimmt der Außenwelt ihren Schrecken und führt hinein in die Imagination eigener Macht.

Der automobile Ausbruch erfolgt in äußerster körperlicher Disziplin. Ein angeschnallter Rumpf, eigenbewegt nur Füße – Hände – Augen –, so erlebt der Geschwindigkeitsmensch die GROSSE FREIHEIT. Es gibt keinen Duft der Ferne, die Haltestationen sind benzinausdünstende Tankstellen, die die Irritationen des rasenden Bewußtseins nicht durchkreuzen. „Ballungsräume" und „Kleinzentren" taugen nicht mehr als herbeigesehntes Ziel. Die Zerlegung des Autoblicks wurde an der Landschaft selbst vollzogen.

Geschwindigkeit ist zum „Hier-und-Jetzt"-Erlebnis geworden. DER ZUSTAND – DIE FAHRT – DER RAUSCH vermitteln Gegenwart, erzeugen und füllen die Leere. Vermitteln auch die Hoffnung, ungestreift und unbeeinflußt von Menschen, Landschaften und Geschichte Raum zu durchdringen. Schwerelos und leer: RAUMFAHRT. Zentralverriegelt kann sich der Mensch auf das Eigentliche konzentrieren, auf den „Sog der narzistischen Identifikation, den eigenen Körper mit dem mächtigen Maschinenkörper gleichzusetzen über die Zeichen von Dynamik und Geschwindigkeit."[34]

So als sei Geschwindigkeit selbst Hygiene. Als biete sie Reinigung von Furcht und Schwäche, von jeder Bindung, von jeder Schuld. In dieser Entbindung von Schuld rüstet sich der rasende Bürger zum Angriff im privaten Jedermann-Krieg der Straßen.

6. Die Diktatur der Un-Schuldigen

Bringt ein Mensch einen anderen um und „macht sich dabei die Hände schmutzig", dann ist das MORD. Die Person ist ein Mörder.

Tötet ein Mensch einen anderen mit dem Auto, dann ist das ein VERKEHRSUNFALL; er selbst ist Todesfahrer.

In einem Jahr kommen in der Bundesrepublik etwa 600 Menschen durch Mord um; in der gleichen Zeit werden im Straßenverkehr etwa 10 000 getötet/ermordet.

Presse und Justiz bewerten diese gewaltsamen Todesarten auffallend unterschiedlich. Wie in einem Krieg wird der Mord auf den Straßen banalisiert und verdrängt. Berichterstattungen und Justizurteile machen aus den Todesfällen schicksalshafte Alltagsereignisse, die unabwendbar zur Normalität der Geschwindigkeitskultur zu gehören scheinen. Wie der Bomberpilot im Krieg wird der Autotäter entbunden von Schuld und Verantwortung. Nie hat er sich mit der Tat beschmutzt: „Nicht ich als – moralisch und körperlich – handelnde Person habe es getan, sondern die Maschine ..."[35]

Schon beim Autokauf wird der Bürger für alles Kommende entschuldigt: „Der 325i – Höchstgeschwindigkeit 212 km/h – ... macht das Autofahren deutlich leichter und sicherer. Er verzeiht Fahrfehler, die bei anderen Wagen unweigerlich zu Unfällen führen ... Erfreulich auch das ABS, das das Gefühl der Sicherheit noch weiter verstärkt."[36] Vor der Fahrt entmündigt durch eine Werbung, die eine „narrensichere" Maschine anbietet, er*scheint* dem Fahrer ein Unfall nahezu unmöglich. Das Informationsdefizit über die wirklichen Gefahren des Autofahrens und über Unfallvorgänge ist fast so groß wie das über die Folgen eines Krieges.

Wie sehr die Möglichkeit eines Verkehrsunfalls von den Fahrern verdrängt wird, zeigten die Schwierigkeiten bei der Einführung des Sicherheitsgurtes: „Der Gurt wird von vielen Autofahrern ... vor allem mit der Gefahr und dem Unfall selbst assoziiert. Der Griff zum Gurt erinnert also jedesmal an die Unfallsituation und mindert damit die Lust am Tragen. Er wird dann verbal und real abgelehnt."[37]

Das Unglück wird auf ein technisches Ding abgeschoben oder auf 'menschliches Versagen' im Augenblick des 'Schicksals'. Aber das mörderische System des Autoverkehrs und seine Instandhalter bleiben unangetastet: die Autoindustrie, die immer schnellere und mörderischere Autos auf den Markt bringt; die Politiker, die immer mehr und immer breitere Straßen bewilligen und den ganzen Kontinent autogerecht verwüsten; die Fahrer, die endlich wissen müßten, was sie tun; die schweigende Mehrheit...

7. Das Innere und das Äußere

Aber ist es nicht auch die Einstellung zum eigenen autogerecht dressierten Körper, der die Verletzungen so tabuisiert? Kann denn dieses Etwas, das sich so mit der Maschine Auto verbunden und von ihr beschützt fühlt, noch getroffen werden? Kann es noch Schuld an der Verletzung und am Tod anderer haben? In den sozialen Abgrenzungsriten spielt das Auto eine wichtige Rolle, bildet es doch einen Schutzraum, der *beweglich* ist: Zwischen sich und seine Mitmenschen schiebt der Bürger eine Tonne Blech, und trotzdem kann er beliebige Ortsveränderungen vornehmen. Die Kommunikation ist auf ein Minimum an Gesten und Mimik reduziert, die ihrerseits nur grob Eindeutiges signalisieren. Sprache ist inmitten des Maschinenlärms nahezu nutzlos geworden. Der Körper ist unnahbar geborgen; nur Gesicht und Oberkörper sind vorbeifahrenden Blicken ausgesetzt, auch sie hinter dicken Glasscheiben geschützt.

Die Automobilindustrie läßt sich viel einfallen, um den Innenraum kuschelweich auszurüsten und die „harmonische Integration des Menschen in das technische System Auto"[38] zu erreichen, denn „dabei dürfen Sie sich in der Regel in Ihrem Automobil so sicher fühlen wie bei Muttern im Kinderwagen".[39] Behütet von dem Mammi-Dummi Auto kann der Bürger alle Wut nach außen richten.

Je unerotischer und feindlicher sich das Verhältnis zu „Außenmensch" und Außenwelt gestaltet, desto intimer und sexueller gebärdet er sich im Verkehr mit der Maschine: „Ist nun das Auto männlichen, weiblichen oder gar sächlichen Geschlechts? Glaube mir, es ist weiblichen Geschlechts. Alle Vorzüge des weiblichen Geschlechts besitzt es... Es ist schön, rassig, schlank, elegant... jedenfalls solange es neu und jung ist..."[40] Zeitlos, wehrlos und erfahrungslos verkörpert das Automobil ein männliches Ideal: ständige Verfügbarkeit.

„Das Auto ist ein Instrument, in dem jeder seine eigene Identität verwirklichen kann",[41] solange die „bemannte" Maschine auf den leisesten Befehl reagiert. Lassen sich die Spuren der Benutzung nicht mehr entfernen, wird das begehrte Objekt verschrottet...

8. Fahr-Schulen

„Wenn wir die Jugend allgemein zur Ordnung erziehen, in der Pflege des Leibes, in der Kleidung, in der Zeiteinteilung, in der Arbeit, im Denken und Wollen, dann wecken wir in ihr ganz von selbst auch den Sinn für die im Interesse einer gefahrlosen Verkehrsabwicklung liegenden Ordnung."[42] Schon im Säuglingsalter beginnt die Dressur zum automobilen Insassen: „Erinnern Sie sich noch an Ihren Kinderwagen? Schließlich hatte der auch vier Räder und... ermöglichte Ihnen schon in frühester Kindheit Studien über... Radfahrzeuge."[43] Die Übungen des Stillsitzens – eine Prämisse ordnungsgemäßer Kindererziehung – kommen ebenfalls dem späteren Automenschen zugute: „Nur wer richtig sitzt, kann auch richtig Autofahren."[44]

Spielzeugwagen und das Vorbild der Eltern und der Auto-Umwelt lassen die Liebe zum Automobil reifen und die Einsicht in seine unabänderliche Notwendigkeit wachsen, „alles, was wir dazu beitragen, ein Kind aus seiner Verträumtheit heraus zu einem wachen, beherrschenden und umsichtigen Menschen zu machen, das leisten wir zu seiner Bewährung im Straßenverkehr."[45]

ICH WILL SPASS – ICH GEB GAS.[46] Das Alphabet der Massenmotorisierung soll in Herz, Hirn und Blut übergehen. Nicht die Kenntnisse des Schreibens und Lesens, sondern die Einübung der Zeichen, das mimetische, sprach-lose Verhalten werden trainiert. „Die Fahrschule ist die einzige Schule, die

Spaß macht.“[47] Die Fahrprüfung ist der Initiationsritus der Automobilkultur.

„Konzentrationsschwächen, Schweißausbrüche und Fahrfehler signalisieren am Anfang... den wahren Leistungsstand“, doch durch „konsequente Übungen im Grenzbereich Auto“[48] kommt man dem Wunschziel näher: einen Führerschein haben, heißt Führer sein, heißt Macht haben.

Der Tritt im richtigen Moment – „Ist nun alle Jahre nur einmal eine echte Notbremsung erforderlich, zeigt sich der Bremsfuß als falsch trainiert.“[49] – gehört ebenso zum Training wie die Regel: „Zwischen Kopf und Dach muß eine geballte Faust passen“.[50] Das eingeübte Abwehr- und Aggressionsverhalten wird sich nicht nur mit der Vollbremsung zufrieden geben.

„Was heute bei einer Kraftfahrzeugprüfung... verlangt wird, ist so gehalten, daß jeder normale Mensch... dieselbe sehr gut bestehen kann...“[51] Der zivilisierte Mensch fährt. Er ist normal, er ist mobil, frei und unabhängig. Er denkt geradlinig wie er fährt, und er fährt wie er arbeitet: „Leistungsfähigkeit und finanzieller Erfolg verlangen – und reproduzieren – die Eigenschaften raffinierter Rücksichtslosigkeit, moralischer Gleichgültigkeit und ständiger Aggressivität.“[52] Ein staatstreuer Insasse also mit Raumfahrerwünschen.

De-Mobilität ist etwas für Alte, für Kranke und Kinder, für Arme und Idioten – für die Außenseiter der Automobilkultur. Es gibt Leute, die ihren Führerschein nur machen, um nicht in die Rasterfahndung der Polizei zu geraten.

9. Freiheit des Nadelöhrs

In Deutschland, dem Land der technischen Siege und menschlichen Niederlagen, ist das Auto zu *dem* Ort für Freiheit geworden. Fast möchte man sagen: zum einzigen Ort für Freiheit. Denn in keinem Land der Erde – nicht mal in den USA – ist das Auto ein so starkes Symbol für Status, Ehre, Maschinenliebe und Individualität wie hier. Befürworter und Gegner liefern sich erbitterte Redeschlachten und TV-Spektakel um Tempolimit und Abgaswerte, und die automobile Nation atmet auf, wenn nach einem Pseudo-Großversuch die – immerhin gewaltigen Abgasmengen – von Politikern so verharmlost werden, als handele es sich um Weihnachtsplätzchen. Probleme wie der Erstickungshusten der Kinder, das große Sterben der Natur und die Zerstörung der gebauten Geschichte erscheinen wie Zufälliges, Beiläufiges. „Freie Fahrt für freie Bürger“ heißt nach wie vor der nationale „Befreiungs“-Slogan, der jede intelligente Auseinandersetzung mit dem Thema Auto unmöglich macht. Kann denn diesen motorisierten Alltagsleerlauf nichts anderes mehr aufschrecken als eine drohende Beschränkung der Zirkulation in Blech?

„Die Freiheit wird durch unsere immer enger werdende Welt eingeschränkt. Das Auto bietet sich da irgendwo als eine menschliche Zufluchtsstätte an.“[53] Auf der Flucht voreinander begegnet sich die ganze Nation im Stau: Sollte dieses Zusammentreffen etwa das Ziel aller Freiheit sein?

Anmerkungen:

1) Autobahn Nord-Süd, herausgegeben vom Arbeitskreis Autobahn Nord-Süd, Hannover 1950
2) Ebenda
3) ADAC-Motorwelt, 2. Jg., Heft 1/1949
4) Amerikan. Schlager der 50er Jahre
5) ADAC-Motorwelt, 2. Jg., Heft 1/1949
6) Deutsche Schlagertitel der 50er Jahre
7) ADAC-Motorwelt, 1. Jg., Heft 5/1948
8) Siehe zum Thema „Sauberkeit“ das Buch von Christian Enzensberger, Größerer Versuch über den Schmutz, München 1968.
9) ADAC-Motorwelt, 1. Jg., Heft 5/1948
10) ADAC-Motorwelt, 2. Jg., Heft 9/1949
11) Ebenda
12) Rauno Aaltonen, Revolution am Steuer, Sonderpublikation der SPORT-Illustrierte, München o. Jg.

[13] ADAC-Motorwelt, 1. Jg., Heft 3 - 4/1948
[14] Die Straße - unser Schicksal, Eine Bilddokumentation über Straßenbau und Straßenverkehr, Hannover 1964, S. 201.
[15] A. a. O., S. 30.
[16] A. a. O., S. 202.
[17] Erhard Moosmayer, Konzeption, Entwicklung und Stand der Bundesverkehrswegeplanung, in: Zeitschrift für Verkehrswissenschaft, 56. Jg., Heft 2/1985
[18] Die Straße - unser Schicksal, S. 110
[19] Mit dem Auto ins Grüne, herausgegeben vom Minister für Wohnungsbau und öffentliche Arbeiten des Landes Nordrhein-Westfalen, Duisburg 1970
[20] ADAC-Mitteilungen Fahrzeugtechnik, 10/1985
[21] Erhard Moosmayer, a. a. O.
[22] Ebenda
[23] Die Straße - unser Schicksal, S. 207
[24] Zit. nach: Hubert Weinzierl, Passiert ist gar nichts, Eine deutsche Umweltbilanz, München 1985, S. 91
[25] Josef Goebbels, zit. nach: Paul Virilio, Geschwindigkeit und Politik, Berlin 1978
[26] Südd. Zeitung, 15. 3. 85 - PS dürfen Bundschuh überrollen
[27] Mittelbayerische Zeitung, 23. 9. 83
[28] Die Straße - unser Schicksal, S. 203
[29] Der Spiegel Nr. 41/1984; Tempolimit: Taktik statt Taten
[30] ADAC-Motorwelt, 32. Jg., Heft 1/1979
[31] auto motor und sport, 21. 8. 1985
[32] Paul Virilio, Fahren, fahren, fahren ... Berlin 1978, S. 24
[33] ADAC-Motorwelt, 2. Jg., Heft 8/1949
[34] Simon Werle, In der Lichtgeschwindigkeit des Verkehrs ..., in: Tumult, Nr. 3, 1982
[35] Herbert Marcuse, Aggressivität in der gegenwärtigen Industriegesellschaft
[36] Südd. Zeitung, 10./11. 8. 1985
[37] Ernst-Albrecht Marburger, Gesunder Menschenverstand? in: Zeitschrift für Verkehrswissenschaft, 56. Jg., Heft 2/1985
[38] Werbung für FORD SCORPIO, in: Stern, 18. 7. 1985
[39] Rauno Aaltonen, a. a. O., S. 20
[40] ADAC-Motorwelt, 2. Jg., Heft 7/1949
[41] Bayerischer Staatssekretär bei der Mitgliederversammlung des ADAC am 2. 4. 1985
[42] ADAC-Motorwelt, 2. Jg., Heft 6/1949
[43] Rauno Aaltonen, a. a. O., S. 16
[44] Ebenda, S. 58
[45] ADAC-Motorwelt, 2. Jg., Heft 6/1949
[46] Schlager der 80er Jahre
[47] Werbung einer Fahrschule in München
[48] Rauno Aaltonen, a. a. O., S. 13
[49] Ebenda, S. 32
[50] Ebenda, S. 59
[51] Auto und Motorrad, 6. 9. 1928
[52] Herbert Marcuse, Aggressivität in der gegenwärtigen Industriegesellschaft
[53] Stuttgarter Zeitung, 25. 5. 85, Interview mit Audi-Cheftechniker Dr. Ferdinand Piëch

Wolfgang Zängl

Auto-Bahn und Auto-Wahn

Zur Geschichte der deutschen Motorisierung

> „Das überhand nehmende Maschinenwesen quält und ängstigt mich; es wälzt sich heran wie ein Gewitter, langsam, langsam. Aber es hat seine Richtung genommen, es wird kommen und treffen".
> (Johann Wolfgang von Goethe, Wilhelm Meister, 1829)

Im Jahr 1835 verkehrte die erste deutsche Eisenbahn zwischen Nürnberg und Fürth. 1850 war das Eisenbahnnetz in Deutschland bereits auf 6.000 Kilometer angewachsen, und um 1920 hatte es mit über 60.000 Kilometer seinen Höchststand erreicht. Das Verkehrsmittel Eisenbahn war also bereits im ausgehenden 19. Jahrhundert hoch entwickelt.

Für Automobile war die Dampfmaschine als Antriebsaggregat zu schwer und in der Bedienung zu schwierig: deren Aufschwung setzte erst mit der Entwicklung des Explosionsmotors ein. 1887 stellte Daimler das erste Benzinauto für die Serienfertigung her. In einem Anzeigentext von Karl Benz aus dem Jahr 1890 heißt es: „Vollständiger Ersatz für Wagen mit Pferden! Erspart den Kutscher, die teure Ausstattung, Wartung und Unterhalt der Pferde! Absolut gefahrlos! Sehr geringe Betriebskosten!" Das Auto begann, die Kutsche abzulösen. Es war ein Luxusgegenstand, den sich nicht jeder leisten konnte und sollte.

Im Jahr 1901 wurde der *Verein Deutscher Motorfahrzeug-Industrieller* gegründet. Später wurde er in *Reichsverband der Automobilindustrie* umbenannt, und nach dem 2. Weltkrieg nannte er sich *Verband der Deutschen Automobilindustrie.* So heißt er heute noch.

Bereits im Jahr 1909 erfolgte in Berlin die Gründung der „Automobil- und Übungsstraßen-Gesellschaft", kurz *AVUS,* die 1921 die erste Straße mit getrennten Fahrbahnen fertigstellte. 1923 wurde der Ruhrschnellweg zwischen Dortmund und Düsseldorf gebaut, der auch schon die Charakteristik der Autobahn aufwies.

Im Jahr 1925 wurde eine „Gesellschaft zur Vorbereitung für den Bau einer Autobahn" gegründet, die von Hamburg über Frankfurt nach Basel führen sollte: die sogenannte HaFraBa. 1932 erließ die damalige Reichsregierung ein Arbeitsbeschaffungsprogramm, wovon auch die HaFraBa profitieren sollte. Gegen deren Bau sprachen sich strikt zwei Parteien aus: die KPD und die NSDAP. Als dann aber die Nationalsozialisten im Januar 1933 an die Macht gewählt wurden, stellten sie sich sogleich als „Schöpfer des Autobahnbaues" dar. Die gesellschaftliche Bedeutung war ihnen rasch klar geworden: Die Autobahnen „werden in wenigen Jahren eines der gewaltigsten Propagandamittel sein". [1]

Im Juni 1933 wurde der bei der Baufirma Sager und Woerner tätige Ingenieur Fritz Todt, Parteimitglied seit 1922, zum Generalinspektor für das deutsche Straßenwesen ernannt. Im gleichen Monat wurde die *Gesellschaft Reichsautobahnen* gegründet.

Diese Gesellschaft war ein Zweigunternehmen der *Deutschen Reichsbahn-Gesellschaft,* die zwischen 1933 und 1939 über 600 Millionen Reichsmark für den Bau der Reichsautobahnen aufzubringen hatte. [2] Schon zu dieser Zeit beklagten sich Automobilhersteller und Spediteure über angebliche Bevorzugungen der Bahn und bestritten gleichzeitig negative Folgen der Automobilisierung für die Reichsbahn: „Der Kraftwagenverkehr gefährdet in keiner Weise die Reichsbahn." [3] In Wirklichkeit begann der Niedergang der Bahn mit dem Baubeginn der Autobahnen. Jedes Gebiet, das die Nationalsozialisten mit den Reichsautobahnen erreichen wollten, haben dann die Bundesautobahnen endgültig erschlossen.

Im September 1933 erfolgte der erste Spatenstich für die Autobahn Frankfurt-Darmstadt – durch Hitler persönlich. Der Liebhaber schwerer Mercedes-Limousinen war bei der Durchsetzung des Autobahn-Baus ähnlich skrupellos wie bei Rüstungs- oder Rassenfragen. In den „Monologen im Führerhauptquartier" steht sein Satz: „Bei der Autobahn habe ich kurz ein Enteignungsgesetz erlassen . . ." [4] Das erinnert auffallend an das Vorgehen heutiger Planer.

Das folgende, aus dem Jahr 1935 stammende Beispiel vom Bau der Autobahn München-Salzburg ist ebenfalls in heutigen Zeiten hochaktuell:

„Bei Ausmessungen des neuen Verlaufs der Autobahn München-Landesgrenze mußte auch der Hauptgrundbesitz eines

Bauern abgeschnitten werden. Die neue Bahn sollte durch seine besten Wiesengründe laufen. Man bot dem Bauern die üblichen Ablösungen für den abgeschnittenen Grund an. Der Bauer verlor mehr als die Hälfte seines Grundbesitzes und konnte so seine Landwirtschaft nicht mehr aufrechterhalten.
Da in der Nähe anderer Grund nicht zu haben war, bleibt dem Bauern nichts übrig, als entweder auf seinem Hof zugrunde zu gehen, oder aber zu versuchen, an anderer Stelle Wurzel zu fassen. Das Bauernhaus war dadurch aber wertlos geworden und niemand zeigte dafür Interesse. Die Autobahn weigerte sich, mehr als den überbauten Grund abzulösen.
Der Bauer, der mit seinem Heim verwurzelt war, konnte diesen Zusammenbruch seiner ererbten Wirtschaft nicht überleben, erlitt einen Nervenzusammenbruch und starb bald darauf. Seine Frau und seine Kinder zogen fort. Das weitere Schicksal ist unbekannt." [5]
Solche Opfer und Schicksale wurden natürlich nicht in der Öffentlichkeit bekannt; sie sollten es auch nicht, und ähnliches geschieht mit den heutigen Opfern. Keiner der Autofahrer denkt an die vorherige Nutzung des Bodens, an den ursprünglichen Zustand, an die ehemalige Landschaft.
Der damalige Motorisierungsgrad konnte nicht der ausschlaggebende Grund für die Forcierung des Autobahnbaues sein. Aufschlußreich ist in diesem Zusammenhang eine Aussage des dafür Verantwortlichen, Fritz Todt: „Unserem nationalsozialistischen Wesen entspricht die neue Straße Adolf Hitlers, die Autobahn. Wir wollen unser Ziel weit vor uns sehen, wir wollen gerade und zügig dem Ziel zustreben; Durchkreuzungen überwinden wir, unnötige Bindungen sind uns fremd. Ausweichen wollen wir nicht..." [6] Die Reichsautobahnen waren übrigens für einen ungehinderten Schnellverkehr von 150 bis 180 Stundenkilometer berechnet. [7]
Der rein militärische Aspekt stand nicht direkt im Vordergrund; er spielte aber bei Todt durchaus eine Rolle: „Er nahm an, daß sich auf ihnen 300.000 Soldaten mit Sturmgepäck in 100.000 beschlagnahmten Autos in zwei Nächten von der Ost- zur Westgrenze transportieren lassen würden." [8] Wesentlicher und folgenreicher war die durchgreifende Motorisierung Deutschlands unter industriellen und geographischen Gesichtspunkten: das Zeitalter der endgültigen Technik brach an. [9]
Die sozialen Bedingungen des Autobahnbaus wurden in der Öffentlichkeit hoch gelobt – in Wirklichkeit waren sie miserabel. (Im Volksmund hieß die Autobahn „Hunger- und Elendsbahn." [10]) Die sogenannten „Helden der Arbeit" waren zunächst „unzuverlässige" Arbeiter im Sinn der NSDAP: Gewerkschaftsmitglieder, Sozialdemokraten und Kommunisten, später auch KZ-Häftlinge und Fremdarbeiter und im Krieg verstärkt Kriegsgefangene. [11] Die Heroisierung des deutschen Arbeiters war so perfide wie die gesamte Diktatur.

Eine weitere Lüge war die Behebung der Arbeitslosigkeit durch den Autobahnbau. Anfangs betrug der Einsatz der menschlichen Arbeitskraft 95 Prozent und der Maschineneinsatz 5 Prozent; das änderte sich aber schnell. Bereits im Februar 1937 ist in den Ausschreibungsbedingungen für drei Strecken der Reichsautobahn Berlin-Halle der Satz zu finden: „Für die Durchführung der Arbeiten ist weitestgehender Maschineneinsatz vorzusehen." [12] Kurze Zeit später war der Anteil menschlicher

Arbeit auf 5 Prozent gesunken und der Maschineneinsatz auf 95 Prozent angestiegen: ein Verhältnis, das dem heutigen entspricht. [13]
Der Straßenbau sichert keine Arbeitsplätze, sondern die Auslastung von Baumaschinen.
Im Mai 1935 wurde die Strecke Frankfurt-Darmstadt „dem Verkehr übergeben“, wie es so realistisch heißt, im September 1936 wurde der 1.000. [14], im Dezember 1938 der 3.000. Kilometer gefeiert [15], und die DDAC-MOTORWELT feierte schon mit: „... dieses Werk verkörpert wie kaum ein zweites die geradezu rücksichtslose Tatkraft unseres Führers vorwärtszukommen ...“[16]

Eng mit dem Bau der Autobahnen war die Entwicklung des Volkswagens verbunden. Im Januar 1934 übergab Ferdinand Porsche sein „Exposé betreffend den Bau eines deutschen Volkswagens“ an das Reichsverkehrsministerium. [17] Bereits im April 1934 schaltete sich das Militär ein. Aus einem Dokument: „Am 11. April fand eine Besprechung über die an einen Volkswagen zu stellenden Bedingungen statt ... Diese Bedingung entspricht auch den militärischen Erfordernissen, da sich nach Entfernung des Aufbaues 3 Mann, 1 Maschinengewehr und Munition unterbringen lassen.“ [18]
Am 28. 5. 1937 wurde die „Gesellschaft zur Vorbereitung des Volkswagens“ gegründet. Beteiligt waren die Treuhandgesellschaft der Deutschen Arbeitsfront (DAF) und die Vermögensverwaltung der DAF. Am 26. 5. 1938 erfolgte die Grundsteinlegung für das Volkswagenwerk. Dazu entstand die Stadt Wolfsburg – ebenfalls auf dem Reißbrett.
Mit einem verlockend erscheinenden Sparsystem wurde für den Volkswagen, den sogenannten „Kraft-durch-Freude“-Wagen geworben: Pro Woche sollten als Minimalbeitrag 5 Reichsmark einbezahlt werden – bei einem Endpreis von 990 Reichsmark. Von diesem Angebot hatten bis Kriegsende über 330.000 Sparer Gebrauch gemacht und bei der BANK DER DEUTSCHEN ARBEIT über 276 Millionen Reichsmark einbezahlt. [19]
Es war aber kein einziger Privat-Volkswagen hergestellt worden. Die gesamte Kübelwagen-Produktion ging an die Wehrmacht. Die Spargelder waren verloren.
Die Volkswagenfertigung wurde als die bislang größte Massenfertigung von Automobilen konzipiert. Dieser kriegstechnologisch bedingte Umstand leitete auch einen entsprechenden Normierungsprozeß ein: Das Auto verlor endgültig jegliches handwerkliche Attribut. Welche enormen Auswirkungen diese Großserien auf sämtliche anderen Fertigungszweige (und Lebensweisen) ausübten, kann man sich leicht vorstellen: das Ergebnis ist heute spürbarer denn je. [20]
Ein ganzes Volk wurde motorisiert – und mobilisiert. Speziell die „Kraft-durch-Freude“-Bewegung (KdF) sollte über einen subventionierten Auto-Tourismus dem Arbeiter vordergründig

Erholung bieten, im weiteren Sinn aber den Zwecken der Partei dienen und die Motorisierung vorantreiben. Aufschlußreich ist ein zynisches Zitat des DAF-Pressesprechers: „KdF überholt gewissermaßen jede Arbeitskraft von Zeit zu Zeit, genau so wie man den Motor eines Kraftwagens nach einer gewissen gelaufenen Kilometerzahl überholen muß.“[21]

Zum Thema Natur: die Autobahnen wurden als Bereicherung für die Landschaft propagiert. Fritz Todt, der sich gerne als „stärkster Hüter des Heimatschutzgedankens“[22] feiern ließ, verkündete: „Es gibt für unsere Arbeit, soweit wir uns in der unberührten Natur befinden, keinen anderen Maßstab als den der Natur, dem wir uns in Harmonie einzufügen haben.“[23] Der Wahrheit näher kommt ein anderer Satz von ihm: „Für die Autobahn des Führers ist uns keine Landschaft zu schade.“[24] (Daran hat sich wenig geändert: auch heutigen Straßenbauern ist für eine Autobahn keine Landschaft zu schade.)

Gleichzeitig beginnt der Kampf gegen Straßen- und Alleebäume. Das belegen Zitate aus der Zeitschrift DIE STRASSE: „Natürlich müssen die Bäume die Fahrbahn freigeben und Verbreiterungen zulassen.“[25] – „Man spricht jetzt viel von seitlichen Begrenzungen der Fahrbahn und will die harten Chausseebäume durch weiche Hecken oder Drahtseile ersetzen.“[26] – „Baumpflanzung verträgt sich nur unter bestimmten Voraussetzungen mit dem Wesen und der Bauweise neuzeitlicher Verkehrsstraßen.“[27]

Sofort nach dem „Anschluß“ Österreichs begann auch dort die Autobahnplanung. Im Arbeitsbeschaffungsplan für die „Arbeitsschlacht in Österreich“ stand an erster Stelle: Bau von Reichsautobahnen.[28] Und zwei Monate nach der Übernahme des Sudetenlandes begann auch hier, am 1. Dezember 1938, der Autobahnbau.[29]

Im Jahr 1939 war dann alles versammelt: Kraftfahrzeuge, Autobahnen, die dazugehörende technische Infrastruktur, eine höchstentwickelte Rüstungsindustrie, und nun konnte das beginnen, worauf das „Dritte Reich“ seit Amtsantritt hingearbeitet hatte.

Der Führer der Deutschen Arbeitsfront, Ley, drückte das so aus: „... die Straßen des Führers sind die Straßen, auf denen der Friede Europas marschiert.“[30] Kurz darauf marschierte der „Friede“ Deutschlands – sechs Jahre lang.

1941 wurde der Bau der Reichsautobahnen eingestellt.[31] Vorübergehend blieben diese Baustellen geschlossen; man hatte

jetzt andere: „Mancher Landschaftsanwalt der Reichsautobahnen hat die Oberbauleitungen des Westwalls bei der Tarnung der Verteidigungsanlagen und Stabsquartiere beraten.“ [32]
Im Februar 1942 kam Fritz Todt bei einem Flugzeugabsturz ums Leben. Der Nachfolger Todts war Albert Speer, ein wendiger Technokrat, der die neue Aufgabe als Verkehrs- *und* Rüstungsminister noch einmal entscheidend optimierte und rationalisierte und der eiskalt dem Produktionsprozeß diente. Die englische Zeitung OBSERVER schrieb über Speer im April 1944: „In ihm sehen wir eine genaue Verwirklichung der Revolution der Manager... die Ungezwungenheit, mit welcher er die erschreckende technische und organisatorische Maschinerie unseres Zeitalters handhabt, läßt diesen unbedeutenden Typ heutzutage äußerst weit gehen... Die Himmlers und die Hitlers mögen wir los werden, aber die Speers... werden lange mit uns sein.“ [33]
All jene, die heute ihr Leben in den Dienst von technischen Sachzwängen stellen, sollten sehr aufmerksam den letzten Satz in Speers ERINNERUNGEN lesen: „Entscheidende Jahre meines Lebens habe ich der Technik gedient, geblendet von ihren Möglichkeiten. Am Ende, ihr gegenüber, steht Skepsis.“ [34]

*

1945 war der Krieg per Dekret vorüber; Zyklon B wurde nicht mehr in Anspruch genommen, die Uniformen wurden vergraben, die Parteiausweise verbrannt. Der Nürnberger Prozeß fand statt. Die Autobahn blieb.
Nach dem Kollektiv-Wahn des Dritten Reiches kam der Konsum-Egoismus der Aufbauzeit. Blick nach vorn, Ärmel hochkrempeln, kleines Glück, Einrichtung, Kleidung, Familienausflüge. Da kam das Auto gerade recht: ideal zum sozialen Rückzug und politisch – noch – unbelastet. Es wurde der Deutschen liebstes Kind. Erich Kästner bezeichnete die Fünfziger Jahre als das „motorisierte Biedermeier“.
Im Jahr 1947 gingen die ersten Volkswagen an private Käufer: das alte Modell, zivil lackiert. Im Mai 1949 ging die Reichsbahn in das Eigentum der Bundesrepublik respektive der DDR über. [35] Von der Reichsautobahn zur Bundesautobahn, von der Reichs-Mark zur D-Mark: so einfach ging das. Oft genügte das Austauschen eines Buchstabens. (Oder das Austauschen eines Vorstandsmitgliedes: Heinrich Nordhoff wurde im Zug der Entnazifizierung als Direktoriumsmitglied der OPEL-Werke entlassen und kurz danach Leiter des VOLKSWAGEN-Werkes – bis 1968. [36])
Niemand hat zu jener Zeit das Erbe infrage gestellt, niemand hat der Autobahn den Prozeß gemacht, niemand hatte auch nur die geringsten Zweifel. Das folgenschwere Erbe wurde bereitwillig angetreten.
Im Jahr 1955 war die erste Million Volkswagen-Käfer hergestellt. Seitdem steigt der PKW-Bestand unaufhörlich:

1958	3,1 Mio	1963	7,3 Mio	1968	11,7 Mio
1973	17,0 Mio	1978	21,2 Mio	1983	24,6 Mio [37]

Anfang 1986 werden fast 26 Millionen PKW die Bundesrepublik „bevölkern“; insgesamt über 30 Millionen Kraftfahrzeuge, auf deren *Vordersitzen* die gesamte deutsche Einwohnerschaft Platz finden würde. Jedes Jahr kommen zwischen einer halben und einer Million PKW neu dazu (auch wenn die Automobilindustrie ständig erklärt, daß das Inland-Geschäft stagniert). Die SHELL-Prognose 1985 rechnet mit einem Ansteigen der PKW bis zum Jahr 2000 auf über 30 Millionen. [38] Irgendwann wird der letzte Embryo motorisiert sein.
Parallel dazu wuchs natürlich der Straßen- und Autobahnbau. 1963 gab es 2.000 Kilometer Autobahn, 1984 schon über 8.000 Kilometer. Entsprechend wuchs das Netz der Bundesstraßen. Alle Politiker waren für dieses Wachstum. Bundeskanzler Erhard verkündete in der Regierungserklärung 1963: „Wir werden deshalb vor allem den steigenden Anforderungen des Straßenbaus Rechnung zu tragen haben.“ [39] Helmut Schmidt versprach zur gleichen Zeit: „Jeder Deutsche soll den Anspruch haben, sich einen eigenen Wagen zu kaufen. Deshalb wollen wir ihm die Straßen dafür bauen.“ [40] Und der damalige ADAC-Präsident stellt 1962 fest: „Erfreulicherweise sind unsere Autobahnen so angelegt, daß man auf ihnen eine völlig neue Heimat entdecken kann.“ [41] Auch diese neue Heimat wuchs beständig.

In den siebziger Jahren kamen jährlich über 300 Kilometer neue Autobahn dazu. Im Auftrag von Georg Leber wurde ein „koordiniertes Investitionsprogramm für die Bundesverkehrswege 1985“ aufgestellt mit dem Ziel: kein Bundesbürger sollte es vom Wohnort weiter als 25 Kilometer zur nächsten Autobahnauffahrt haben.[42] Das bedeutete eine Steigerung von 4.400 auf über 10.500 Autobahn-Kilometer. Dieser Plan überlebte zehn Jahre sozialliberale Verkehrspolitik. Und gnadenlos soll er jetzt seiner Vollendung entgegengehen; die innere Kolonisation fährt fort.

Im März 1983 wies der Pressereferent des Bundesverkehrsministeriums darauf hin, daß von den 10.500 Kilometern erst 7.900 fertiggestellt seien. Er bezog sich auf einen *einstimmigen* Beschluß des Bundestages aus dem Jahr 1980 mit Gesetzeskraft.[43] Drei Wochen später meldete sich der ADAC und forderte die Bundesregierung auf, die restlichen 3.000 Kilometer „zügig“ anzupacken.[44] Die IG Bau, Steine, Erden schloß sich dem umgehend an. Und folgerichtig wurde im September 1985 die Fortsetzung der ursprünglichen Bundesfernstraßenplanung beschlossen: exakt auf die damaligen 10.500 Kilometer.

1985 kamen über 180 Kilometer Autobahn hinzu. Jeder Kilometer kostet im Durchschnitt ca. 10 Millionen Mark: wir haben viel Geld, viel zu viel Geld für diese „Betonorgien für den Verbrennungsmotor“ (Rolf Keller).

Und wenn dann angepackt wurde, wenn der Autobahn-Traum verwirklicht wurde, liest sich der Erfolgsbericht folgendermaßen: „Autotouristen können künftig von Hamburg über Lyon bis nach Valencia fahren, ohne auch nur einmal die Autobahn verlassen zu müssen.“[45] (Vielleicht kann man auch bald Urlaub machen, ohne das Auto verlassen zu müssen.)

Nur: irgendwo endet jede Autobahn. In Starnberg zum Beispiel mitten im Ort, wie in einem Flaschenhals, durch den täglich 30.000 Fahrzeuge kriechen. Oder am Ende der Autobahn nach Garmisch, mit eingeplantem und eingebautem Stau, oder am Ende der geplanten Autobahn nach Füssen usw. Die Lösung: weiterbauen, verbreitern, absiedeln, abreißen, anpacken. Der neueste Vorschlag: untertunneln.

Und so wird noch viel zu tun sein in Deutschland: man kann dieses kleine Land immer weiter umgraben und aufwühlen, man kann den Verkehr auf Brücken oder in Tunnels legen, die Autobahnen sechs- und achtspurig ausbauen, man kann immer so weiter machen: noch.
Warum sollte eine Autogesellschaft ein Interesse an ihrer Zukunft haben, wenn sie schon kein Interesse an ihrer Vergangenheit und Gegenwart hat?

Anmerkungen:

1) Hitler bei der Eröffnung der Automobilausstellung in Berlin 1935, in: DDAC-Motorwelt, Heft 7, 15.2.1935, S. 9; zitiert nach: Lurz, Meinhold, Denkmäler an der Autobahn - die Autobahn als Denkmal, in: Stommer, Rainer (Hrsg.), Reichsautobahn, Pyramiden des Dritten Reiches, Marburg 1982, S. 157.
2) Rohde, Horst, Das Eisenbahnverkehrswesen in der deutschen Kriegswirtschaft 1939-1945, in: Forstmeier, Friedrich; Volkmann, Hans-Erich (Hrsg.), Kriegswirtschaft und Rüstung, 1939-1945, Düsseldorf 1977, S. 139.
3) Stellungnahme der „Arbeitsgruppe Verkehrswirtschaft" in: DIE STRASSE, Herausgeber Generalinspektor für das deutsche Straßenwesen (1934 bis 1943), Heft Nr. 10/1937, S. 284.
4) Jochmann, Werner (Hrsg.), Adolf Hitler, Monologe im Führerhauptquartier 1941-1944, Hamburg 1980, S. 298 (26.2.1942).
5) Deutschland-Berichte der Sozialdemokratischen Partei Deutschlands (Sopade) von 1935, Nachdruck Salzhausen 1980, S. 1162 f.
6) Rede am 27.9.1933, zitiert nach: Schönleben, Eduard, Fritz Todt, Der Mensch, der Ingenieur, der Nationalsozialist, Oldenburg 1943, S. 13.
7) Diese Geschwindigkeitseuphorie besteht also in Deutschland seit langer Zeit - im Gegensatz zu den meisten anderen Ländern.
8) Kunze, Thomas; Stommer, Rainer, Geschichte der Reichsautobahn, in: Stommer, a. a. O., S. 27.
9) „In puncto Technik ist der Faschismus äußerst modern". (Philipp, Claudia Gabriele, „Die schöne Straße im Bau und unter Verkehr", in: Stommer, a. a. O., S. 130.)
10) Sopade-Berichte, a. a. O., S. 787.
11) Kunze, Stommer, a. a. O., S. 29
12) Beilage zu DIE STRASSE, Heft 4/1937; unterzeichnet: Reichsautobahnen, Oberste Bauleitung, Berlin.
13) Vgl. Die Straße - unser Schicksal. Eine Bilddokumentation über Straßenbau und Straßenverkehr, Hannover 1964, S. 76; Natur und Umwelt, Heft 4/1979, S. B 5.
14) Schönleben, Eduard, a. a. O., S. 34.
15) Schönleben, a. a. O., S. 34; DIE ZEIT, 1.10.1982.
16) DDAC-Motorwelt, 32. Jg., Heft 21/1935, S. 2; zitiert nach: Lurz, a. a. O., S. 178.
17) Vgl. Etzold, Hans-Rüdiger, Der Käfer II, Eine Dokumentation, Zug/Schweiz 1984, S. 63.
18) Etzold, a. a. O., S. 22 f.
19) Etzold, a. a. O., S. 29.
20) „Wozu brauchen wir im Dritten Reich hundert verschiedene Formen von Waschbecken? Wozu die Unterschiede in den Fenster- und Türmaßen? ... Für mein Auto finde ich überall Ersatzteile ..." (Hitler, in: Jochmann, a. a. O., S. 95.)
21) Zitiert nach: Neue Gesellschaft für Bildende Kunst und Kunstamt Kreuzberg (Hrsg.), Faschismus, Berlin 1976, S. 71. Dazu paßt auch das Zitat von Fritz Todt: „Wer je einmal in der Dämmerung auf dem Samerberg oder auf dem Irschenberg gestanden hat und die endlose - oft zweispurige - Lichterkette verfolgte, die gebildet wird von den Scheinwerfern der Wagen, die von der Wochenendheimfahrt auf der Reichsautobahn Salzburg-München aus dem Gebirge zurückkehrt, um ihre Insassen neu gestärkt an die Tagesarbeit zu bringen, über den hat die Autobahn Macht gewonnen, der glaubt an ihre Aufgabe und ahnt, was sie der Wirtschaft bedeutet". (Schönleben, a. a. O., S. 63.)
22) Schönleben, a. a. O., S. 62.
23) Schönleben, a. a. O., S. 74.
24) Süddeutsche Zeitung (SZ), 4.7.1981.
25) DIE STRASSE, Heft 4/1937, S. 105.
26) A. a. O., S. 107.
27) DIE STRASSE, Heft 10/1937, S. 283.
28) Schausberger, Norbert, Die Auswirkungen der Rüstungs- und Kriegswirtschaft 1938-1945 auf die soziale und ökonomische Struktur Österreichs, in: Forstmeier, Volkmann, a. a. O., S. 235.
29) Lurz, a. a. O., S. 179.
30) Ley, Robert, Wir alle helfen dem Führer, München 1939.
31) Kunze, Stommer, a. a. O., S. 31.
32) Schönleben, a. a. O., S. 90.
33) Speer, Albert, Erinnerungen, Frankfurt-Berlin-Wien 1982, S. 355 f.
34) Speer, a. a. O., S. 525.
35) Busse, Michael, Die Auto-Dämmerung, Sachzwänge für eine neue Verkehrspolitik, Frankfurt 1980, S. 29.
36) Polster, Bernd, Die Benzin-Geschichte, Berlin 1982, S. 107.
37) SZ, 19.9.1983.

38) SZ, 5. 9. 1985. Nicht jede Prognose muß zutreffen!
39) Die Straße – unser Schicksal, a. a. O., S. 128.
40) Busse, a. a. O., S. 10 f.
41) Vorwort Dr. Endress in: ADAC-Autobahnführer, Jahresgabe 1962 anläßlich des 60jährigen Bestehens.
42) Busse, a. a. O., S. 14; STERN, Heft 22/1979.
43) SZ, 8. 3. 1983.
44) SZ, 28. 3. 1983.
45) SZ, 21. 2. 1981 – ein Beispiel von vielen.

Christian Schütze

Die angehimmelten Stars der Endzeit

(Der folgende Artikel beschreibt die 50. Internationale Automobilausstellung in Frankfurt 1983. Er hat nichts an Aktualität verloren. Die Herausgeber)

Was ist denn das für ein Typ? Das ist der Leisler Kiep – Nein, das ist der Audi Quattro. Der Irrtum ist verständlich, denn die Sicht ist schlecht wegen der vielen Menschen beim Audi-Stand, wo sich der CDU-Politiker am Eröffnungstag der 50. Internationalen Automobil-Ausstellung in Halle 9 auf dem Frankfurter Messegelände in einen roten Renner zwängt, indem er seine ranke Gestalt geschmeidig zusammenfaltet. Durch das geöffnete Fenster wirft er den umstehenden hohen Herren der Autobranche einen Blick und ein Mündchen zu wie ein Weinkenner dem Wirt, dessen besonders guten Tropfen er gerade auf der Zunge hat zergehen lassen.
Die Photographen schwirren wie die Mücken um die Szene. Dichtgedrängt stehen die Zuschauer in der Erwartung, daß irgend etwas passiert. Es passiert aber nichts Besonderes – ein bekanntes Gesicht ist zu sehen, ein Prominenter, wie auch der unpolitische Zeitgenosse aus dem Umstand entnehmen kann, daß Blitzlichter zucken und Fernsehkameras herumgetragen werden. Die Typenvielfalt auf dieser Ausstellung ist enorm, vor allem unter den Menschen. Aber irgendwie ist eine gewisse langweilige Grundkonzeption allen gemeinsam. Alle Autos haben vier Räder, Motor und Fensterscheiben. Die Menschen bestehen aus Kopf, Rumpf und Extremitäten. Die Autos bewegen sich meistens auf der „Linie der Vernunft“, die Menschen neigen zum Extremismus und berauschen sich am Unsinn der Beschleunigung von Null auf 100 Stundenkilometer in 7,1 Sekunden, während doch jeder weiß, daß die Ampel auf Gelb steht.

Träume ohne Preisangabe
Die sogenannten Veredeler finden auf dieser Ausstellung viel Zulauf. Sie bieten die Träume an – meist ohne Preisangabe. Für ihre Kreationen müßte das Motto der Schau, „Das Auto, Motor unserer Zeit“, abgewandelt werden in „... Monster unserer Zeit“. Die Gebilde der Veredeler sind gebaut „auf der

Basis“ irgendeines Serienwagens. Wer jedoch die individuelle Note etwas billiger haben will, kann von einer Zubehörfirma Frontspoiler (zwei Prozent Minus beim Luftwiderstandswert), Seitenschürzen, Frontgrill, Windsplit und Heckspoiler (68 Prozent Auftriebsverringerung) erwerben. Weil diese Prothesen aber wenig menschliche Wärme ausstrahlen, bietet die Firma neben den Seitenschürzen hübsche Mädchen in Kleidern mit Seitenschlitzen. Der schnauzbärtige Twen aus Delmenhorst fragt eine von ihnen, ob er sie um die Hüfte fassen darf und läßt sich mit ihr photographieren.

Auf dieser Ausstellung strotzen aus allen Richtungen vollfett die Worte „modernste Technologie“. Aber überall schlägt das Menschliche durch. Irgendwo sind wir doch noch nicht dem „Oskar“ gleich, dieser stilisierten Eisenpuppe mit federnden und drehbaren Gelenken, mit der die Autokonstrukteure anatomisch richtige Sitzschalen konstruieren (zu sehen in der Sonderschau „Auto in der Vitrine“). Die Verkäufer und Veredeler wissen das recht gut. Sie verlassen sich möglichst nicht auf den Sex-Appeal ihrer spurkorrigierenden Achslager, sondern verwenden auch die langen Federwege einer blonden 20jährigen als Element der Gesamtkonzeption. Dann sitzt das Mädchen auf einem Reise-Sportwagen vor einem Berg von bemaltem Gepäck und läßt sich geduldig lächelnd photographieren. Ab und zu tritt ein graumelierter Gutausseher (Standleiter oder Firmenchef?) zu ihr hin und plaudert sie gepflegt an. Sie lacht vertragsgemäß, aber es blitzt nicht. Ein Filmregisseur schnauzt seinen Kameramann an: „Nimm sie noch mal, aber ohne den Macker.“

Gleich daneben erklärt ein Professor vom Videoband die Wirkungsweise des Drei-Wege-Katalysators: wie auf der zerklüfteten und platinbeschichteten Oberfläche das giftige CO mit dem ebenso giftigen NO_X reagiert, so daß Sauerstoffatome überwechseln vom Stickstoffoxyd zum Kohlenmonoxyd und die völlig harmlosen Gase Stickstoff und Kohlendioxyd entstehen, Bestandteile der natürlichen Atemluft. Die pädagogisch gutgemachte Vorlesung findet keinen einzigen Zuhörer. Gäbe es in der weiten Halle noch eine Wand, die nicht bedeckt wäre mit dem Namen von Styling-Garagen, Zündkerzen oder Alu-Zierfelgen, dann würde an ihr in großen schwarzen Buchstaben das Menetekel „Katalysator“ erscheinen.

Drohend hängt über dieser ganzen Ausstellung das Richtschwert „Abgasgrenzwert“. Die Leute scheinen es zu spüren, und sie verdrängen das Problem um so entschlossener, je eindringlicher verantwortungsvolle Motorpublizisten und Autohersteller davon reden. Der Geschwindigkeitskult feiert Triumphe wie noch nie. PS-Protze ziehen die größten Massen an, während die biederen Sparautos, die mit „Verbräuchen unter sechs Liter“ Aufmerksamkeit zu wecken hoffen, allenfalls von mittelständischen Familienvätern beachtet werden. Diese Autos fürs Überleben in schweren Jahren sind sich alle so ähnlich geworden, daß kein großer Zündfunke mehr überspringt. Renner, die mit 220 Spitze durch die Endzeit zischen, sind die Stars der Schau. „Lasset uns rasen, denn morgen sind wir tot! Lasset uns gasen, denn morgen werden wir entgiftet!“ Auf der Flucht vor dem Katalysator noch einmal den Bleifuß durchtreten, das ist die Sehnsucht auf der 50. IAA.

Natürlich wird diese Stimmung von den Offiziellen nicht geteilt und nicht gebilligt. In einer Tonbildschau nahe dem Eingang findet die Auseinandersetzung mit den ernsten Problemen der Automobilgesellschaft statt: Sicherheit, Ziele des Fortschritts, Ende von Rohstoffen und Öl. Da heißt es: „Die Vorstellung, wenn wir so weitermachen wie bisher, werden über kurz oder lang die Rohstoffvorräte dieser Erde erschöpft sein, ist so nicht richtig – weil niemand so weitermacht wie bisher.“ Ein frommer Wunsch, von dem allerdings nur etwa jeder 100. IAA-Besucher Kenntnis nimmt. Die Zahl derer, die im Augenblick eher daran denken, Zündkerzen mit platinverstärkten Elektroden anzuschaffen, ist bedeutend größer. Fortschritt ist gut, und Platin ist „in“.

Das Publikum strebt auf der sich hinziehenden Straße seinem Traumwagen zu, und mancher ist schon lange nicht mehr soviel zu Fuß gegangen. Ein buntes Volk vieler Sprachen und Länder muß sich zuerst durch den Reisbrei der Nutzfahrzeuge fressen, vorbei an Wohnwagen, Kleinanhängern, Omnibussen, an Lastwagen mit Leitern oder Betonmischern. Zubehörfirmen bieten Einbauten für Feinmeßgeräte und fahrbare Hausmetzgereien, Hebebühnen, Werkzeuge und Spezialstaubsauger. Es ist kaum zu glauben, daß in unserem Lande nur jeder siebte oder (nach anderer Zählung) nur jeder 15. vom Auto leben soll. Für alle Lebenslagen gibt es ein Spezialauto, für Essen, Trinken, Schlafen, Arbeiten, für Erholung, Sport, Krankheit, Bildung, Beerdigung, Handel und natürlich zur Ortsveränderung und zur Werbung um Kundschaft oder Partner. Die Spanne reicht vom Bibliotheksfahrzeug bis zum Pferdetransporter, vom Balz-Cabrio bis zum Dachträger für den Rollstuhl. Es ist schon wahr, wenn die Automobilclub-Manager und Wirtschaftspolitiker allen Unkenrufen der Rohstoffapokalyptiker und Rohstoffpropagandisten die Erkenntnis entgegenschleudern: „Das Auto ist aus unserer modernen Welt nicht mehr wegzudenken."

Auf der langen Straße zur Halle 9 überholen den trägen Fluß der gewöhnlichen Verkehrsteilnehmer Gruppen von jüngeren Herren. Sie tragen anthrazitfarbene Anzüge (gegen Aufpreis mit Metallic-Effekt), blaue Hemden und dunkle Krawatten. Dank ihrer flachen Köfferchen mit dem niedrigen Luftwiderstandswert von 0,3 überholen sie die anderen Typen, die mit prospektgefüllten Plastiktüten der Firma Opel oder Toyota dahinschleichen. Aus dem überholenden Pulk dringen Gesprächsfetzen wie „... haben Probleme mit dem Vergaser..." oder „... müssen sich bei den Siebenern bald etwas einfallen lassen...".

An dem Stand, der die meisten Besucher anzieht, sehen wir die Schnellen wieder. Sie öffnen die Tür eines Autos – Verzeihung: Automobils – für 66.150 Mark (unverbindliche Preisempfehlung), damit ein 18jähriger in Jeans Platz nehmen kann: Einmal im „ABM-XYZ i2" sitzen, einmal dessen Gaspedal berühren, das muß das Glück sein. Die Firma hat das Publikum lange auf solche Erlebnisse vorbereitet. In den Inseraten war von sportlicher Exklusivität die Rede, von gesteigerter Fahrfaszination, davon, daß die Schnellen hellwach am Lenkrad seien und mehr Präzision bewiesen als die selbstzufriedenen Langsamen. Reinrassige Renntechnik, zeitgemäße Hochleistung, automobile Dynamik kamen in diesen Einstimmungen vor, Erfolgselemente der zeitgemäßen Turboschreibe leistungsbetonter Werbetexter. Bei dieser seriösen Firma, beim „Selbstverständnis des Hauses", wie es dort heißt, ist die Erotik technisch unterkühlt und kommt allenfalls verborgen vor in Brenntemperaturen oder Triebwerken.

Die IAA ist eine technische Schau und eine menschliche Komödie dazu, vor allem ein Jahrmarkt der männlichen Eitelkeiten. Frauen sind kraß in der Minderzahl und disqualifizieren sich denn auch selbst mit so abwegigen Bemerkungen, daß ihnen eine futuristische Karosserie von Bertone „irgendwie zu plump" vorkomme oder daß ein Serienwagen dank seines Spoilers „einfach schöner" wirke. Dennoch, die wenigen Frauen, die es geschafft haben, hierher mitgenommen zu werden, haben es gut. Hier dürfen sie, was sie – man sieht es ihren Männern an – draußen nie oder nur in Notfällen dürfen: ans Steuer eines 180-PS-Wagens. Da sitzen sie nun, fassen unfroh den Schalthebel an, treten erfolglos das Gaspedal, steigen bald wieder aus und probieren, wie es sich hinten sitzt. Realistisch, wie sie sind, denken sie an Beinfreiheit, während die Männer nach der Spurtpotenz fragen und hinter dem Volant die Augen schließen. Indessen wischt ein Mann im Overall die Fingerabdrücke neugieriger Fans von der Motorhaube. Die Frau im Fond sieht es mit gemischten Gefühlen. Sie blickt durch die Windschutzscheibe wie in ihre eigene Zukunft.

Junge Männer sind das größte Kontingent der Besucher. Buben flitzen von Stand zu Stand und sammeln Prospekte sowie Anstecknadeln mit Firmenzeichen und Aufkleber mit dem Namen von Stoßdämpfern. Leidenschaftlich diskutieren die 17jährigen. Sie sind die Hoffnung der Branche, der Nachwuchs des fahrenden Volkes, die Angehörigen der starken Jahrgänge, die wahrscheinlich keinen Arbeitsplatz bekommen, aber einmal ein Auto. Manche jungen Leute schieben die Rollstühle, in denen ihre Freunde sitzen, näher heran an die schwarzglänzenden Sportwagen von 310 PS. Man trägt Popper-Frisuren und kunstvoll abgeschabte Lederjacken.

Klaus Spitzer

Kinderleben und Pferdestärken

Tatsachen, Gedanken und Utopien

Freude an 50 Pferdestärken

Auf dem Messegelände gibt es einen halben Hektar, der noch nicht asphaltiert und betoniert ist, wo der naturwüchsige Sand des Untergrundes von Frankfurt zutage tritt. Hier hat am Mittag nach der Eröffnung der Musikzug des französischen Gardekürassier-Regiments im Kreise Aufstellung genommen. Unter der Trikolore und den Bundesfarben glänzen die Hinterviertel der Rösser im Schachbrettmuster. Viele Autofreunde erfreuen sich am Anblick dieser bescheidenen 50 Pferdestärken. Unter Beifall betritt der Bundespräsident eine Tribüne und hört sich in Begleitung von Bundeswirtschaftsminister Graf Lambsdorff die Trompetenmusik der historisch gekleideten Krieger an. Dann drückt der Bundespräsident nach einigen Dankesworten dem Kommandeurdirigenten der Truppe den weißen Stulpenhandschuh. Während alle warten, daß Carstens einige Worte an sein motorisiertes Volk richtet, hört man nur - weil zufällig beim Passieren des Mikrophons gesprochen - den Satz: „Ich muß jetzt fort.“ Langsam fährt die Kolonne an. „Lache dät i“, sagt einer in der Menge, „wenn jetzt dem sei Mercedes net aspringe dät.“ Aber soviele Wünsche die deutsche Weltmarke dem deutschen Autofreund auch erfüllt, diesen erfüllt sie nicht.

(Mit freundlicher Genehmigung des Süddeutschen Verlages.)

Von Superhelden und Traumautos
Das Auto als Idol

Der Star meiner Kindheit war „Kai aus der Kiste“, jener flinke Held meines Lieblingsbuches, dem der Großstadtverkehr Lebenselement war. Er sprang auf fahrende Lastwagen oder ließ sich auf Rollschuhen von Autos ziehen. Der Anführer der Straßenjungen löste auf seine Weise alle Verkehrsprobleme. Das Auto, von allen negativen Aspekten befreit, war beherrschendes Hilfsmittel, Gefährt und Gefährte.

Autos faszinieren Kinder - und nicht nur diese - heute wie damals. Welch ein Wunderding ist für sie dieser lebendige streichelglatte farbige Kasten. Nur ein leichter Druck auf den Fußhebel entfesselt urplötzlich die geballte Kraft vieler Pferdestärken. Der tote Blechleib beginnt zu vibrieren, er heult auf, knattert und brummt. Mühelos steigert der Fahrer die sanft gleitende Bewegung zum rasenden Tempo. Menschen, Häuser und Bäume flitzen vorbei, bequem ruht man im Autositz, benommen vom Rausch der Geschwindigkeit.

Wie alle Kinder wollte auch ich Autofahrer, ja Rennfahrer werden. Bis zur Stunde werden sie von der Jugend vergöttert, war es bei uns Caracciola, ist es jetzt Niki Lauda. Und begeistert stehen Schulkinder mit ihrem Lehrer vor den alten und neuen Rennwagen im Münchner Deutschen Museum. Doch was wären die Rennwagen ohne die Geschwindigkeit, die sich geheimnisvoll in ihnen verbirgt? So staunen die Kinder mit großen Augen vor diesen technischen Wundermaschinen, träumen von der Beherrschung dieser übermenschlichen Kraft, von der Bewältigung aller Gefahr. Und die erwachsenen Jungen von damals

sitzen heute als Männer wie Kinder im Kinosessel und leiden mit James Bond auf seinen halsbrecherischen Verfolgungsjagden, bis der Supermann am Ende grinsend aus seinem schrottreifen Wagen steigt, unversehrt wie mein „Kai aus der Kiste".

Kein Wunder, daß unsere Kinder von Autos schwärmen, wenn die begeisterten Eltern im Autosalon die auf drehenden Tabletts präsentierten neuen Kreationen bewundern, wenn ihre Väter das Renommierobjekt am Wochenende wie närrisch auf Hochglanz putzen, wenn Werbung, Film und Fernsehen die Geschwindigkeit als höchste Lust bejubeln und einen eigenen Wagen als unvergleichliches Kleinod preisen. Das Auto wird zum vergötterten Idol.

Von Spielsachen und Autospielen
Das Auto als Verführer

Klein-Sebastian von nebenan spielt nur mit Autos. Sein fein säuberlich sortierter Autopark ist fast unübersehbar und wächst an jedem Geburtstag weiter. Schon als Vorschulkind kennt und erkennt er alle Automarken, ja man glaubt den Berichten der Eltern kaum: Sein erstes Lebenswort war „Ata-Ata", und das hieß Auto. Unser Wunschkind ist wohl kein Einzelfall. Durchblättern wir Spielzeugkataloge, finden wir seitenweise Autospielzeug. In Holz, Plastik und Metall, kindergroß und en miniature, künstlich abstrahiert oder naturgetreu kopiert, zum Schieben oder ferngesteuert werden hier die Idole der Eltern marktgerecht aufbereitet – „früh übt sich, was ein Käufer werden will". Und vor der Kaufhaustür steht für die Kleinen ein Automat zum Einsteigen bereit und liefert gegen 50 Pfennig ein vibrierendes Schaukeln als kurze Illusion einer Autofahrt. Die eigene Motorik wird durch den Motor ersetzt. Auf der Kirmes rotieren unsere fröhlichen Lieblinge laut hupend im Autokarussel und genießen das Hochgefühl der Geschwindigkeit. Für die Größeren gibt es dann im Spielsalon die Rennfahrerkabine mit Bildschirm und simuliertem Unfall.
Spielend fügt man sich ein in die Welt der Erwachsenen. Bald werden – zur Freude der Autoindustrie – aus den begeisterten Kindern modebewußte Verbraucher, prestigesüchtige Eigentümer, autobesessene Besitzer, fasziniert, verblendet, verhext. Das Auto als harmloses Spielzeug?

Von entfesselter Gewalt und Kinderopfern
Das Auto als Gefahr

Schärfen wir die vom schillernden Chrom geblendeten Augen! Das vergötterte Traumidol wandelt sich zum grausamen Moloch, dem immer noch, wie einst in Babylon, Kinder geopfert werden, Jahr für Jahr mehr als 600 unschuldige Todesopfer und mehr als 50 000 verunglückte Kinder allein in der Bundesrepublik. Ist es nicht unendlich traurig, wenn bei uns die Kindersterblichkeit der Ein- bis Fünfjährigen zu 45 % und der Sechsbis Zehnjährigen sogar zu 70 % allein auf Verkehrsunfällen beruht? Oder haben wir uns schon daran gewöhnt?
Eine eigene Umfrage bei zehn- bis dreizehnjährigen Schülern brachte mir die traurige Erkenntnis, daß deren Assoziationen zum Wort „Auto" keineswegs mehr meinen Kindheitsträumen glichen, sondern überwiegend negative Gedanken auslösten: Unfall, Krankenhaus, Blut und Tod, Luftverschmutzung, Abgase und Waldsterben. Die Kinder erlebten das Auto eben nicht mehr nur als Vaters „flotten Schlitten" oder „gemütliche Familienkutsche" beim Wochenendausflug, sondern viel eher als bedrohendes lebensgefährliches Mordwerkzeug, dem sie machtlos ausgeliefert sind. Sind doch schon dem Spiel auf schmalem Bürgersteig enge Grenzen gesetzt, zwingt der Verkehr zum ständigen Achtgeben und wehe, wenn der Ball auf die Fahrbahn rollt.

Doch Autos fahren nicht von alleine. Die rigorosen Autofahrer, die täglich durch unsere Wohnviertel rasen und sich an ihren Fahrkünsten aufputschen, sollten wissen, daß Kinder einfach nicht fähig sind, sich verkehrsgerecht zu verhalten. Drei- bis Sechsjährige können eben trotz aller Verkehrserziehung keine Verkehrszeichen lesen, nicht die Richtung von Geräuschen erkennen, keine Entfernungen abschätzen, können Bewegung nicht an der Formveränderung ablesen, ja nicht einmal immer rechts und links unterscheiden. Und wenn sie sich wirklich statt zu spielen auf nichts anderes als den Verkehr konzentrierten, sie könnten dies nicht länger als eine Viertelstunde durchhalten. Was also soll das Gerede vom Leichtsinn der Kinder?

Kinder sind überfordert durch die zu hohe Verkehrsdichte und -geschwindigkeit, durch die starke Verkehrsvermischung und die Sichtbehinderung durch parkende Autos. Und so geschehen über die Hälfte der Kinderunfälle auf den stark befahrenen Straßen in Wohngebieten, abseits der gesicherten Hauptstraßen, oft in unmittelbarer Nähe der Wohnung. So beschränkt das übermächtige Auto rigoros die Freiheit unserer Kinder, bedroht Gesundheit und Leben: das Auto als Quelle ständiger Gefahr.

Von Rollbahnen und Spielghettos
Das Auto als Diktator

Unsere Straßenspiele sterben aus: Jäger-, Treib- und Völkerball, Seilhüpfen, Reifentreiben, Kreiselschlagen, Stelzenlaufen, Schwarzer Mann, Stand an der Wand und wie sie alle heißen. Für uns war die Fahrbahn vor der Haustür das ideale Spielfeld, auch wenn der schockierte Rentner, dem ich den Fußball ins Fenster trat, damals schon ganz anderer Meinung war. Wenn ein Auto vorbeifuhr, gingen wir mal kurz zur Seite und spielten weiter.

Kinder gehören mitten hinein in das Leben, und daß dies einmal Wirklichkeit war, sehen wir auf alten Bildern. War doch die Straße bis in unser Jahrhundert hinein ein Erlebnisfeld: Hier wurde gearbeitet und gefeiert, flaniert, geschwatzt und geklatscht, gezankt und gespielt. Spiel war immer auch soziales Lernen, spielend wuchsen die Kinder hinein in die Welt der Erwachsenen. Hier wurde Wissen noch nicht abstrakt und tiefgekühlt angeeignet, sondern war Teil des Alltags.

Die ungehemmte Motorisierung, die die Straße vom Lebensraum zur Rollbahn verwandelte, verdrängte auch die Kinder. Der Verkehr überrollte die Fahrbahn, und oft genug besetzten parkende Autos auch die Bürgersteige. Bis heute bewilligt die Planung in Neubaugebieten dem Auto fünfmal soviel Fläche wie einem Kind. Die Kinder wurden in das Ghetto der Spielplätze vertrieben, in isolierte und reduzierte Ersatzwelten, in künstliche Schonräume ohne Leben. Oder man sperrte sie gleich ganz in die Wohnung und öffnete ihnen das Fernseh-Fenster voller falscher Träume. Das Auto wurde zum Feind der Kinder, der ihre Freiheit beschränkte, wurde zum unnachsichtigen Diktator.

Von autogerechten Städten und verkehrsgerechten Kindern
Das Auto als Maßstab

Dem tyrannischen Herrscher zahlen wir fleißig Tribut. Da werden Wege verlegt, Straßen reserviert, Fußgänger umgeleitet, und die Kinder werden einfach ausgesperrt. Die Verdrängten aber lassen sich so total nicht abschieben, sie müssen zum Spielplatz, zum Kindergarten oder zur Schule gehen. So werden sie abgerichtet, eindressiert und angepaßt: Verkehrserziehung. Mit Aufwand betrieben, gefördert und geschätzt hilft sie in der Tat Unfälle zu verhüten und Leben zu retten.

Und doch: So wie man ganze Städte menschenfeindlich, aber

autogerecht herrichtet, werden hier junge Menschen wie selbstverständlich verkehrsgerecht gedrillt, gerade so geformt, wie man sie braucht, und kaum jemand kommt auf die Idee, daß es auch ganz andere Lösungen gäbe. Schon der Begriff führt in die Irre, denn nicht der Verkehr wird erzogen, sondern das Kind. Das Auto als Erzieher! Doch die Verkehrserziehung beseitigt nicht die Ursachen. Wir abgestumpften Erwachsenen nehmen die Vorherrschaft des Autos allzu willig in Kauf, warten schicksalergeben an den Ampeln, laufen geduldig bis zum nächsten Überweg und lassen uns streckenweise sogar widerspruchslos ganz unter die Erde verdrängen. Wir schlucken ohne Protest Reifenstaub, riechen Benzingestank, atmen Abgase und leiden alle unter dem Motorenlärm. So versucht man denn auch unsere Kinder einzupassen in das diktatorische Verkehrssystem, ersinnt Verkehrsübungsplätze, entwirft bunte Broschüren und Spiele, und der beliebte Verkehrskasper belehrt mit pädagogischen Späßen.
Daß dieses Training im Schonraum im Ernstfall immer wieder versagt, weil Kinder eben keine guten Dressurobjekte sind, müßte uns zu denken geben. Haben wir hier nicht statt des Menschen das Auto zum Maß aller Dinge gemacht?

Von Sitzzwängen und Reisequalen
Das Auto als Gefängnis

Während Vater hinter dem Lenkrad als Ausgleich zum eigenen Bewegungsmangel befriedigt die Geschwindigkeit seines dahinrasenden Wagens genießt, langweilen sich seine Kinder auf den hinteren Sitzen. Die Kleinsten liegen im Sicherheitskörbchen wohlverpackt und starren gegen die Autodecke, die quicklebendigen Größten sind vorschriftsmäßig in Sicherheitsgurte verschnallt. Voller Bewegungsdrang sind sie zum Stillsitzen gezwungen, voll Vitalität zur Untätigkeit verdammt, aktionsgehemmt und gefesselt, eingezwängt in die „eigens montierte Sitzschale mit Seitenwülsten" und dem „Tischchen als Aufprallschutz" oder werden auch in „spezielle Kinderrückhaltesysteme" geschnallt und in „Sicherheitspolster" gepackt. Vom Gesetzgeber (StVO § 21 Abs. 1a) mit gutem Grund auf den Rücksitz verbannt – sind doch ein Drittel aller verunglückten Kinder passiv als Mitfahrer betroffen –, quälen sie sich Stunde um Stunde während der Ferienfahrt dahin. Der am Fenster vorbeibrausenden Landschaft können sie nicht folgen, bleiben ohne Kenntnis, ortsfremd und orientierungslos. So langweilen sie sich übermüdet und aggressiv, bis die langersehnte Pause in trostloser Raststätte magere Abwechslung bringt. Das befreiende Fahrzeug wird zum fesselnden Zwang, zur einengenden Zelle, zum Kindergefängnis.

Von Reifenschlitzern und Autoknackern
Das Auto als Aggressionsobjekt
Wen wundert's, wenn sich die Aggressionen Jugendlicher mit Vorliebe gegen dieses liebste Kind der ungeliebten Erwachsenen richten?

Da wird nachts der hochglanzpolierte Lack eines Renommierobjekts zerkratzt, werden reihenweise die Reifen parkender Autos geschlitzt, Rückspiegel zerbrochen, Autoantennen geknickt und Karosserien zerbeult. Autoeinbruch wird zum beliebten Sport Vierzehnjähriger.
Die heimlichen Wünsche aber zeigen sich, wenn schon Zehn- bis Zwölfjährige schicke Wagen knacken, kenntnisreich den Stromkreis überbrücken und stolz zur Spritztour davonbrausen. Hin und wieder liest man von „Geisterautos", die scheinbar unbemannt durch die Straßen gleiten, weil der Steppke hinter dem Steuer noch gar nicht sichtbar ist.
Am meisten Spaß macht es aber wohl, wenn man nicht nur fährt, sondern andere jagt, stößt und rammt, daß die Fahrer purzeln. Kaum ein Actionfilm verzichtet auf diesen Gag. Jedermann kann dieses „Vergnügen" auf der Kirmes gegen Geld im Autoscooter ausleben. Zu denken gibt die Beobachtung eines Reisenden, der in einem ostasiatischen Land sah, wie dort das gleiche Spiel dazu diente, anderen mit größter Geschicklichkeit auszuweichen und reaktionsschnell jede Berührung zu vermeiden. Hierzulande aber sind jene merkwürdigen Veranstaltungen beliebt, in denen Autos zu Schrott gefahren werden. Motorisierte Tiere behelmter Gladiatoren? – Als wir vor Jahren voller Stolz auf unserem abenteuerlichen Spielgelände den Kindern ein altes Auto zum Spielen aufstellten, waren wir nicht wenig überrascht, als dieses schöne Stück in wenigen Tagen von den lieben Kleinen mit Hämmern, Stöcken und Steinen zu einem unförmigen Haufen Schrott verarbeitet wurde: das Auto als Aggressionsobjekt.

Von gezähmten Ungeheuern und Wunschgefährten
Das Auto als Instrument
Auf einem skandinavischen Spielplatz sah ich Vorschulkinder Auto fahren. Im Schrittempo steuerten sie ohne Fahrprüfung und Führerschein die großen Wagen über selbst angelegte Fahrpisten im umzäunten Gelände. Ein Fünfzehnjähriger war der „Meister" der Autowerkstatt, wo die größeren Mädchen und Jungen aus vielen alten wieder einige neue Fahrzeuge bastelten. Das Ungeheuer wurde zahm, von Kindern durchschaut und beherrscht.
Hineingeboren in diese moderne Welt erleben die Kinder die allgegenwärtige Technik als naturgegeben und nicht als Menschenwerk. Das Auto ist ja nicht auto-mobil, sondern von Menschen erfunden, von Arbeitern gebaut und vom Fahrer gesteuert. Es ist kein gottgleiches Wesen, sondern verbesserungsfähiges Produkt seiner Erfinder, produziert von einer gewinnorientierten Industrie. Auch der bedrohende Verkehr ist kein Schicksal, sondern nur das mißlungene Ergebnis unzulänglicher und interessengesteuerter Planung. Also nicht das Kind muß geändert werden, sondern das Auto und die Bedingungen seiner Produktion. Nicht der Stadtbewohner muß reguliert werden, sondern der Verkehr und die Wertmaßstäbe seiner Planung.
Befreien wir unsere Phantasie, träumen wir konkrete Utopien! Da werden die Straßen wieder mit Leben gefüllt, spazieren Fußgänger zwischen Büschen und Bäumen, sitzen Alte plaudernd auf Bänken, und mitten im quirlenden Leben spielen gefahrlos

die Kinder. Die Autos fahren Schritt, und die gleichberechtigten Fußgänger von rechts haben Vortritt. – All dies aber ist gar kein schöner Traum, sondern längst Realität in den Wohnerf-Gebieten der Niederlande, schon seit dem 27. August 1976 gesetzlich verankert. – Träumen wir weiter von leisen Autos, ohne Gestank und Gesundheitsschäden, automatisch gesteuert und unfallfrei. Muß dies denn alles Utopie bleiben? Ist nicht das meiste davon bereits erfunden?
Fordern wir also nicht die verkehrsgerechte Stadt, sondern den stadtgerechten Verkehr! Zähmen wir den selbstgeschaffenen Moloch, stürzen wir das Idol! Und mein „Kai aus der Kiste" spielt nicht mehr im lebensgefährlichen Verkehrsgetümmel, er spielt zwischen langsam fahrenden Autos mitten auf der Straße. Das bedrohliche Gefährt wird zum kinderfreundlichen Gefährten, zum nützlichen Transportmittel, wird wieder zu einem vom Menschen beherrschten Instrument.

Michael Rutschky

Die Höhle als Waffe

... von selber kämen Sie nie darauf. Es handelt sich aber nicht um einen Sachverhalt, der unserer Wahrnehmung prinzipiell entzogen ist – und ihr nur auf dem Umweg von Meßinstrumenten, technischen Hilfsorganen zugänglich gemacht werden kann –, es handelt sich vielmehr um einen Sachverhalt, der unserer Wahrnehmung gleichzeitig entzogen und gegeben ist. So etwas nennt man Abwehr: Sehen und Nichtsehen in ein und demselben Augenblick.
Am schönsten fand ich immer Freuds Beispiel, wie der Fetisch (im sexuellen Sinn) entsteht: der Schuh (oder die Strümpfe; oder die Unterwäsche; oder der Pelz etc.) tritt für das ein, was das (männliche) Kind an der sich entkleidenden Mutter zu sehen wünscht, aber nicht zu sehen bekommt, nämlich ihren Phallus; das Kind hat schon gesehen, daß er nicht existiert, aber das will es nicht wahrhaben, deshalb nimmt es den Ersatz; der also das (erschreckt) Gesehene und das (statt dessen) Gewünschte unter einen Hut bringen soll ...
Keine Sorge, ich werde Ihnen nicht demonstrieren, daß wir es beim Auto im Grunde mit dem Phallus der Mutter zu tun haben. Jedenfalls lehrt Freuds Beispiel, daß die Abwehr das Abgewehrte niemals restlos zum Verschwinden bringen kann. Was nicht gesehen werden soll, sitzt im Sehen selber fest – bescheidener gesagt: Es gibt Spuren, die sich nicht beseitigen lassen.
Da wäre zum Beispiel dieser ehrwürdige Mercedes 200, kohlrabenschwarz und lackglänzend, mit dem Sie zu allererst die Kindheitserinnerung verbinden, wie Sie einmal sein wohlgerundetes Hinterteil aufgeklappt haben und darin verschwunden sind, gemeinsam mit Ihrem Kumpel Klaus. Weiter nichts? Nein, weiter eigentlich nichts. Der Mercedes fuhr, mit Ihnen beiden hinten im Leib, irgendwohin, und da Sie dafür gesorgt hatten, daß die Hinterklappe nicht ins Schloß fiel, kamen Sie am Ankunftsort auch ohne die Hilfe Dritter wieder hinaus. Das alles wurde in den nächsten Tagen und Wochen noch ein paarmal wiederholt und führte zu viel Gekicher, weiter nichts.
Aber wir werden uns nicht schon wieder von der Abwehr in die Irre führen lassen. Jener prähistorische Mercedes, lackglänzend, tiefschwarz, muß für das Kind – ein ja, was? Gefährt? Gebäude? –

von außerordentlichem Zauber gewesen sein. Eigentlich durften Sie gar nicht nach eigenem Begehren da eindringen – die Besitzerin, die nicht die Mutter war, hatte es streng untersagt –, jedenfalls nicht vorn, wo das Armaturenbrett all diese hochinteressant-verbotenen Schalter darbot, mit denen der Eingeweihte das Zauberding in Gang zu setzen verstand. So wird das Eindringen von hinten verständlicher ...

In der Tat, ich möchte Ihnen demonstrieren, daß jene Kindheitserinnerung an den schwarzen Mercedes eigentlich bedeutet, Sie seien von hinten in den Mutterleib (zurück)gekrochen und hätten sich unsichtbar von ihm dahin und dorthin transportieren lassen. (Wir verschweigen, in welchem Verhältnis die Mutter zur Besitzerin stand.) Der Kofferraum ist, hihi, der Frauenleib – daß Sie von hinten in ihn eingedrungen sind, entspricht haargenau Freuds Entdeckung, das Kind könne sich zunächst nur einen analen Geburtsvorgang vorstellen, weiter reichten seine Sexualtheorien nicht – vorn sind nur diese hochinteressant-verbotenen Schalter ...

Unterdessen bietet Ihnen das Einsteigen vorn natürlich nicht mehr die mindeste Schwierigkeit. Wenn Sie im Auto sitzen, sollte da eigentlich nichts Erklärungsbedürftiges mehr übrigbleiben – es ist auch nichts da außer diesem vollständigen Mangel an einem Mangelgefühl.

Und haargenau dieser Mangel ist natürlich das Problem. Sie sind nirgendwo andersher als aus dem Büro gekommen, wenn Sie Ihr Auto besteigen: Noch bei den paar Schritten im Freien haben Sie sich vom Elend wie eingeschneit gefühlt – das ist, wenn Sie die Tür zugeschlagen und den Zündschlüssel hineingesteckt haben und herumdrehen, vollständig verflogen.

In der Tat, ich möchte behaupten, daß Sie stets, wenn Sie in Ihr Auto einsteigen, die Sicherheit und Unverletzlichkeit empfinden, die von der (phantasierten) Rückkehr in den Mutterleib, wie Sie sie seinerzeit an dem Mercedes 200 ausprobiert haben, gewährt wird. Dieser Kokon der Unverletzlichkeit umgibt Sie bei schlechtweg jeder Autofahrt. So verläßlich, daß Sie nichts davon empfinden, nicht die geringste Spur.

Ja und? mögen Sie einwenden. Das macht doch nichts, das ist doch prima!

Und damit bin ich wieder bei der Abwehr, die das Problem der Wahrnehmung entzieht. Wie der Schuh als Fetisch verhüllt, daß Mutter ohne Phallus ist, so verhüllt das Gefühl schlechthinniger Unverletzlichkeit bei jeder Autofahrt, daß Sie Insasse einer gefährlichen Waffe sind. Sie können sich die Gewalttätigkeit dieser Waffe nicht vorstellen, weil Sie ja rundum mit der Empfindung von Mutterns Schoß beschäftigt sind: „Es kann dir nix g'schehn" – ohnedies die Empfindung, bei der Seine Majestät, das Ich, es sich gern wohl sein läßt.

„Die Bremsen haben blockiert. Sie sind starr vor Schreck. Es gibt kein Ausweichen mehr. Mit weißen Knöcheln umklammern Sie das Lenkrad. Noch knapp 30 Zentimeter bis zu dem Baum. Die vordere Stoßstange und der Kühlergrill werden zermalmt. Mit 80 Stundenkilometern rast Ihr Körper nach vorn, Sie wiegen jetzt mehr als drei Tonnen und werden mit zwanzigfacher Schwerkraft aus dem Sitz gehoben. Ihre Beine brechen am Kniegelenk. Ihr Körper löst sich aus dem Sitz, der Rumpf ist starr aufgerichtet, die gebrochenen Kniegelenke werden gegen das Armaturenbrett gepreßt. Umhüllung und Stahlfassung des Lenkrades biegen sich unter Ihren Händen. 60 Zentimeter des Autobugs sind total deformiert. Ihr Körper rast weiter mit 80 Stundenkilometer voran; der Motor, fast eine halbe Tonne schwer, stößt in das Hindernis. Ihre Hände, in Todesangst starr verkrallt, biegen das Lenkrad fast in die Vertikale, die Gelenke und Unterarme brechen. Sie werden von der Lenksäule durchbohrt, Stahlsplitter dringen durch Ihren Brustkorb, reißen Löcher in die Lunge und zerfetzen die Arterien. Ihre Füße werden aus den Schuhen gerissen, das Bremspedal bricht ab, das Fahrzeuggestell knickt in der Mitte ein. Bolzen lösen sich, Schrauben reißen ab. Ihr Körper kracht gegen die Windschutzscheibe, Sie haben nicht einmal mehr Zeit zum Schreien. Das Auto krümmt sich, die Sitze haben sich aus der Verankerung gelöst, schnellen nach vorn und pressen Ihren Brustkorb mit ungeheurer Kraft gegen die gesplitterte Lenksäule. Blut schießt aus Ihrem Mund. Der Schock läßt Ihr Herz stillstehen. Sie sind tot."

Ja, gräßlich, was bei Autounfällen passieren kann – aber eines ist sicher: Mit dem „Sie" in dem Zeitungsartikel können unmöglich Sie gemeint sein. Ein einsichtiger Zeuge hat, um diese schier wahnhafte Sicherheit, „es kann dir nix g'schehn", zu charakterisieren, noch ein anderes Interpretationsmuster angewandt: Autofahren sei wie Kino.

„Es gibt, wenn ich richtig sehe, im Film eine gewisse Szene nie. Daß nämlich das sichtbare, sich unentwegt bewegende Bild zusammenbricht, weil das Auge, in dem wir sitzen und dem unentwegt sich bewegenden Bild zuschauen, mit irgendeinem Objekt in diesem Bild zusammengestoßen wäre.

Sicher, es gibt die „subjektive Kamera" (mit der man die Perspektive eines Darstellers fingieren kann). Mag sein, daß Robert Montgomery in *The Lady in the Lake* (ein Film, der mit „subjektiver Kamera" gemacht ist) in irgendeiner Szene so zusammengeschlagen wird, daß er das Bewußtsein verliert, weshalb das Filmbild erlischt, ich erinnere mich nicht. Aber selbst wenn es diese Szene in diesem Film (oder in irgendeinem anderen) gäbe, ich könnte sie nicht als Widerlegung meines Arguments gelten lassen. Denn unverkennbar würde das Ausblenden das von Gewalt ausgelöschte Bewußtsein Robert Montgomerys bloß simulieren, es wäre nicht das Kinoauge selber, das irgendein Gegenstand getroffen und damit blind gemacht hätte.

Dies Auge ist im Prinzip unverletzbar. Was auch bedeutet, daß im Kino das Schwere, Unverrückbare, Widerständige der Welt sich nicht abbilden läßt. Wenn sie sich dergestalt erheben möchte, fährt die Kamera einfach drumherum, und sie entschwindet unseren Blicken, der Gegenstand ist nur ein Element unter den vielen des sich unentwegt weiterbewegenden Bildes gewesen.

Man könnte sagen, das Kino repräsentiere einen Narzißmus, der weit über jeden psychologisch faßbaren hinausgeht. „Es kann dir nix g'schehn", der Glaube an die eigene Unsterblichkeit, dem sich Seine Majestät, das Ich, zuweilen hingibt, das sind lächerliche Kindereien angesichts der Unverletzlichkeit, Objektlosigkeit, Unsterblichkeit, in der uns das Kinoauge jedesmal trainiert. Der Narzißmus ist gewissermaßen in den Apparat investiert worden; er kann da nicht wieder herausgelöst und in die Psychologie irgendeines Individuums – meine Psychologie – zurückübersetzt werden . . ."

In der Tat, damit nähert sich unser Zeuge der Großen Allgemeinen Weheklage, einer Kulturkritik, die Sie ebenso wenig berührt wie die diversen Schreckensmeldungen aus dem Straßenverkehr, weil sie alle prinzipiell nicht von Ihnen, sondern von den anderen Leuten handeln.

Was tun? Am besten, die Obrigkeit verbietet das Autofahren einfach. Die Gelüste, denen Sie dabei nachgehen, hätten ja rasch ein anderes Betätigungsfeld gefunden.

Ferdinand Sander

Autofahren in Deutschland

Das umweltfreundliche Auto wird es nicht geben, wenigstens nicht auf absehbare Zeit.
Schon allein die Herstellung eines mittelgroßen Personenwagens und die Gewinnung der dazu erforderlichen Rohstoffe erfordern mehr als 20 000 KWh an Energie. Für den mit dem Auto abgewickelten Güter- und Personenverkehr verbraucht die Welt jährlich soviel Erdöl wie in 100 000 Jahren entstanden ist. Die Giftstoffe aus den Benzin- und Dieselfahrzeugen vernichten unsere Wälder, insbesondere im Hochgebirge, wo sie dann für hundert Jahre und mehr nicht wieder aufzuforsten sein werden. Pro Jahr werden weltweit so viele alte und neue Straßen mit Asphalt versiegelt, wie im Amazonasgebiet Urwald vernichtet wird, also etwa soviel wie die Fläche des Bundeslandes Hessen.

Auch umweltfreundliches Fahren ist mit dem Pkw heutzutage nicht möglich. Wenn wir weniger und langsamer und bleifrei und schadstoffgemindert fahren, können wir unsere Fahrweise allenfalls als umweltschonend bezeichnen. Die Einführung der Abgaskatalysatoren ist gerade einer von vielen notwendigen Schritten und bedeutet allein noch nicht sehr viel. Zehn Jahre wird es brauchen, bis diese Maßnahme voll greift, und sie wird 50 Milliarden Mark kosten. Nur eine so reiche Gesellschaft wie die bundesdeutsche kann so viel Geld aufbringen. Solange dies aber die einzige Maßnahme bleibt, die wir wenigstens halbwegs energisch angehen, braucht es uns nicht zu wundern, daß unsere europäischen Nachbarn uns für großkotzig ansehen. Um im Wettlauf mit der Zeit wenigstens noch Reste des Waldes zu retten, muß nämlich weit mehr unternommen werden. Geld und technische Mittel allein werden nicht viel bewirken.
Wie konnte es eigentlich dazu kommen, daß wir in dieses Umweltdesaster hineingetrieben sind? Wieso haben wir so spät gemerkt, daß die uns umgebende Natur immer kranker wurde und der Wald bereits stirbt? Wie erklärt sich, daß auch heute noch viele Menschen, selbst wenn sie die Bäume bewußt anschauen, die Krankheitszeichen nicht erkennen?
Die Natur, wir haben sie doch immer nur geliebt. Wie oft sind wir hinausgefahren ins Grüne (mit dem Auto), wie oft auch zum Baden, zum Bergwandern oder zum Skifahren. Ganz nah wollten wir der Natur sein, und was war schöner, als in noch gänzlich unberührte Gebiete vorzudringen und fernab vom Verkehr und von der Masse der anderen Ausflügler ein stimmungsvolles Picknick abzuhalten. Den Wald haben wir noch ganz besonders geachtet, weil dort doch unsere deutsche Seele zu Hause sein soll. Haben wir denn unsere Kinder nicht immer dazu angehalten, nur ja kein Papier auf den Waldweg fallen zu lassen und ihnen auch erklärt, welch wichtiger Wasserspeicher und Luftreiniger der Wald ist? Haben wir nicht alles so schön geordnet, die Welt säuberlich eingeteilt in Wohngebiete, Industriegebiete, landwirtschaftliche Nutzgebiete und Erholungsgebiete? Haben wir nicht Skigebiete erschlossen, Wege begradigt, Ufer befestigt, Verkehrswege lawinensicher ausgebaut, Ackerfluren bereinigt, Stadtteile saniert, kurzum die Natur erst nutzbar und konsumfähig gemacht? Wie gemein von ihr, daß sie uns jetzt im Stich läßt, wo wir gerade dabei sind, unser Werk perfekt zu machen.
Nun, die Trennung haben wir selbst vollzogen, und vielleicht ist das Sterben der Wälder doch eine Folge unserer Lieblosigkeit. Selbstherrlich und verleitet durch unsere gewaltigen technischen Möglichkeiten haben wir praktisch jede Art von Lebensraum angegriffen und dafür auch stets noch ein schönfärberisch verlogenes Wort gefunden. Nachdem wir uns selbst längst nicht mehr als Teil der Natur empfinden, haben wir das, was uns umgibt, in „Umwelt" umbenannt. Mit allen verfügbaren Techniken haben wir die Natur aus unserem Alltag wegrationalisiert und uns vor ihr in Sicherheit gebracht, trotz all unserer Geschäftigkeit um die paar Topfblumen zu Hause und die drei Bäume im Park.
Aus unseren Wohnungen trägt der Lift uns in die Tiefgarage, mit dem Auto fahren wir in eine andere und gelangen von dort an unsere Arbeitsstätte. Überall noch ein wenig Behelfsgrün, Blumenkästen an den Balkonen, Zwergkiefern in den Vorgärtlein, in den Büros Hydrokulturen, die sinnigerweise nicht blühen und keine Früchte tragen. Wo erleben wir denn noch etwas vom Leben der Tiere? Die wenigen Vogelstimmen vor unserem

Fenster, wer hört sie noch, wer kann sie unterscheiden?
Selbst die Landschaften sehen wir vorwiegend durch ein Medium, z. B. auf Fotos von Reiseprospekten oder am Fernsehschirm oder durch das Glas unserer Windschutzscheibe. In unseren mobilen Isolierkabinen, den Autos, rasen wir von Ort zu Ort, mit Verkehrsfunk, Servicemusik und Werbegedudel versteht sich. Zwar registrieren wir noch den Regen und Wind, aber wir erleben sie nicht mehr, auch nicht die Gerüche und nicht die Laute des Landes. Vermutlich haben viele Münchner 1984 bei dem großen Hagelschlag das erste Mal wieder ursprüngliche Natur gespürt und die Grenzen unserer Fernhaltetechniken persönlich erfahren. Wie zu erwarten galt das daran anschließende Tamtam nicht den blutenden Bäumen und den erschlagenen Vögeln, sondern den eingebeulten Blechkisten.
Unsere Naturentfremdung ist eine Tatsache und zweifelsohne eine der Ursachen für unsere ökologische Notlage, denn was man nicht genügend kennt, kann man nicht in der richtigen Weise schonen oder gar lieben. Gerade durch unser intensives Streben nach besseren Lebensverhältnissen haben wir unsere Lebensgrundlagen empfindlich angegriffen. Was waren die Fehler, was die eigentlichen Ursachen?
Zu sorglos, zu schnell und zu fortschrittsgläubig war unsere Entwicklung. Technokraten, Unternehmer und Politiker hatten offenbar vergessen, was ein Naturwissenschaftler schon im ersten Semester lernt, daß nämlich jeder positive Effekt nicht nur unerwünschte Nebenwirkungen mit sich bringt, sondern daß diese sich im Verbund mit weiteren zu negativen Hauptwirkungen auswachsen können. Alles schien technisch oder soziotechnisch machbar. Bequem, vertrauensselig und wohlstandstrunken, wie wir waren, hatten wir den Wirtschaftsexperten und Politprofis das Handeln überlassen. Der ADAC z. B., der nur ein ganz gewöhnlicher Verein ist und dem die meisten nur beitreten, weil sie sich einen Hilfsdienst für Pannen sichern wollen, kann heutzutage ganz ungeniert im Namen der deutschen Autofahrer Interessen der Auto- und Straßenbauer vertreten, und kaum ein Mitglied verwahrt sich dagegen.
Augenfällig viele Menschen verfolgen eben nur noch ganz private Ziele wie Besitzstandsmehrung, Berufserfolg, Selbstverwirklichung, Trieberfüllung in vielen Spielarten, Stillung eines schier unersättlichen, persönlichen Geltungsbedürfnisses, kurzum handfeste Vorteilsverschaffung für sich und die eigene Kleinfamilie. Auch das öffentliche Bild ist seit vielen Jahren von massiver Selbstbegünstigung geprägt. Die Grenze des Zulässigen ist abgelöst worden durch die Grenze des jeweils Machbaren und durch die Angst, bei Verstößen gegen Gesetze und letzte Reste von Verhaltenskodices aufzufallen. Eine solch hemmungslose Eigenliebe in allen Schichten muß zwangsläufig die Rücksichtnahme auf den Mitmenschen und auf die Natur, die uns hält, blockieren. Klar auch, daß in einer Vordränglergesellschaft, in der der simple Überholvorgang mit dem Pkw als Akt der Selbstbestätigung empfunden wird, kein Sinn für ein Tempolimit besteht – und wenn schon, dann eher noch für ein Gesetz, das man dann stillschweigend mißachten könnte, als für eine breit angelegte Kampagne zur freiwilligen Selbstrücknahme und deren mögliche moralische Neben- und Breitenwirkungen.
Dabei wäre gerade das so wichtig. Auf dem Gebiet der Bundesrepublik leben heute dreimal soviel Menschen wie vor hundert Jahren und 50 % mehr als damals im gesamten Deutschen Reich. Darüber hinaus haben Verkehr und Kommunikationstechnik das Zusammenleben noch mehr verengt, die hohe Konsumintensität verstärkt diesen Effekt noch. Viele spüren das und möchten ihre persönlichen Freiheiten ausleben, obwohl wegen der eingetretenen Enge eher mehr Regeln und Einschränkungen notwendig wären. Den weiten Spielraum unserer bürgerlichen Freiheiten werden wir aber nur bewahren können, wenn wir darauf verzichten, in jedem Fall alle seine Möglichkeiten auszunutzen, auch im Autoverkehr.
Manche sagen heute, mit der Technik und insbesondere mit den Autos seien zu viele Mißstände aufgekommen, also weg mit den Autos! Sollte das wirklich die Lösung sein? Sollen wir das Werkzeug abschaffen, nur weil wir es bisher schlecht verwendet haben? Oder sollten wir nicht endlich einmal eine Entwicklung halbwegs ordentlich zu Ende führen und die Kraft

aufbringen, ihre Richtung und ihr Tempo jetzt entschieden und wirksam zu korrigieren und die Auswüchse radikal zurückzuschneiden.
Das Auto ist eindeutig nicht die Ursache, sondern das Vehikel unserer beispiellosen Naturzerstörung und eben das besonders eklatante Sinnbild für eine ungeheure technische und gesellschaftliche Fehlentwicklung. Fragen wir uns, wie wir künftig mit ihm umgehen sollen.
Umweltschonender müssen wir fahren, also weniger und langsamer und sauberer. Wir müssen aber auch menschenfreundlicheres Autofahren versuchen.
Wer in seinem Automobil bequem, warm und trocken sitzt, erwartet heute wie selbstverständlich, daß der Fußgänger, der innerorts die Straße überqueren will, zurücksteht, obwohl dieser doch allem Unbill der Witterung ausgesetzt ist und sowieso schon erheblich langsamer vorankommt. Die Karosse hat Vorfahrt, wie zu Zeiten, da Fürsten und Grafen noch über Land fuhren. Der Autofahrer, der, ohne daß er durch eine Ampel oder einen Zebrastreifen dazu veranlaßt wäre, einem sogenannten schwächeren (!) Verkehrsteilnehmer den Vortritt läßt, hat wohl selbst oft den Eindruck, daß er einen Gnadenakt begeht, und der demütige Fußgänger dankt ja auch meist recht artig.
Ist das nicht grotesk? Jeder von uns im Auto ein kleiner König, ein Macht- und Kraftprötzlein, und dann als Fußgänger ein geduckter, ängstlicher Untertan. Für das fadenscheinige Hochgefühl, in unserer Kutsche wer zu sein, zahlen wir bereitwillig, wenn wir die Karre verlassen haben, unseren Demutszoll an die, die gerade eben noch uns respektiert haben und jetzt in ihrem Gefährt ihren Anteil an Überlegenheitslust haben wollen. Herrenmensch versus Knechtsgestalt jeweils in ein und derselben Person. Die schematische Gleichbehandlung aller Verkehrsteilnehmer durch die Straßenverkehrsordnung schafft hier keine Chancengerechtigkeit, da sie faktisch diejenigen bevorzugt, die es für den Augenblick sowieso schon bequemer haben.
Vielleicht erscheint der vorangegangene Hinweis ein wenig weit hergeholt, das folgende ist dafür um so realer. Jährlich kommen weltweit 200 000 Menschen im Straßenverkehr zu Tode, davon 5 % allein in der Bundesrepublik. Durch tödliche Autounfälle werden bei uns jährlich 150 Millionen mögliche Lebenstage vernichtet, wenn man unterstellt, daß die Umgekommenen andernfalls jeweils das statistisch erwartbare Lebensalter von 70 Jahren bei Männern und 78 Jahren bei Frauen erreicht hätten. Zwar hat sich bei uns die Zahl der im Straßenverkehr Getöteten seit 1970 trotz gestiegener Motorisierung und Fahrleistung in etwa halbiert, aber immer noch stirbt alle 45 Minuten ein Mensch, alle 10 Minuten wird jemand für die Dauer seines Lebens zum Krüppel gefahren. Das ist fünfmal mehr, als bei Arbeitsunfällen zu Schaden kommen.
Die breite Öffentlichkeit hat das seit jeher kalt gelassen. Man stelle sich nur einmal den Aufruhr vor, wenn das Zahlenverhältnis umgekehrt wäre. Beim Autoverkehr wird das viele Blut in Kauf genommen. „Das sind die schönen Stunden uns eben wert. Gestorben werden muß ja eines Tages sowieso, und die Krüppel heißen jetzt schon Behinderte und bekommen reservierte Parkplätze und niedrigere Druckknöpfe in den Fahrstühlen." Wir sorgen uns ja so sehr um diese Armen, daß wir es uns nur zu gern erlauben, uns kein Gewissen daraus zu machen, daß so viele dran glauben müssen. „Wo gehobelt wird, da fallen Späne. Der Fortschritt hat seinen Preis. Da wir Menschen offenbar wie die Igel für unsere moderne schnelle Zeit noch nicht richtig angepaßt sind, ist eben ein harter Ausleseprozeß notwendig. Die Natur ist in solchen Fällen ja auch hart und unerbittlich."
Nun ja, wenigstens das glauben die, die ich hier zitiere, von der Natur noch zu wissen. Wer nicht mehr mitkommt, soll den Bus nehmen oder zu Hause bleiben. Der Schwächere muß eben weichen. Freie Bahn dem Tüchtigen. Reicht es denn nicht, daß so viele bereits aus dem Arbeitsleben ausgesteuert sind?
Im Straßenverkehr ist unser Gewalteinsatz gegen Personen permanente Wirklichkeit. Was tut denn der deutsche Mensch heute? Er rüstet auf, indem er sich immer schwerere Automobile zulegt, und vor allem, er definiert die geltenden Temposchriften großzügigst in seinem Sinne um. Im Ortsbereich, wo 50 km/h als Höchstgeschwindigkeit gelten, legt die Mama

10 km/h drauf und der Papa genehmigt sich seinen Kavalierszuschlag von 20 km/h, das jedoch für das normale Fahrtempo und beileibe nicht für eine etwa sorgsam vermiedene Obergrenze. Wenn es dann wieder einmal kracht und Blut fließt, dann war es vielleicht ein älterer Autofahrer, der versucht hatte, bei der ständigen Drängelei hinter, neben und vor sich mitzuhalten und der bei 70 km/h schlicht überfordert war. Wer von uns war bisher wohl bereit, seine Mitschuld an derartigen Unglücken sich einzugestehen?

Wer überhaupt macht sich bewußt, was er mit dem Gedröhne seiner Reifen seinen Mitmenschen in ihren Wohnungen antut, wenn er nachts bei freien Durchgangsstraßen das Gaspedal durchtritt. Er selbst verspürt den Lärm ja auch weniger, weil der Innenraum seines Fahrzeugs schalldämpfend ausgepolstert ist und er überdies das Autoradio ein wenig lauter gestellt hat. Wer neben einer Autobahnausfahrt in einer Sozialwohnung wohnen muß, weiß, wie böse Lärm sein kann.

Wer heutzutage in der Stadt ehrliche fünfzig fährt, läuft Gefahr, als untüchtig und schwächlich angesehen zu werden. Das Gegenteil wäre angebracht. Es gehört eine Menge Standvermögen und Charakter dazu. Jeder, der sich selbst schon bemüht oder wenigstens ab und zu versucht hat, die innerörtlichen Limits einzuhalten, wird das bestätigen können, und er weiß auch, was permanente Anwendungsbereitschaft von Gewalt bedeutet. Wer in großzügigster Selbstbegünstigung die Limits außer acht läßt, dürfte künftig nicht mehr als smart und besonders geschickt und tüchtig gelten. Schließlich verhält er sich ganz einfach unanständig und letzten Endes auch unverantwortlich, allerdings verleitet und begünstigt durch ein komplizenhaftes Verständnis der meisten Autofahrer untereinander und auch so mancher Polizisten. Nur wenn wir uns ganz klar bewußt machen, welches Klima von Gewalt und Rücksichtslosigkeit jeder einzelne von uns durch ständige Tempoübertretungen anheizt, wird eine gesellschaftlich relevante Ächtung von Tempoverstößen möglich werden.

Derzeit versuchen einige Gemeinden, in Wohngebieten Tempo 30 vorzuschreiben. Wenn das dazu führt, daß dort dann wenigstens nicht über 50 gefahren wird, wird mancher Unfall weniger grausam ausfallen. Ein derart pragmatischer Ansatz hat aber auch seine Tücken, weil er unser korrumpiertes Fahrverhalten praktisch absegnet. Eine Kampagne „Ehrliche fünfzig in der Stadt“ hätte auf die Dauer die bessere Wirkung. Wir brauchen keine Anpassung an die bestehenden Unsitten, keinen verständnisvollen Pakt mit den Übeln, sondern innere Wende und Umkehr.

Ob wir das wohl schaffen werden? Nun, es gibt Hoffnungszeichen und ehrliche Anfänge. Mich ermutigt da auch der Bewußtseinswandel, den ich über die Beschäftigung mit dem Thema „Freiwillig Tempo 100 auf Autobahnen dem Wald zuliebe“ bei Freunden und an mir selbst erfahren habe. Schließlich war ich vor zwei Jahren noch sehr weit im anderen Lager. Mehr aus einer Laune heraus hatte ich damals einen Tempo-100-Aufkleber entwickelt, der inzwischen immerhin von 280 000 Mitbürgern erworben und somit wohl auch angenommen worden ist. Dazu kommen noch mindestens 150 000 ähnlich selbstverpflichtende Aufkleber anderer Gruppen. Die von allen Naturschutzverbänden, vielen kleinen Einzelinitiativen und einer großen Zahl klarsichtiger Journalisten geleistete Kampagne zum Tempolimit dürfte inzwischen bei Millionen das Bewußtsein und die innere Einstellung zum Autofahren verändert haben.

Aber das ist es ja längst nicht allein, die Veränderung ist viel umfassender. Ein neuer, weltumspannender Traum deutet sich an. Still und stetig wächst er heran in uns allen. Kollektiv keimt eine Sehnsucht auf, durch keinen Messias oder Guru persönlich begründet. Die verzaubernde Formel heißt:

Versöhnung unseres wirtschaftlichen und technischen Handelns mit der Natur, d. h. mit den Meeren, mit den Wüsten, mit der Luft, mit den Landschaften, mit den Bodenschätzen, mit den Pflanzen, mit den Tieren, mit den Menschen sowie Lebensverhältnisse für die Menschen, die auch deren Bedürfnisse nach Kontakt, Anerkennung, Wirkungsmöglichkeit und Verinnerlichung erfüllen können.

Die ersten Früchte zeigen sich bereits:

- Die Anerkennung der grünen Idee in der öffentlichen Diskussion und die Umorientierung in der Politik und innerhalb der Wirtschaftsunternehmen.

- Die ständig anwachsende Zahl von Ökogruppen, Bürgerinitiativen, Nachbarschaftszirkeln, Hilfs- und Selbsthilfegemeinschaften.
- Die Erfahrung, daß die etablierten Politiker und Wirtschaftler erst handeln, wenn sie durch die Initiative und Beharrlichkeit einzelner Bürger in Zugzwang gebracht werden.
- Das Bewußtsein, daß unsere Welt allein durch technische Maßnahmen und Notverordnungen nicht mehr gerettet werden kann.
- Die Erkenntnis, daß Neubesinnung und Neuorientierung nicht von oben entwickelt und in Gang gesetzt werden kann, daß die Dinge von unten wachsen müssen und daß es dabei auf die moralische Stärke und die Ideenkraft einzelner ankommt.
- Die zunehmende Bereitschaft, selbst Einschränkungen auf sich zu nehmen und durch deutliches, aber unaufdringliches Beispiel zu wirken, statt anderen lautstark Vorhaltungen zu machen.

Es gibt nichts Gutes, außer man tut es, mahnt Erich Kästner. So ist jetzt jeder einzelne aufgerufen, in redlicher Weise seinen persönlichen Beitrag einzubringen. Angesichts der uns bedrohenden Katastrophen ist das unsere vielleicht letzte wahre Chance. Dabei werden auch hier der Machbarkeit der Dinge Grenzen gesetzt sein. Vieles werden wir aus menschlicher Kraft allein nicht mehr abwehren können, denn schließlich sind auch wir nur Teil und nicht die Herren und Eigentümer der geschaffenen Welt. Diese braucht uns nicht, wir aber brauchen zum Überleben den Frieden mit der Natur. Da wir hoffen können, daß auch positive Ansätze sich in ihrer Wirkung gegenseitig verstärken, heißt die neue Losung:
Niemand ist so unbedeutend und hilflos, daß nicht durch sein Zutun die Verhältnisse merklich besser werden könnten.

Harald Theml

Um Leib und Leben

Medizinische Auswirkungen des Autoverkehrs

Problem- und Quellenlage
Die Fachliteratur ist dürftig, denn dieser Problemkreis wird von Medizinern in der Regel nicht als ihre Sache angesehen. Auf der Suche nach offiziellen Quellen stößt man auf die Schrift „Krankheit und Kraftverkehr“ des Bundesministeriums für Verkehr (1979). Das detaillierte Inhaltsverzeichnis läßt eine Fundgrube erwarten: „Erkrankung des Gehirns und Rückenmarkes“, „Ausfall beider Unterarme“, „Herzinfarkt“ usw. – bis man merkt, daß sich der Beirat für Verkehrsmedizin des Ministeriums nur die Frage stellt, inwieweit diese Erkrankungen die Fahrtüchtigkeit beeinträchtigen.
Die umgekehrte Frage steht offenbar noch nicht an.
Über die krankmachenden und tödlichen Folgen des Verkehrs setzt sich kritisch eine Schrift des Innenministeriums von 1980 auseinander (Neuauflage 1983!). Hier gibt es sogar ein Kapitel über den „Blutzoll“.
Der vorliegende Text muß sich also damit begnügen, Verstreutes (sicher nicht lückenlos) zusammenzutragen. Wie nötig es ist, sich die Auswirkungen des Autoverkehrs auf Leib und Leben vor Augen zu führen, zeigt allein die quantitative Bilanz.

1. Gesundheitsfaktor: Eisen gegen Fleisch
Keine Krankheit fordert mehr direkte Opfer, und kaum eine Krankheit fordert sie so grausam und schmerzvoll wie der Autoverkehr.

- Pro Jahr ereignen sich im Kraftverkehr 360 000 Unfälle mit Personenschaden.
- 10 000 Menschen sterben derzeit jährlich im Straßenverkehr der Bundesrepublik.
- Unter den Toten sind jedes Jahr 1 000 Kinder (die zu 80 % als Fußgänger oder Radfahrer sterben).
- 66 000 Kinder verunglückten 1978 im Straßenverkehr.
- 145 000 Menschen werden jährlich mit lebenslangen Folgen schwerverletzt, 344 000 leichter verletzt (Stand 1984).

Verletzungen des Hirn- und Nervensystems sind am folgenschwersten: 60 000 Bundesbürger (darunter 5 000 Kinder) erlei-

den jedes Jahr Hirnverletzungen – mit chronischen Krämpfen, Gedächtnisverlust und anderen Funktionsstörungen.
Etwa 500 Bundesbürger jährlich bleiben querschnittsgelähmt.

Nach Angaben des Bundesverkehrsministeriums wurden zwischen 1953 und 1982 eine halbe Million Menschen durch den Autoverkehr getötet (also etwa die Einwohnerschaft von Karlsruhe und Augsburg zusammen); vier Millionen wurden mit anhaltenden Folgen schwerverletzt. Vergleicht man diese Zahlen mit kriminellen Opfern, ergeben sich interessante Relationen: 1968 wurden 16636 Unfalltote gezählt – und 641 Mord- und Totschläge der üblichen Methoden.
Durch Tempobeschränkung auf Landstraßen und Einführung der Anschnallpflicht ist die Todesrate in den letzten Jahren gesunken; dieser Umstand wird aber sogleich als Argument für die weitere Expansion des Autoverkehrs benutzt. Dabei werden die indirekten Folgen des Autoverkehrs nicht gemessen, und die ökologischen Gesamtauswirkungen werden ignoriert. Jenseits emotionaler und sensibler Faktoren läßt sich auch errechnen, daß der Tod eines Verkehrsteilnehmers einen volkswirtschaftlich-statistischen Schaden von durchschnittlich 225000 Mark verursacht. (Insgesamt betrugen diese materiellen Schäden im Jahr 1982 27 Milliarden Mark). Vergleiche mit den Kosten für Forschung und Erprobung alternativer Fortbewegungsmethoden stehen aus.
Die oben genannten Zahlen deuten nicht nur ein Problem der Bundesrepublik an: In den USA sterben jährlich durchschnittlich 50000 Menschen an den Folgen des Autoverkehrs, insgesamt doppelt soviel wie in allen Kriegen ihrer Geschichte. „Aber es gibt keine Heldengedenktage für Verkehrstote, keine Nationalfeiertage... Verkehrstote werden weggesteckt." (O. Aicher 1984)

2. Gesundheitsfaktor: Luftverschmutzung durch Autoabgase
Ein Report des Innenministeriums von 1980 bezeichnet das Auto als den größten Luftverschmutzer. Jährlich werden dadurch 420 Milliarden Kubikmeter Abgase erzeugt, die über 164 giftige Substanzen enthalten.

Der Report faßt die Auswirkungen prägnant zusammen: „Diese Schadstoffe können beim Menschen die Atemorgane schädigen, die Blutbildung und den Bluttransport beeinträchtigen, einige sind sogar krebserregend."

Komponenten-ten	städt. Haupt-verkehrs-straßen	städtische Wohngebiete	ländliche Gebiete
Kohlenmonoxid	10 mg/m³	2 mg/m³	0,2 mg/m³
Stickoxide	120 µg/m³	50 µg/m³	10 µg/m³
Benzol	40 µg/m³	15 µg/m³	3 µg/m³
Blei	1 µg/m³	0,5 µg/m³	0,03 µg/m³

(1 mg = 0,01 g, 1 µg = 0,000001 g)

Regionäre Konzentrationsverteilung von Autoabgasen.
(Quelle: Umweltbundesamt 1983)

In den Innenstädten liegt der Anteil der Luftverschmutzung durch Automobile bei 80 bis 90%. Unabhängig von der Quantität ist bei Autoabgasen (im Vergleich zu Industrieabgasen) zu berücksichtigen, daß sie sozusagen zum gezielten Verbrauch direkt in *Atemhöhe* abgegeben und voll konzentriert aufgenommen werden.
Die *Verteilung* ist je nach Wohnort und Straßenlage sehr unterschiedlich. *Im Auto selbst* können überdies erheblich höhere Konzentrationen entstehen als in der Umgebungsluft. Nach Ergebnissen der Meßstelle für Arbeits- und Umweltschutz Bremen atmen von allen Verkehrsteilnehmer Autofahrer die schlechteste Luft ein, vor allem in bezug auf Schwermetalle.
Rein statistisch wird die höhere Häufigkeit von Lungenkarzinomen bei Stadtbewohnern gegenüber der Landbevölkerung (trotz gleichen Rauchverhaltens) mit einem „Urbanitätsfaktor" erklärt. Auch wenn Mitarbeiter des Umweltbundesamtes erklären, man könne Einzelfaktoren immer weniger aus dem „Grundrauschen der Umweltbelastung" herausisolieren, erscheint die kooperative Potenz der einzelnen Faktoren gewaltig. Im fol-

genden sollen kurz ihre potentiellen Auswirkungen skizziert werden:

- Polyzyklische aromatische Kohlenwasserstoffe (PAH)

Sie entstehen bei allen Prozessen, bei denen Kohlenwasserstoffe verbrannt werden, besonders unter sauerstoffarmen Bedingungen. In Autoabgasen lassen sich über 150 verschiedene PAH nachweisen, viele von ihnen sind erwiesenermaßen potentielle Krebserreger. Am bekanntesten wurde das 3,4-Benzpyren mit besonders starker krebserzeugender Wirkung. Bei Mischung verschiedener PAH addiert sich ihre krebserzeugende Wirkung. Diese entfaltet sich am Ort des Eindringens: in den feinsten Lungenbläschen.

In der Stadtluft stammen die PAH allerdings vor allem aus Industrie- und Haus-Ausstoß und im Schnitt nur zu einem Prozent aus dem Kraftverkehr; in Großstadtzentren kann der Anteil aber auf 50% ansteigen! So werden die polyzyklischen aromatischen Kohlenwasserstoffe für die zitierte Rate von gehäuften Lungenkarzinomen der Stadt - gegenüber der Landbevölkerung - verantwortlich gemacht. Besonders gefährdet sind die Autofahrer selbst, da im Autoinneren die Konzentrationen bis zu 35% höher als in der Umgebungsluft liegen können. Seit eine große amerikanische Studie eine signifikant erhöhte Lungenkrebsrate bei Lastkraftwagenfahrern zeigte, wird eine besonders starke Wirkung von Diesel-Benzpyrenen diskutiert. Aber auch Berufe an der „frischen Luft", wie Gärtner oder Parkplatzwärter, haben eine dreimal so häufige Lungenkrebsrate wie andere Berufe.

Dabei soll nicht verschwiegen werden, daß ein Raucher von 30 Zigaretten das mindestens 1000fache an Benzpyrenen gegenüber einem städtischen Nichtraucher inhaliert. Hier kommt allerdings u. U. der Summationseffekt verschiedener PAH und bei rauchenden Autofahrern die hohe Konzentration im Auto selbst erschwerend hinzu.

Bei derartigen Risikoabmessungen (Rauchen gegenüber Kraftverkehr) wird man zudem immer noch das selbst gewählte individuelle Risiko anders als eine passive Risikozumutung, die alle gleichermaßen trifft, bewerten dürfen.

- Benzol

Diese leichtflüchtige Verbindung ist zwar im Benzin nur zu 3% enthalten, insgesamt aber gelangen 50 000 Tonnen im Jahr mit den Autoabgasen in die Umwelt (das ist 200mal mehr als aus Raffinerien). In hoher Konzentration kann Benzol zweifellos Leukämien hervorrufen; niedrigere Konzentrationen führen z. T. zu schwersten Blutbildungsstörungen. Auch Chromosomenschäden sind beschrieben.

- Kohlenmonoxyd (CO)

Die am weitesten verbreitete Belastung ist das Kohlenmonoxyd (CO), selbstmörderisch als „Garagengas" nutzbar.

Schon 0,5% in der Atemluft sind nach 10 Minuten tödlich. In geringeren Konzentrationen erzeugt es Kopfschmerzen, Herzschmerzen, Schwindel, Sehstörungen - Gefühle, die jeder Autofahrer in längerem Stau kennt. Ein Taxifahrer hat nach achtstündiger Fahrt im Großstadtverkehr so viel CO eingeatmet wie ein Kohlenarbeiter in einer Schicht unter Tage. Die Luftgebläse erhöhen die Konzentration an CO im Auto gegenüber der Straße selbst um 25%!

Auch innerhalb der gesetzlichen MAK-Bereiche bleiben in kritischen Analysen die Parameter für Funktionen des zentralen Nervensystems schwer gestört.

„Durch hohe Spitzenkonzentrationen bei Verkehrsstoßzeiten oder bei Smog-Wetter-Lagen sind insbesondere Herz-Kreislauf-Kranke gefährdet" - berichtet das Bundesinnenministerium 1983.

- Stickoxyde (NO_X)

Annähernd die Hälfte aller Stickoxyde in unserer Atemluft entstammen dem Autoverkehr! In den letzten Jahren ergab sich ein steiler Anstieg auf 1,4 Millionen Tonnen/Jahr. Diese Stickoxyde sind der Erzeuger des photochemischen Smogs (vom Typ des „Los-Angeles-Smog") und der Hauptfaktor bei der Entstehung des sauren Regens.

Bei höheren Stickstoffdioxyd-Belastungen wird eine erhöhte Häufigkeit von gutartigen, aber oft chronisch belastenden Atemwegserkrankungen beobachtet.

- Schwefeldioxyd (SO_2)
Der Großteil des SO_2 ist auf Industrieabgase zurückzuführen. Ein höherer Anteil allerdings kommt besonders in Verkehrsballungsgebieten aus den Autoabgasen.
Schwefeldioxyd wirkt besonders in Kombination mit Staub auf die Atemwege, reizt Haut und Schleimhäute und führt in höheren Konzentrationen zu Atembeschwerden, durch die besonders Asthmatiker gefährdet sind.
Eine Beteiligung des SO_2 am kindlichen Pseudo-Krupp wird diskutiert, scheint jedoch noch nicht eindeutig belegt.
An dieser Stelle darf aber an die generelle Gefährdung des Kindes durch Belastungen der Umweltluft erinnert werden, da der heranwachsende Organismus einen extrem hohen relativen Luftumsatz hat (ein 6 kg schwerer Säugling atmet in 24 Stunden in Ruhe 1260 Liter Luft ein und aus).
- Blei
Blei ist dem Benzin vor allem als Antiklopfmittel (Bleitetraaethyl) zugesetzt. Trotz strenger Verordnungen im Benzin-Blei-Gesetz steigt der Anteil in der Umweltluft durch Zunahme der Kraftfahrzeuge weiter an: Jährlich werden etwa 3000 Tonnen Bleistaub aus Autoabgasen frei.
Das Bundesministerium des Inneren stellt zur Bleibelastung fest: „Blei führt bei chronischer Aufnahme zur Beeinträchtigung der Blutbildung und des Nervensystems... Bereits in den heute in der Umwelt vorkommenden Konzentrationen werden bei bestimmten Bevölkerungsgruppen (z.B. Polizisten, Busfahrer) erhöhte Blutbleispiegel gefunden. Risikogruppen sind aber auch Kinder, die durch ihr Spielverhalten dem bleihaltigen Straßenstaub besonders ausgesetzt sind, und Schwangere in Hinblick auf die Schädigung des Embryos.“
Im Auto selbst und speziell bei Gebläsebenutzung ist der Bleigehalt der Atemluft am höchsten.
Über die genannten Schädigungsmöglichkeiten hinaus scheint die Zunahme von Skelett-Tumoren im Zusammenhang mit dem Anstieg der Bleibelastung bewiesen.
- Asbest
Das Vorkommen von Asbest in der Luft – außer beim beruflichen Umgang – wird in erster Linie in der Nähe bremsender Fahrzeuge beschrieben, denn dieser Bestandteil der Bremsbeläge löst sich in Form feinster Faserstäube. Sie können erwiesenermaßen Lungentumore und bösartige Geschwülste des Rippenfells (Mesotheliom) auslösen. Gleichzeitiges Zigarettenrauchen erhöht das Risiko stark.
Es gibt zwar inzwischen asbestfreie Bremsbeläge, sie sind aber keinesfalls Pflicht und Regel.
- Formaldehyd
Nachdem tierexperimentell nie ein Zweifel an der krebsauslösenden Potenz von Formaldehyd bestand, wurde es endgültig im Oktober 1985 als krebsauslösender Stoff für den Menschen anerkannt. Durch den Autoverkehr werden jährlich 10.000 Tonnen Formaldehyd emittiert.

3. Gesundheitsfaktor: Autolärm

Lärmbelästigung wird von der Mehrheit der Bevölkerung als das größte Umweltproblem erlebt. 95% der Bevölkerung fühlt sich durch Verkehrslärm, 27% durch Schienenlärm belastet.
54% erwägen Wohnungswechsel wegen Lärmbelästigung, aber wohin? Zwischen dem Gefühl der Belästigung und quantitativ meßbaren Belastungen bestehen durchaus lineare Dosis-Wirkbeziehungen, besonders in der Schlafqualität.
Entgegen optimistischer Beruhigung nach dem Motto „der Mensch ist ein Gewohnheitstier“ wurde jüngst bewiesen: Selbst nach jahrelanger Einwirkung tritt keine vollständige Gewöhnung ein. Immer noch steigt z.B. der Herzschlag an, und bei Dauerschall ist die Pulsfrequenz immer proportional gesteigert: Das gesamte sympathische Nervensystem ist angespannt. Und diese Anspannung erhöht den Blutdruck, der in Gebieten mit einer Belastung von 66 – 73 dB bei 23% der Bevölkerung pathologische Anstiege zeigt und auch unter 50 dB noch bei 15% liegt. Ein Pkw z.B. erzeugt bei 50 km/h ca. 70 dB, im Anfahren und bei Beschleunigung bis 90 dB (Lastwagen und Motorräder liegen nur unwesentlich darüber).
Bei Erzeugung von nur 70 dB ist bei freien Ausbreitungsbedingungen der Kilometer links und rechts zur Straße noch mit

45 dB belastet. Bei Schlafräumen soll aber die Belastung nach einer VDI-Richtlinie nicht mehr als 25–35 dB betragen, denn ab 40 dB Dauerpegel beginnt eine deutliche Zunahme der vorwiegend über den Sympathikus wirkenden Streßfaktoren.
Also nicht nur tagsüber, wo man den Lärm bewußt wahrnimmt, sondern auch „unmerklich“ in der Nacht steigt der Blutdruck unter Geräuschbelastung. Diese Blutdrucksteigerungen nutzen die Gefäße ab und können unter anderem zum Herzinfarkt führen, wie der Physiologe H. Schäfer schon 1976 nachwies.

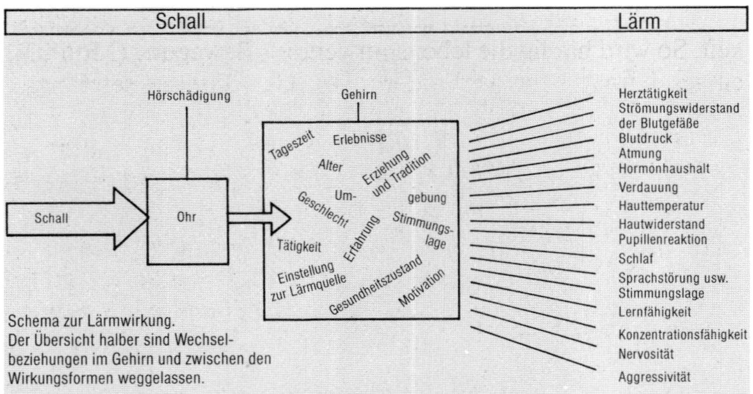

Allgemeines Lärmentwicklungsschema
(Quelle: Umweltbundesamt)

Unter diesem Aspekt mutet die Stellungnahme von Mercedes-Direktor Prof. Förster zynisch an: „Viel schädlicher als der Verkehrslärm selbst ist nach meiner Meinung die hohe Geräuschsensibilisierung der Bevölkerung, die durch die vielen Diskussionen über das Problem erzeugt wird.“
Selbst das Bundesinnenministerium gibt zu: „Eine im Auftrag des Umweltamtes durchgeführte Studie hat den Verdacht verstärkt, daß ein Zusammenhang zwischen Verkehrslärm und Erkrankungen an Bluthochdruck besteht.“ Die damit verbundenen Gefäßerkrankungen stellen aber jene Krankheitsgruppe dar, die in der modernen Industriegesellschaft am stärksten zugenommen hat.
Die Erhöhung der Streßfaktoren über das sympathische Nervensystem: Blutdruckanstieg – Gefäßverkalkung – Herzinfarkt ist aber nur eine Linie, über die der Lärm gesundheitsschädigend wirkt. Ihre Auswirkungen sind meßbar.
Komplizierter zu quantifizieren, jedoch zweifelsfrei nachzuweisen sind die nervlich-seelischen Beeinträchtigungen des Wohlbefindens, der Konzentrationsfähigkeit, der entspannten Leistungsfähigkeit. Sie spürt jeder in unterschiedlicher Weise an sich selbst.

4. Gesundheitsfaktor: Psychosoziale Störungen

„Gesundheit“ bedeutet nach einer Definition der Weltgesundheitsorganisation (WHO) nicht nur das Fehlen von Krankheit und Gebrechen, sondern einen Zustand körperlichen, seelischen und sozialen Wohlbefindens.
Das ist schwer meßbar – aber die subjektive Dimension ist deshalb nicht weniger schwerwiegend. Da sie unmittelbar einleuchtet, genügen hier einige Andeutungen:
- Erlebnis-Verluste
- Die Zerschneidung von Ortschaften stört das Sozialgefüge empfindlicher, als es der Strich auf der Landkarte erkennen läßt.
- Die Zerschneidung von Landschaften und das Sterben der Wälder, der Natur zerrüttet für viele die Möglichkeit, Natur zu erleben und visuelle, akustische, d.h. „sinnliche“ Ruhe und Erholung zu finden. In den weitläufigen USA werden diese psychologischen und psychosozialen Effekte inzwischen ernst genommen; nicht so in unserem engmaschigen, autogerecht zerschnittenen Land.

Auf einer anderen Ebene der psychosozialen Störungen fallen *Verhaltensweisen* auf, die durch das Autofahren ansozialisiert und / oder verstärkt werden:
- Aggression

Von 516 Patienten mit sogenanntem Typ-A-Verhalten (geprägt von Zeitgejagtheit, Aggressionsbereitschaft und Karrierestre-

ben), die einen Herzinfarkt erlitten hatten, gaben 506 an, „hard-drivers“ zu sein.
Das heißt: Das Auto ist das ideale Instrument, um die genannten Typ-A-Eigenschaften auszuleben. Der tägliche Autogebrauch, die Straßenexpansion und Hochleistungsfahrzeuge, die – ohne Tempolimit – eine Mißachtung aller Spielregeln des Verkehrs ermöglichen, fördern diese Eigenschaften. Schnelles und aggressives Fahren gilt noch immer als „Kavalierstugend“ mit hohem Sozialprestige, das alle Personen der genannten A-Kategorien genießen.
Von allen Infarktpatienten haben „hard-drivers“ die geringste Lebenserwartung nach einem Infarkt.
– Isolation
Auch die Isolation wird durch das Auto gefördert.
Glaubte man ursprünglich, mit dem Auto Distanzen rasch zu überwinden und die Menschen einander näher zu bringen, so zeigen uns heute die Kolonnen der Einzelfahrer das Gegenteil. Der Isolationsfaktor ist sichtlich größer als der Kommunikationsgewinn.
„Autismus“, die psychische Erkrankung völliger Zurückgezogenheit in sich selbst, steht vielleicht nicht nur im Wortstamm (Auto = selbst) dem Automobil nahe.
– Denken im „Systemzwang“
Die „Autobahn ist nun mal für Autos da“, sagt der, der ein Reh überfahren hat.
Die „Straße ist nun mal kein Spielplatz“ hört man, wenn ein Kind überfahren wurde.
Es geht nicht um Menschen oder Tiere und eine „sonstige Natur“ – es geht um den reibungslosen Verkehr. Der ist in seinem „Vollzug“ zu einem Selbstwert geworden. Durch ihn werden Denk- und Verhaltensformen eingeübt, die *alles* ermöglichen.

Der millionenfache tägliche Gebrauch des Autos ist zu einem psychosozialen Gesundheitsfaktor von höchster Durchschlagskraft (Penetranz) geworden, der gerade wegen seiner hautnahen Alltäglichkeit übersehen wird (Skotomisierung; Theml 1984).

5. Gesundheitsfaktor: Verhinderung gesunder Bewegung
Übergewichtigkeit, Hochdruckerkrankungen, Gefäß- und Infarktleiden nahmen in der BRD parallel zur Automobilisierung zu und führen letztlich in den Todesstatistiken.
70 % dieser Erkrankungen können durch entspannte Bewegung kuriert werden – weitere 20 % durch eine Änderung der Eß-, Trink- und Rauchgewohnheiten. Schon der tägliche Weg zur Arbeit oder zum Bahnhof zu Fuß oder mit dem Fahrrad könnte genügen, dazu noch ein Spaziergang am Feierabend und eine Wanderung oder Radtour am Wochenende.
Vergleichen wir damit unsere Gewohnheiten: Das Auto steht vor der Tür und verführt „magisch“ durch seine Bequemlichkeit. So wird häufig die lebensnotwendige Bewegung (Motilität) eingeschränkt bzw. verhindert. Die Gewöhnung setzt sogenannte negative Regelkreise frei, d. h. der Autogewohnte, häufig Übergewichtige, radelt und wandert schwerer und unlustiger und wird nach einigen anstrengenden Versuchen seine bereitgestellte Autobequemlichkeit um so mehr nutzen.
Aber: wer hat noch Spaß am Spaziergang in der Stadt oder am Radfahren ins Nachbardorf, wenn überall die Autos mit 60 dB rasen und Fußgänger und Fahrradfahrer als potentielle Verkehrsopfer bedrohen? Am Zirkelschluß lädt uns das Auto wieder ein: ruhig und bequem, aber tödlich.

6. Was kann die Medizin zur Diskussion über das Auto beitragen
Mediziner befürworten in der Regel jeden Fortschritt, da die naturwissenschaftlich-industrielle Entwicklung eine Steigerung der Lebenserwartungen bewirkte. Trotz der unübersehbaren Zunahme der gesundheitlichen Belastungen hat sich bis heute kaum Skepsis eingestellt.
Peter Voswinckel konnte in einer eingehenden Analyse zeigen: Der Fortschrittsglaube der Medizin ist auch gegenüber der Automobilisierung ungebrochen. Man kuriert lieber an den Symptomen als an den Ursachen.
Hier wird es Sache der Patienten sein, die Mediziner zu ermutigen, spezifische Kenntnisse und Perspektiven herauszuarbeiten, die einen sinnvollen Umgang mit dem Auto ermöglichen.

a) Aus Sorge um unsere Gesundheit müssen Mediziner daran erinnern, daß *Nutzen und Schaden fast immer eine Frage der Dosis* sind: Jedes Heilmittel kann, falsch dosiert, als Gift wirken. Sinnvoller Gebrauch eines „Fortschrittes" heißt, in strenger Risikoabwägung zu fragen, wann und in welchem Umfang ich ihn nutze. (Selbst unkritischer häufiger Einsatz des segensreichen Penicillins wird tödlich, wenn man resistente Keime züchtet – und einmalige Überdosen schädigen andere Organe.)
Deshalb müssen die Ärzte in weit stärkerem Maß als bisher auf die negativen Folgeerscheinungen und Krankheitsbilder der „Überdosierung" im Autogebrauch aufmerksam machen.

b) Aus Sorge um unsere Gesundheit müssen Mediziner daran erinnern, welche immense und gefährliche Fähigkeit zur *Verdrängung* wir alle haben.

Solange es „nur" den neben mir trifft, solange sich der Schaden nicht täglich als *sichtbare* Giftwolke über uns ergießt (sondern als fast unsichtbare), solange es uns aber vor allem Spaß macht, Auto zu fahren, so oft und wie wir Lust haben – und so schnell wie möglich, solange übersehen und verdrängen wir alle Schäden und Folgeprobleme.
Gleichzeitig bauen wir rege die Behandlungsmethoden der Schäden aus, statt ihre Ursachen zu benennen und anzugehen: Das ist die spezifische, aktivistische Verdrängung der Helferberufe. Das ganze Rettungssystem hat sich seinerseits in einen Streßfaktor verwandelt, und auch für Ärzte gibt es befriedigendere und sinnvollere Tätigkeiten, als ständig neue Unfallopfer des Straßenkrieges zu behandeln.

c) Aus Sorge um unsere Gesundheit müssen Mediziner daran erinnern, daß alle Umgewöhnungen und *Entziehungen schrittweise, aber stetig* vor sich gehen müssen, wenn sie erfolgreich sein wollen. Eine Umgewöhnung ist um so eher annehmbar, wenn eine positive Alternative angeboten wird: ein streßärmeres, gesünderes, aktiveres und sozialeres Leben für Mensch und Umwelt, in dem das Auto *eine* Fortbewegungsmöglichkeit unter anderen ist, hin und wieder einsetzbar, wenn gesündere Formen nicht verfügbar sind und der Ortswechsel unumgänglich ist.

Weiterführende Literatur:
Aicher, O.: Kritik am Auto. Callwey, München 1984.
Bundesinnenministerium des Inneren (Hg.): Was Sie schon immer über das Auto wissen sollten. Kohlhammer, Stuttgart, 1980 und 1983.
Dollinger, H: Die totale Auto-Gesellschaft. Hanser, München 1972.
Griefahn, B.: Schlafverhalten und Geräusche. Enke, Stuttgart 1985.
Seidel, A., Wiener, W.: Kolloquium Luftverunreinigungen und Atemwegserkrankungen beim Menschen. Kernforschungszentrum, Karlsruhe 1985.
Theml, H., Orlich, R.: Bedrohung, Verdrängung und der Mut zur Angst. In: Kindler Enzyklopädie „Der Mensch", Zürich, 1984.
Voswinckel, P.: Arzt und Auto. Murken-Altrugge, Münster 1981.

Ulrich Höpfner

Automobile und schlechte Luft

Aus dem Auto stinkt's – und gar manches, was wir nicht riechen und somit nicht sofort bemerken, ist dennoch giftig. Diese Substanzen sind überaus zahlreich:

- Stickoxide: Säurebildner, Atemgifte für den Menschen und Reaktionspartner bei der Bildung der Photooxidantien
- Kohlenmonoxid: Blutgift für den Menschen; nach der Umwandlung zu Kohlendioxid Gefahr für das Erdklima
- Kohlenwasserstoffe: Sammelbezeichnung für mehrere hundert Verbindungen unterschiedlicher Wirksamkeit – vom Benzol über Formaldehyd bis hin zu Dioxinen
- Staub (Bremsen- und Reifenabrieb), Bleiverbindungen, Ruß, Halogenwasserstoffe, Schwefeldioxid und ...

Diese Substanzen kommen als Produkte der mehr oder weniger vollständigen Verbrennung des Kraftstoffes aus dem Auspuff, sie verdunsten beim Betanken, sie verdampfen aus dem Tanksystem des Wagens oder sie werden aus den Materialien des Wagens (z. B. aus Kunst- und Klebstoffen) freigesetzt.

Die *Entwicklung der bundesweiten Emissionen* von Stickoxiden, Kohlenwasserstoffen und Kohlenmonoxid, den mengenmäßig wichtigsten Schadstoffen aus dem Kfz, war ebenso rasant wie die Zunahme der Motorisierung:

- Die Stickoxidemissionen aus dem Bereich „Verkehr" nahmen von 250 000 Tonnen (1954) auf 1,7 Mio. Tonnen (1982) zu. Die Pkw-Emissionen stiegen von 1954 mit 65 000 Tonnen bis 1982 mit 1 Mio. Tonnen noch stärker an.
- Die Kohlenwasserstoffemissionen aus dem Bereich „Verkehr" (ohne Verdunstungsemissionen) nahmen von 230 000 Tonnen (1954) auf 650 000 Tonnen (1978) zu, waren dann leicht rückläufig.
- Die Kohlenmonoxidemissionen aus den Bereich „Verkehr" nahmen von 850 000 Tonnen (1954) auf 6 Mio. Tonnen (1974) zu und gehen seither langsam zurück.

Gründe für diese drastische Zunahme der Emissionen insbesondere bei den Pkw sind:

- Die Gesamtfahrleistung im Straßenverkehr hat sich von 1953 bis heute mehr als versiebenfacht; sie lag 1984 bei etwa 356 Milliarden km. Die Fahrleistung der Pkw betrug 314 Mrd. km gegenüber 22 Mrd. km (1953).
- Die Bundesautobahnen haben heute einen wesentlich höheren Anteil an der Gesamtfahrleistung als vor 15 Jahren. Vor 1970 lag er bei weniger als 15 %, heute beträgt er fast 27 % der Gesamtfahrleistung. Wegen der höheren Durchschnittsgeschwindigkeit bedeutet dies eine höhere Stickoxidemission pro Fahrtstrecke.
- Die zugelassenen Pkw wurden hubraumgrößer und leistungsstärker. So hatten 1960 28,5 % des Bestandes an Pkw/Kombi einen Hubraum bis 1000 cm³, 1984 nur noch 7,6 %. So konnten 1973 57 % der zugelassenen Pkw schneller als 130 km/h fahren, heute sind es circa 90 %.

  Diese Leistungsreserven wurden zum Teil auch abgerufen: Der durchschnittliche Kraftstoffverbrauch von Pkw/Kombi betrug 1960 8,7 Liter/100 km, 1970 10,2, 1975 10,7, 1980 10,8 und sogar noch 1984 – trotz inzwischen höherem Dieselanteil und deutlicher Kraftstoffoptimierung der neuen Pkw – noch 10,6 Liter/100 km.
- Grenzwertsetzung und technische Verbesserungen bewirkten für Einzel-Pkw die Verminderung der spezifischen Kohlenwasserstoff- und Kohlenmonoxidemissionen, gleichzeitig jedoch eine um rund 30 % erhöhte Stickoxidemission.

Zur *Verminderung der Schadstoffemissionen* aus dem Kfz-Verkehr gibt es viele Möglichkeiten:

- Verzicht auf die Verkehrsleistung
- Verringerung der Verkehrsleistung durch strukturelle Änderungen
- Verlagerung der Verkehrsleistung auf ein emissionsärmeres Verkehrssystem
- emissionsärmere Gestaltung der Verkehrsleistung mit dem Kfz z. B. durch
  - gleichmäßigere und langsamere Fahrweise
  - Maßnahmen der Verkehrslenkung
  - technische Zusatzeinrichtungen wie Schubabschaltung und Start-Stop-Automatik

○ technische Maßnahmen bei der motorischen Verbrennung oder bei der Behandlung von Abgasen.

Die technischen Maßnahmen nehmen in der derzeitigen Umweltpolitik der Bundesregierung den größten Raum ein. Dazu wurden in Verhandlungen mit der europäischen Gemeinschaft Pkw-Grenzwerte bzw. Umstellungsfristen festgelegt; der bundesdeutsche Gesetzgeber hat darüber hinaus ein „Gesetz über steuerliche Maßnahmen zur Förderung des schadstoffarmen Personenkraftwagens" beschlossen. Es soll dem Autohalter finanzielle Anreize bieten, um bereits vor der Frist einen schadstoffreduzierten Pkw anzuschaffen bzw. einen bereits zugelassenen Pkw nachträglich mit einer schadstoffvermindernden Technik auszustatten.

Wie ist die Wirksamkeit dieser Maßnahmen zur technischen Schadstoffminderung?

1. Die Stickoxidemissionen aus dem Verkehr bleiben danach in Zukunft in etwa auf dem Niveau von 1985. Dies liegt bei 1,65 Mio. t NO_X und damit rund 70 % höher als 1970 bzw. rund 300 % höher als 1960. Zukünftige Stickoxidminderungen bei den Pkw werden durch fahrleistungsbedingte Erhöhungen bei den Nutzfahrzeugen und dem Flugverkehr kompensiert.
2. Die Kohlenwasserstoffemissionen aus dem Verkehr nehmen bis 1995 um 25 % im Vergleich zu heute ab, haben dann wieder das Niveau von 1970 erreicht und liegen noch um 50 % höher als 1960. Sie würden stärker vermindert, wenn auch die Verdunstungsemissionen aus dem Tanksystem der Pkw begrenzt wären. Ein höherer Anteil der Pkw an den Verkehrsemissionen und eine stärkere Minderung bei den Pkw begründen die gegenüber den Stickoxiden andere Entwicklung.
3. Die Kohlenmonoxidemissionen aus dem Verkehr werden zu über 90 % von den Pkw erbracht; sie verringern sich bis 1995 im Vergleich zu 1984 um 40 %, liegen dann auf dem Niveau von 1963 und knapp 50 % höher als 1960.

Jährliche Emission von Stickoxiden in der Bundesrepublik Deutschland seit 1954 in Millionen Tonnen (1954 bis 1962: Berechnungen des IFEU; ab 1966: nach Angaben der Bundesregierung und des Umweltbundesamtes)

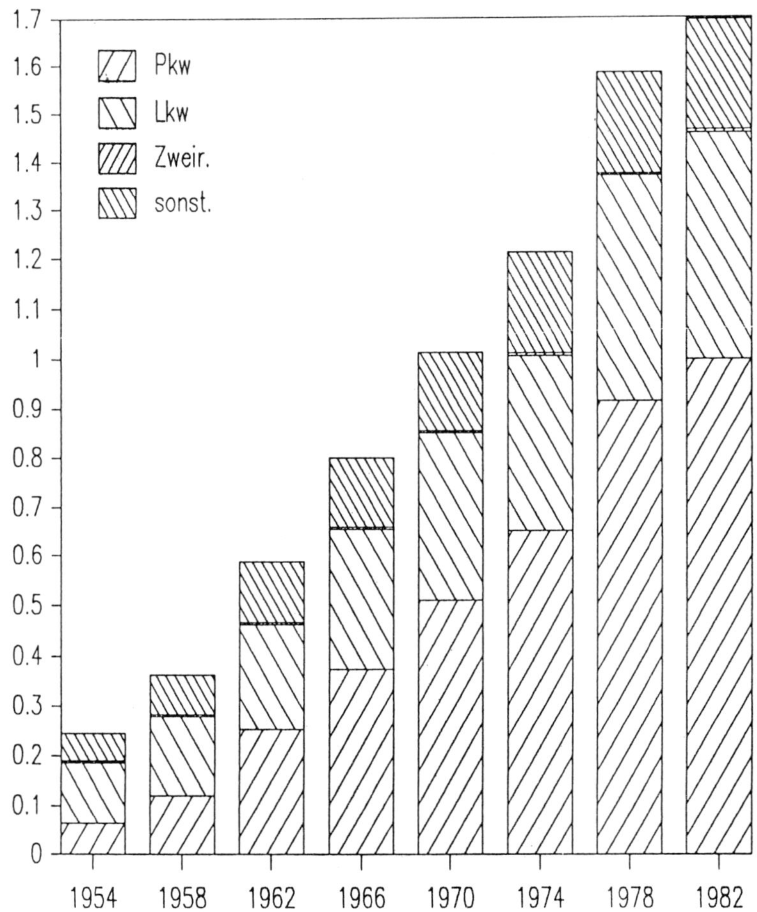

4. Die Stickoxidemissionen aus dem Pkw-Verkehr nehmen bis 1995 in Relation zu 1984 um 15 % ab; sie haben dann in etwa ihren Emissionsbetrag von 1978 erreicht, liegen damit 70 % höher als 1970 und knapp 400 % höher als 1960.

Jährliche Emission von Kohlenwasserstoffen in der Bundesrepublik Deutschland seit 1954 in Millionen Tonnen (1954 bis 1962: Berechnungen des IFEU; ab 1966: nach Angaben der Bundesregierung und des Umweltbundesamtes)

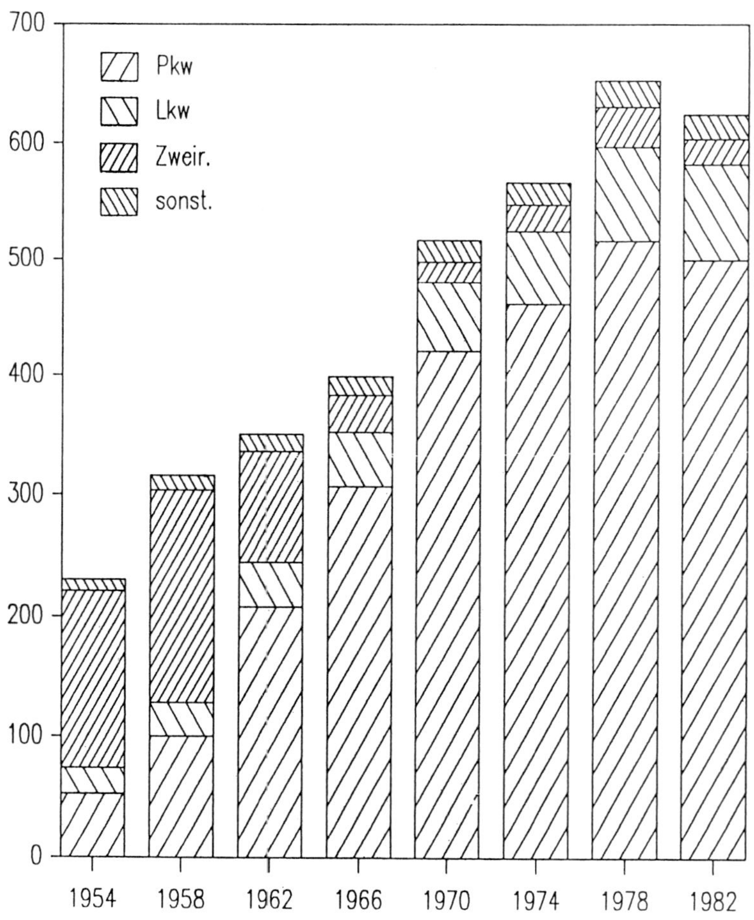

Jährliche Emission von Kohlenmonoxid in der Bundesrepublik Deutschland seit 1954 in Millionen Tonnen (1954 bis 1962: Berechnungen des IFEU; ab 1966: nach Angaben der Bundesregierung und des Umweltbundesamtes)

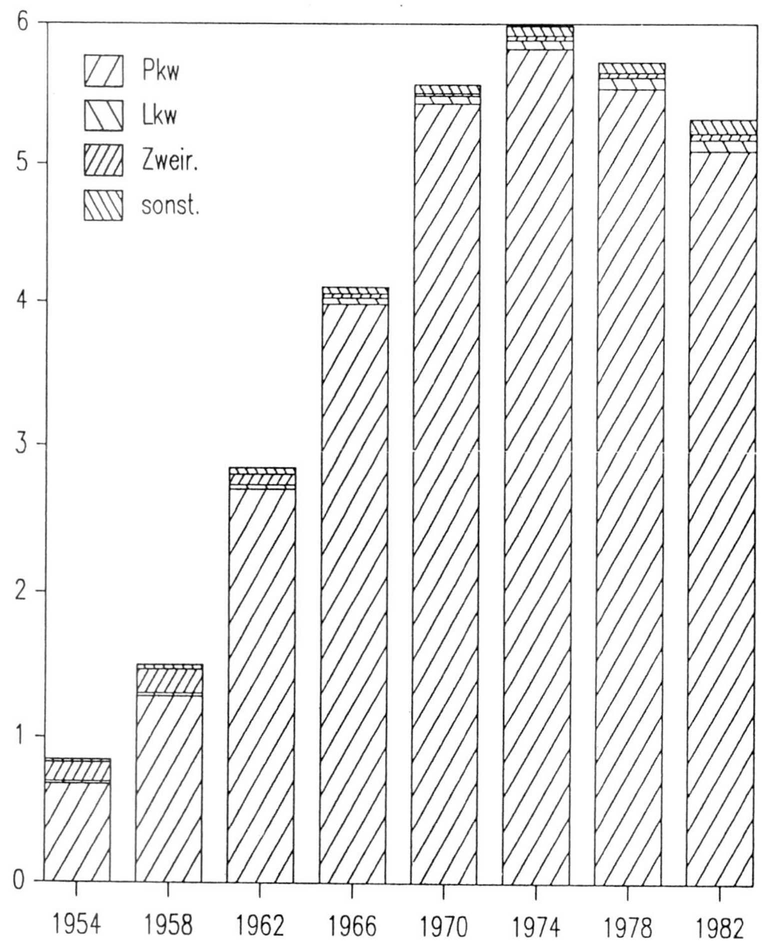

Annahmen für diese Prognosen sind:

- ○ Die Pkw-Fahrleistung steigt von 314 Mrd. km (1984) auf 360 (1990), 383 (1995) und 390 Mrd. km (2000) an; das jährliche Wachstum der Fahrleistung geht von 2,6 % auf 0,2 % zurück, es beträgt durchschnittlich 1,36 %. Die durchschnittliche Steigerung von 1974 bis 1984 lag bei 3,5 % pro Jahr. Die Fahrleistungsannahme für das Jahr 2000 liegt 10 % unter der Prognose des Ifo-Instituts (1984) und rund 4 % über den Prognosen von DIW (1985) und Prognos (1985).
- ○ Der Anteil an schadstoffarmen bzw. bedingt schadstoffarmen Pkw steigt von 30 % (1985) auf 57 % (1986), auf 85 % (1989), und schließlich auf 100 % (1993). Unter diesen Pkw mit Ottomotor haben Wagen mit geregeltem Dreiweg-Katalysator einen Anteil von rund 25 bis 35 %.
- ○ Der Wirkungsgrad des geregelten Dreiweg-Katalysators beträgt über die gesamte Laufzeit des Pkw und alle Fahrsituationen rund 80 % (Stadtverkehr) bzw. 85 % (gesamter Außerortsverkehr). Der Wirkungsgrad des ungeregelten Katalysators wird entsprechend mit 50 % (Stadt), 40 % (außerorts) und 30 % (Autobahn) angenommen.
  Die EG-Grenzwerte der Hubraumklasse bis 1400 cm³ bedeuten bei den Stickoxiden eine Verminderung von 10 % im Vergleich zu heute, bei Kohlenwasserstoffen liegt sie bei 20 und bei Kohlenmonoxidemissionen bei 35 %.
- ○ Zusätzlich wurden 3,5 Millionen Pkw des Bestandes als „nachgerüstet“ unterstellt, davon 2,9 Millionen auf die EG-Grenzwerte. Eine Variationsrechnung mit 4,5 Millionen nachgerüsteten Pkw bringt für 1990 eine zusätzliche Stickoxidminderung von 25 000 Tonnen, das sind knapp 3 % mehr.

Wie kann diese Schadstoffminderung verbessert werden?

Eine Berechnung verschiedener Alternativen der Schadstoffminderung bei Pkw mit technischen Methoden zeigt:

- ○ Die obligatorische Einführung von Grenzwerten ab 1. 1. 87, die nur mit dem geregelten Dreiweg-Katalysator zu erreichen sind, würde zusammen mit steuerlichen Anreizen für die Schadstoffminderung bei Altwagen die Pkw-Stickoxidemissionen des Jahres 1995 um knapp 60 % unter das Niveau von 1985, also auf die Höhe von 1968 senken.
- ○ Würden diese Grenzwerte bereits ab 1986 gelten, würden die Pkw-Stickoxidemissionen von 1995 um 65 % unter denen von 1985 und damit auf dem Niveau von 1966 liegen.

Ein Vergleich der Wirksamkeit der Stickoxidminderung bei Pkw durch Tempolimit 100/80 auf Bundesautobahnen bzw. anderen Außerortsstraßen und der technisch-steuerlichen Konzepte zeigt, daß

- ○ der Tempolimit-Effekt auf Außerortsstraßen, der im „Großversuch“ nicht untersucht wurde, nach allen veröffentlichten Studien jährlich rund 100 000 Tonnen Stickoxidverminderung beträgt. Selbst bei einer Einsparung von nur 50 000 Tonnen durch Tempo 100 auf Autobahnen ergäbe dies einen Gesamteffekt von 150 000 Tonnen, also 15 % der Pkw-Schadstoffemissionen
- ○ bei einem solchermaßen niedrig angesetzten Tempolimit von 150 000 Tonnen pro Jahr die gesamte Stickoxidminderung durch Tempolimit von 1986 bis 1991 immer noch größer ist als der Effekt der technischen, steuerlich begünstigten Maßnahmen
- ○ eine schnelle und nachhaltige Schadstoffminderung nur durch Tempolimit und die vollständige Ausstattung der Pkw mit geregeltem Dreiweg-Katalysator zu erreichen ist
- ○ eine Reduktion der Emissionen von Nutzfahrzeugen sowie der anderen vom Kfz ausgehenden ökologischen und sozialen Belastungen aus diesen Maßnahmen nicht zu erwarten ist.

Literatur: U. HÖPFNER et al., Die Entwicklung der Schadstoffemissionen aus dem Kfz-Verkehr – Eine Bilanz der Auswirkungen der EG-Beschlüsse und der steuerlichen Anreize zum schadstoffarmen Pkw; Studie im Auftrag des Ministers für Stadtentwicklung, Wohnen und Verkehr des Landes Nordrhein-Westfalen; IFEU-Bericht Nr. 42, Heidelberg, Nov. 1985.

Arbeitsgruppe Biophysik

Autoabgase schädigen Pflanzen – ist der Katalysator wirksam?

(Prof. D. Knoppik, Dr. H. Selinger, Dr. A. Ziegler-Jöns)
Lehrstuhl für Physik; TU München-Weihenstephan

Die Diskussion in der Öffentlichkeit über die Ursachen des Waldsterbens ist von Verwirrung geprägt. Auch Wissenschaftler scheuen sich, eindeutige Aussagen zu machen, denn das wissenschaftliche Prinzip erfordert zuvor detaillierte Aufklärung der Vorgänge, die zum Absterben der Bäume führen. Im wissenschaftlichen Forschungsprozeß ist daher die Verschiedenheit der Ansätze und Hypothesen eine notwendige Phase angesichts der Komplexität des Untersuchungsgegenstands.

Die Photosynthese grüner Pflanzen, auch CO_2-Assimilation genannt, ist der grundlegende natürliche Prozeß auf der Erde. Er liefert aus den energiearmen Verbindungen Wasser und Kohlendioxid unter Ausnutzung der Lichtenergie Sauerstoff und organische, energiereiche Verbindungen wie Kohlenhydrate, Eiweiße und Fette. Die Photosynthese ist also die Basis für die Ernährung von Pflanzen, Tieren und Menschen und somit für alles Leben auf der Erde.

Vielfältige Umweltbedingungen beeinflussen die Fähigkeit der Pflanze zur Photosynthese: Licht, Temperatur, Versorgung mit Wasser, Mineralien und Spurenelementen. Innere Voraussetzung der Pflanze sind intakte Blätter oder Nadeln, in denen die Photosynthese in einer Vielzahl von Teilschritten und aufeinander abgestimmten Reaktionen abläuft.

Die Fähigkeit der Pflanzen zur Photosynthese kann auf vielerlei Weisen beeinträchtigt werden: Mangel an Wasser und Nährstoffen kann ebenso wie ungünstiges Klima oder Schädlingsbefall die Photosynthesefähigkeit herabsetzen, verschiedenste Schadstoffe in Boden und Luft können unterschiedliche Auswirkungen auf die Funktion der Photosyntheseorgane haben. Das Ergebnis ist allerdings immer das gleiche: Die Pflanze lebt mehr und mehr auf Kosten ihrer angesammelten Vorräte, der Zuwachs bleibt aus, und eines Tages reichen die Vorräte nicht mehr aus, um genügend viel zur Photosynthese fähige Blattsubstanz zu bilden: die Pflanze stirbt; das kann, z. B. bei Nadelbäumen, Jahre nach dem Beginn der Schädigung liegen. Untersuchungen der Jahrringe von Fichten zeigen an vielen Standorten bereits seit 15 – 25 Jahren verminderte Zuwachsraten. Laubbäume, die jedes Jahr ihre gesamte Blattmasse erneuern, sind langfristig wirkenden Umwelteinflüssen gegenüber zwar etwas widerstandsfähiger, mittlerweile aber ebenso bedroht. Selbst einjährige Pflanzen, wie es die meisten der landwirtschaftlich angebauten Nutzpflanzen sind, sind inzwischen von Schadgasen beeinflußt. Obwohl ihre Blätter oft nur für wenige Wochen den Umwelteinflüssen ausgesetzt sind, ist auch hier ein verminderter Zuwachs an Biomasse zu beobachten. So wird der finanzielle Schaden, der durch Ozon[1)] in der Landwirtschaft der USA allein bei Erdnuß, Mais, Sojabohne und Weizen entsteht, auf jährlich etwa 3 Milliarden Dollar geschätzt.

Das plötzliche Auftreten der Waldschäden ist besonders deswegen schwer verständlich, weil sich keine der in Frage kommenden Schadgaskomponenten in den letzten Jahren sprunghaft geändert hat. Das bedeutet auf einen Akkumulationseffekt hin: Bis zu einer bestimmten Schwelle ist praktisch keine Wirkung vorhanden, erst darüber oder bei Zusammenwirken bestimmter Komponenten tritt die Wirkung ein – führt aber dann zum schnellen Kollaps. Bis zu diesem Zeitpunkt sind die Symptome aber nur (wenn überhaupt) für Fachleute erkennbar, die, wie schon ausgeführt, erst nach langen Recherchen klare Aussagen machen können.

Aus dem Gesagten wird verständlich, warum unter Wissenschaftlern eine große Zahl von Hypothesen diskutiert wird. Auf endgültige Aussagen über Details der Wirkungsketten, die zum Absterben der Bäume führen, wird also noch einige Jahre zu warten sein.

Trotzdem gibt es genügend wissenschaftlich abgesicherte Ergebnisse, um heute konkrete politische Maßnahmen zu treffen. Weitgehend unumstritten ist die Feststellung, daß den Luftschadstoffen (SO_2, NO_x, Kohlenwasserstoffe) eine bedeutsame Rolle in dem Geschehen zukommt.

Es besteht z. B. gesichertes Wissen über die Schädlichkeit von Autoabgasen für Pflanzen und die Wirksamkeit des Drei-Wege-Katalysators. Ein von uns durchgeführtes Experiment gibt darüber Aufschluß.

Ein Maß für den Lebenszustand der Pflanze ist die Menge CO_2, die sie pro Zeiteinheit aus der Luft aufnimmt, und die Menge an Wasser, die sie dabei abgibt. Diese Größen werden von der Arbeitsgruppe Biophysik in Weihenstephan seit Jahren zur Untersuchung der Physiologie von Kulturpflanzen unter genau definierten Bedingungen gemessen. Damit ist eine Möglichkeit gegeben, latente Schäden an Pflanzen zu erkennen, lange bevor akute, optisch sichtbare Schäden auftreten. Mit dieser Methode der Früherkennung wurde in Zusammenarbeit mit einer Arbeitsgruppe am Lehrstuhl für Botanik der TU München-Weihenstephan (Prof. Hock, H. Kammerbauer, R. Römmelt) ein Experiment durchgeführt, bei dem die Wirkung von Autoabgasen auf Fichten mit und ohne Einsatz eines Katalysators untersucht werden sollte. Ziel war, festzustellen, ob die durch den Katalysator erreichte Verminderung von Stickoxiden, Kohlenwasserstoffen und Kohlenmonoxid um 90 % auch tatsächlich die Belastung der Pflanzen verringert.

Die Abgase wurden mit einem 5-Zylinder-Otto-Motor erzeugt, der mit bleifreiem Benzin betrieben wurde. Dabei wurden mit einer Wirbelstrombremse Verhältnisse simuliert, wie sie bei einer Geschwindigkeit von 120 km/h herrschen. Die Abgase wurden auf 18 - 20°C heruntergekühlt und in eine etwa 1 m^3 große Kammer geleitet.

In diese Kammern wurden fünfjährige Fichten desselben Klons eingebracht (Höhe zwischen 70 und 100 cm, Herkunft: Bayerische Landesanstalt für Forstliche Saat- und Pflanzenzucht, Teisendorf). Sie zeigten tief grüne Nadeln und waren in gutem Ernährungszustand. Um die Ergebnisse abzusichern, wurden vier Wiederholungen des Experiments durchgeführt. Die Kontrollbäume wurden, abgesehen von der Begasung, den gleichen äußeren Bedingungen unterworfen wie die begasten.

Zu unserer Überraschung waren die Abgase schon innerhalb einer Stunde tödlich für die Bäumchen. Die Nadeln wurden grau-grün, in den folgenden Tagen braun und fielen nach einer Woche ab.

Daraufhin reduzierten wir die Abgas-Konzentrationen auf 1/3 des vorherigen Werts und verkürzten die Begasungsdauer auf 15 min. Bei diesen Versuchsbedingungen waren Schäden optisch nicht sofort festzustellen. Drei Stunden nach Begasung wurde die CO_2-Aufnahme und H_2O-Abgabe der Nadeln gemessen. Es ergab sich eine drastische Verminderung der Photosynthese (um 80 %), und die Funktion der Schließzellen war deutlich gestört. Am Tag darauf wurden die Nadeln teilweise gelb, fielen aber nicht ab. Allerdings war auch nach 8 Wochen die Photosynthesekapazität immer noch auf 1/3 des Kontrollwerts eingeschränkt.

Wurde der Motor mit einem Drei-Wege-Katalysator betrieben, so war die Photosyntheserate nur geringfügig (10 %) niedriger als die der unbegasten Kontrollbäume. Die Nadeln blieben grün, und nach 8 Wochen waren die Bäume ohne erkennbare und meßbare Schäden.

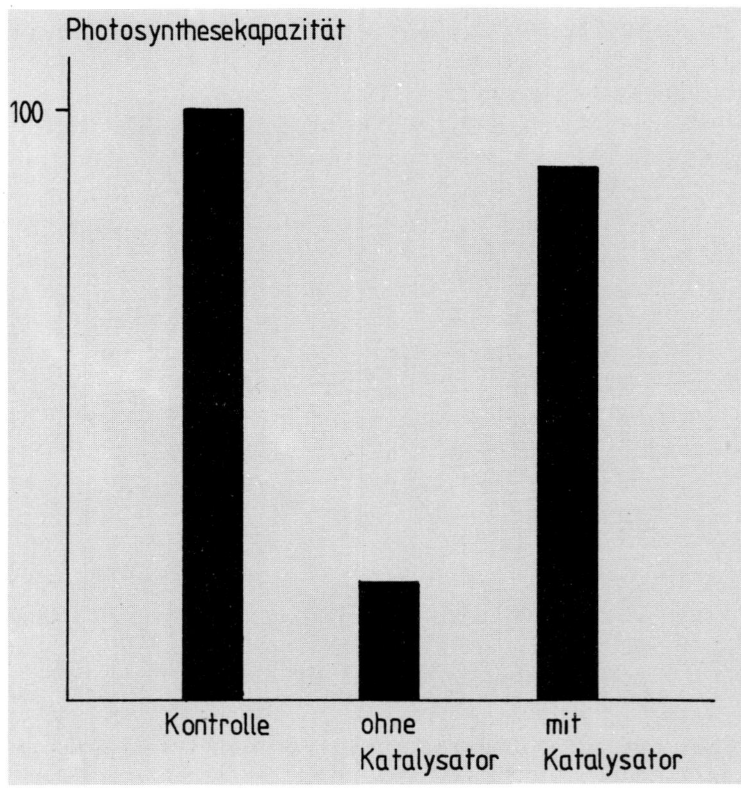

Daraus ergibt sich:
1. Die Abgase eines Otto-Motors sind auch bei Verwendung von bleifreiem Benzin äußerst schädlich für Pflanzen. Jede Möglichkeit zur Verminderung des Schadstoffausstoßes sollte also sofort genutzt werden.
2. Die für die Pflanzen schädlichen Abgase werden durch den Drei-Wege-Katalysator erheblich vermindert.
Es soll hier nicht den Autoabgasen die alleinige Schuld am Waldsterben zugeschrieben werden. Die gesamte Versuchsplanung zielte nicht darauf ab, Ursachenketten für die Wirkung von Schadgasen auf Pflanzen aufzudecken. Dazu waren u. a. die gewählten Konzentrationen zu hoch. Wir halten das Ergebnis allerdings für geeignet, einerseits der weiteren Verharmlosung der Wirkung von Autoabgasen ein Ende zu bereiten, andererseits die Notwendigkeit der beschleunigten Einführung des Katalysators zu unterstreichen.
Nach diesen Resultaten dürfte eigentlich kein Auto ohne Katalysator mehr das Fließband einer deutschen Autofabrik verlassen.

[1] Neben den bekannten Schadgasen Stickoxid (NO_X) und Schwefeldioxid (SO_2) spielt in den sogenannten „Reinluftgebieten" das Ozon (O_3) eine wichtige Rolle. Unter dem Einfluß von ultravioletter Strahlung, die dort besonders hoch ist, bildet sich Ozon z. B. aus Stickoxid, wobei auch Kohlenwasserstoffe beteiligt sind.

Hans-Joachim Mader

Straßen-Isolationsbarrieren für die freilebende Tierwelt

Straßen, Bahnlinien und Kanäle werden gebaut, um dem Menschen als Verbindungslinien oder Transportwege zu dienen, um Entfernungen schrumpfen zu lassen und mit Hilfe der verschiedensten Verkehrsmittel die Mobilität des Menschen zu erhöhen. Ein immer wieder sich bestätigender Erfahrungssatz besagt, daß der „Vorteil des Einen zum Nachteil des Anderen" gereicht. Von diesen unmittelbar und mittelbar wirksamen und meßbaren Nachteilen der Anderen, der Mitbewohner unseres Planeten – der freien Tierwelt nämlich –, soll hier die Rede sein. Die Palette der negativen Wirkungen ist groß. Sie reicht von dem direkten Töten der Tiere durch Fahrzeuge über den Verlust von Lebensräumen durch die Baumaßnahmen und die mit der Aufnahme des Verkehrs sich entwickelnden Störungs- und Emissionsbänder bis hin zu den äußerst komplexen Effekten der Verschiebung von Artenspektren und dem Verlust ökologischer Stabilität.
Während die direkten und offensichtlichen Effekte wie Biotopeinbuße oder das Töten von Tieren allgemein erkannt und vielfach diskutiert wurden, blieben die indirekten Auswirkungen mit ihren möglichen und wahrscheinlichen langfristigen Konsequenzen häufig unbeachtet. Auf drei dieser Langzeitfolgen soll hier näher eingegangen werden: Die Isolationswirkung, die Überlebensrisiken kleiner Populationen und die Verschiebung der Artenspektren.

Isolation

Straßen können für einzelne Tierarten im Lebensraum Wald eine ebenso wirksame Barriere darstellen, wie ein doppelt so breiter Fluß. Diese verblüffende Feststellung machten kanadische Wissenschaftler schon 1974. Untersuchungen an Mäusen und Laufkäfern im südlichen Odenwald erhärteten diese Aussage. An vier verschiedenen Standorten wurden parallel zu wenig befahrenen Land- und Kreisstraßen insgesamt 138 Lebendfallen zum Fang von Kleinsäugern und Käfern installiert. Die gefangenen Tiere (10.186 Käfer, 121 Gelbhals- und Rötelmäuse) wurden zusammen mit der Fallennummer protokolliert, individuell bzw. nach Fundort markiert und darauf in der Nähe der Lebendfalle wieder freigelassen. Bei späteren Wiederfängen markierter Tiere konnten der neue Fundort mit dem früheren Fundort auf Karten mit Linien verbunden werden. Auf diese Weise entstanden im Laufe von 2 Jahren für verschiedene Tierarten Mobilitätsdiagramme, die den Einfluß der Straßen auf die Bewegungsabläufe der Tiere deutlich machen (Abb. 1 und 2).

Von den 121 gefangenen bzw. wiedergefangenen Mäusen hat im Untersuchungszeitraum kein einziges Tier die 6 m breite Landstraße überquert. Die Tiere wurden durch die Straße wirkungsvoll in zwei Teilpopulationen getrennt, der Genfluß gestört. Der Breitlaufkäfer *„Abax ater"* zeigt ein ähnliches Verhalten. Bei über 500 Wiederfängen ist nur ein Tier, bezogen auf seinen ursprünglichen Fundort, auf der anderen Straßenseite wiedergefunden worden. Selbst die in den vom Verkehr kaum belasteten Parkplatzschleifen gefundenen Tiere scheinen nur einen sehr sporadischen Kontakt mit Artgenossen außerhalb der Schleifen aufzunehmen. Auch hier gilt festzustellen: Die Straße unterbricht den Genfluß, teilt die Populationen einzelner Arten äußerst wirksam in zwei getrennte Gruppen auf und bewirkt somit einen ökologischen Zerschneidungseffekt. Die Konsequenzen dieser Trennungs- und Isolationswirkung sind vorerst nur zu vermuten. Fest steht allerdings: Je kleiner eine Population (oder Teilpopulation), desto anfälliger und gefährdeter ist sie und desto schneller wird ihr Bestand erlöschen.

Um das nochmals deutlich zu machen: Diese Effekte wurden an Kreisstraßen und wenig frequentierten Landstraßen beobachtet. Um wieviel stärker müssen die Isolationseffekte an Bundesstraßen oder Autobahnen auf das ökologische Gefüge einwirken? Selbst an asphaltierten Forstwegen konnten mit der gleichen Untersuchungsmethode Zerschneidungseffekte nachgewiesen werden.

Die ökologischen Konflikte der Linienstruktur

Die Dichte des Verkehrsnetzes in der Bundesrepublik Deutschland beträgt 2,1 km überörtliche Verkehrsstraßen pro Quadratkilometer. Rechnet man die asphaltierten Forstwege und Wirt-

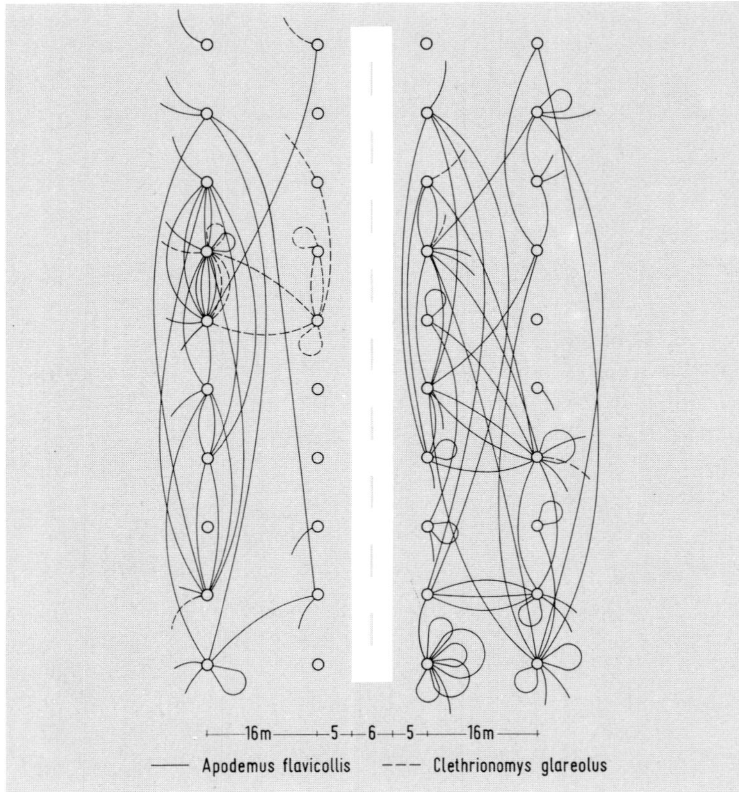

Abb. 1: Mobilitätsdiagramme der Gelbhalsmaus (Apodemus flavicollis) und der Rötelmaus (Clethrionomys glareolus)

schaftswege mit hinzu, so erreicht das schwarze Netz auch bei vorsichtigen Schätzungen eine Dichte von 5 km pro km². Nun ist der Isolationseffekt nicht bei allen Asphaltstraßen und Wegen gleich hoch anzusetzen. In Wäldern und Feuchtgebieten sind mehr Tierarten von der ökologischen Zerschneidung betroffen als beispielsweise auf Agrarflächen. Aber dennoch muß die Gesamtwirkung der ökologischen Einzeleffekte bei einem so massiven sich auf die Gesamtfläche erstreckenden Landschaftseingriff bedenklich stimmen.

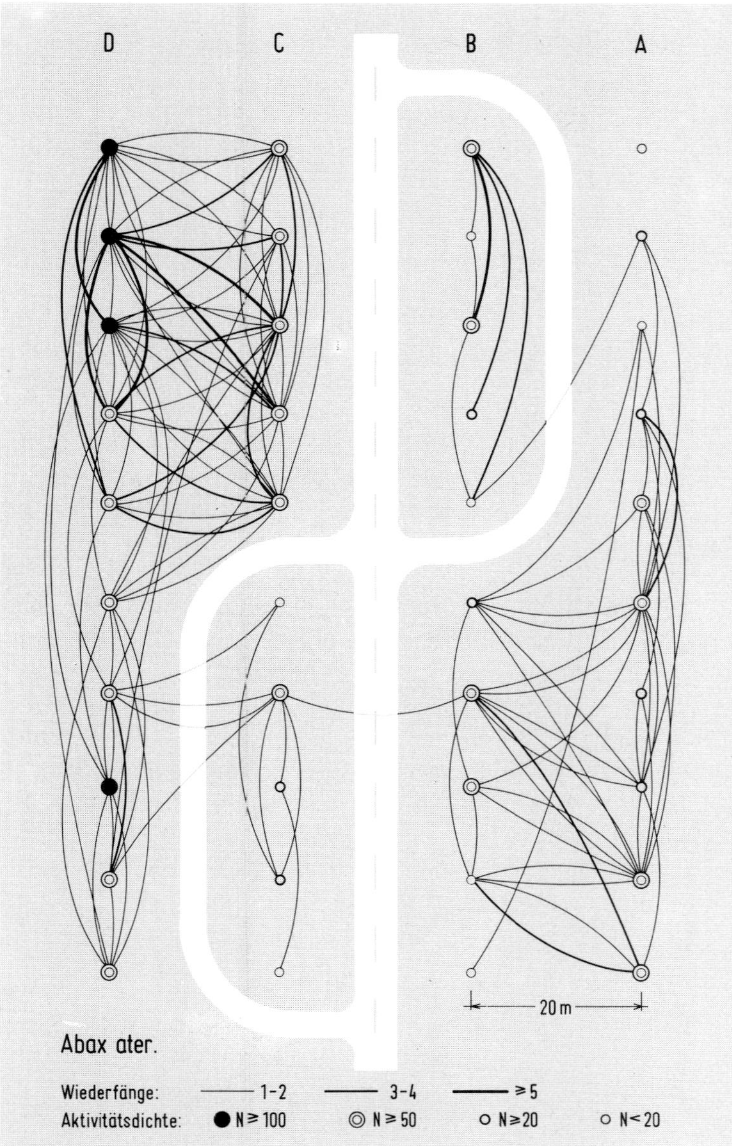

Abb. 2: Mobilitätsdiagramm des Breitlaufkäfers (Abax ater)

Straßen gelten mit Recht als Linien höchster Lebensfeindlichkeit - selbst der Mensch kann sich auf ihnen nur unter Beachtung einer Vielzahl komplizierter Regeln im höchsten Maße unfrei bewegen.

Für die freilebenden Tiere und Pflanzen sind Straßen von Struktur und Mikroklima her betrachtet am ehesten noch mit Felsbändern oder Wüstenstreifen zu vergleichen. Die Witterungsfaktoren Niederschlag, Einstrahlung, Abstrahlung und Wind werden durch keinen abgeschirmten Mantel gedämpft, sondern treffen unmittelbar auf die Oberfläche (Abb. 3). Straßen heizen sich auf, kühlen nachts stark ab, der Wind fegt über sie hinweg, geradeso, wie das in Wüstenstreifen zu erwarten ist. Dazu werden diese Felsbänder oder Wüstenstreifen durch rücksichtslose Raumkonkurrenten (Autos) besetzt, die jedes Pflänzchen niederwalzen, jeden zufälligen Gast zerquetschen. Unzählig und ungezählt sind die vielen toten Tiere an Stoßstangen, unter Autoreifen, an Kühlergrill oder Windschutzscheibe.

Zwei Tiergruppen sind durch ihre Lebensweise besonders gefährdet. Zum einen Tiere, die an den Felsbändern irgend etwas Attraktives ausmachen können, sei es beispielsweise die Wärme der Straße zum Aufheizen des Körpers, sei es das Nahrungsangebot an lebendigen oder toten Organismen. Zu dieser Gruppe gehören viele Vogelarten, Igel, Echsen und viele Insektenarten. Eine zweite Gruppe von Tierarten hat täglich oder zu unterschiedlichen Jahreszeiten notwendigerweise zum Nahrungserwerb oder im Zusammenhang mit der Fortpflanzung große Strecken zu überwinden. Hierbei müssen die Tiere die Straße überqueren und den Verkehr kreuzen, wobei häufig ein beachtlicher Prozentsatz von ihnen verletzt oder getötet wird. Zu dieser Gruppe zählen viele Säugetiere, verschiedene Amphibienarten und viele Insektenarten. Bei Straßenüberquerungsversuchen mit Laufkäfern an einer Landstraße endet ca. jeder zehnte Versuch tödlich.

Mikroklimaschwellen, linienartige Raumstruktureinbrüche und das unmittelbare Töten durch den Fahrzeugverkehr tragen gemeinsam dazu bei, daß Lebensräume für die freilebende Tierwelt kleiner und die Grenzen zu benachbarten Flächen undurchlässiger werden. Dabei ist die Wichtung der genannten Faktoren von Art zu Art und von Biotoptyp zu Biotoptyp unterschiedlich. Als Konsequenz läßt sich folgendes Phänomen beobachten: Es entstehen kleine eingeschlossene und isolierte Populationen. Ihre genetische Grundausstattung ist durch den Trennungsprozeß von Zufallsfehlern beeinflußt. Durch Inzucht können sich ähnlich wie in Zoopopulationen unerwünschte oder für die Tiere ungünstige Merkmale festsetzen, ein räumliches Ausweichen als Reaktion auf veränderte Umweltbedingungen ist nur noch mit hohen Verlusten oder gar nicht mehr möglich. Katastrophale Entwicklungen – für einzelne Arten kann das schon ein zu heißer oder trockener Sommer sein, wenn keine geeigneten kühleren und feuchten Rückzugsflächen mehr zu erreichen sind – löschen ganze Populationen aus. Auch der Ausbruch von infektiösen Krankheiten hat in kleinen Populationen häufig schlimmere Folgen als in großen Populationen. Fachleute sind sich deshalb darüber einig, daß die freilebende Tierwelt Schutzgebiete von mehreren hundert Quadratkilometern benötigt, die regelmäßig wie ein Verbundsystem über das Land verteilt sind und die wichtigsten Biotoptypen erfassen. Von Verkehrsstraßen dürfen solche Flächen nicht durchschnitten werden.

Konsequenz für die Artenzusammensetzung

Freilich gibt es auch unter den Tieren Nutznießer der Straße. Da sind zum einen Tiere, die Wandern und Erobern neuer Lebensräume zu ihrem Beruf gemacht haben, die sog. Pionierarten. Erstaunlich schnell werden Straßenrandbereiche und Übergangszonen von solchen Arten besiedelt – für die ursprünglichen Bewohner der Biotope stellen sie häufig eine unerwünschte Konkurrenz dar. Da sind darüber hinaus die Opportunisten, die anpassungsfähig sind und schnell lernen, der Gefahr des Verkehrs auszuweichen, um dennoch am „gedeckten Tisch der Verkehrsopfer" teilzuhaben. Wer hätte nicht schon Turmfalken oder Elstern über der Straße oder am Straßenrand auf ihre Chance warten sehen. Fatal ist das auf solche Beobachtungen folgende Argument, es sei ja offensichtlich alles in Ordnung – man sehe nirgends so viele Raubvögel wie an und über der Straße.

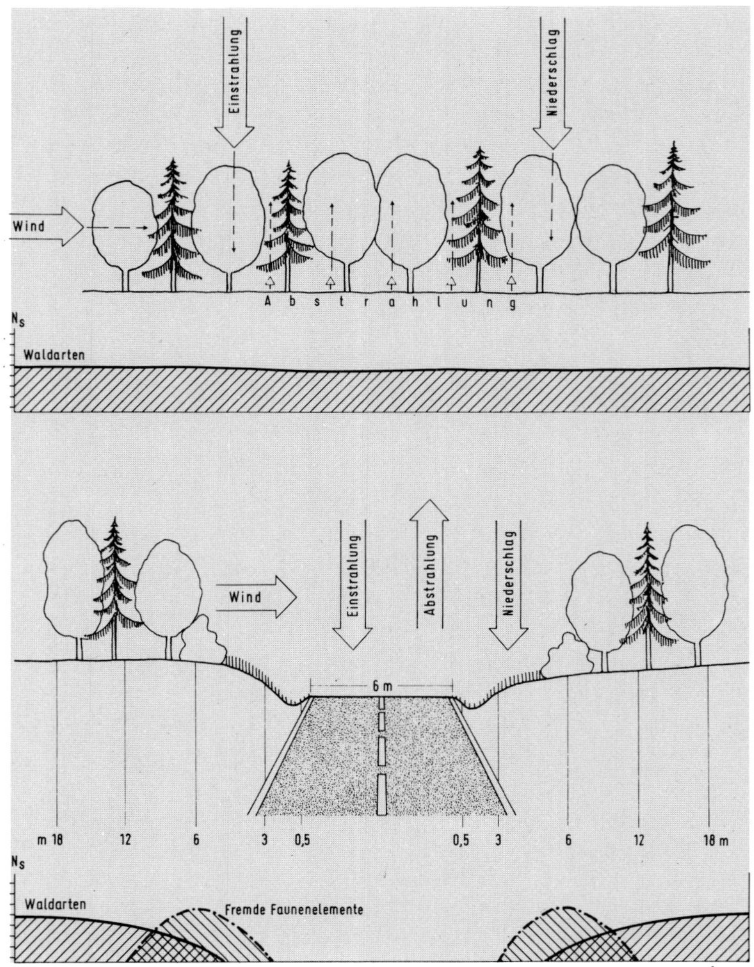

Abb. 3

Und da ist noch eine dritte Gruppe von Nutznießern - Tiere, die sich Straßenrandzonen und deren begrünte Säume als Rettungsraum oder Zufluchtstätte vor noch schlimmeren, oft flächenwirksamen Bedrohungen, ausgewählt haben. Besonders die intensiven Bewirtschaftungsmaßnahmen der Agrarflächen mit Einsatz von Insektiziden, Rodentiziden, Herbiziden und mächtigen Maschinen lassen vielen Tierarten keine andere Wahl, als Flucht aus der Fläche in die Randzonen, auch in die Straßenrandzonen. Auch dies kann kaum ein Argument für den Straßenbau, wohl aber ein Argument gegen unnötig hohe Bewirtschaftungsintensität der landwirtschaftlichen Flächen darstellen.

Offensichtlich ist die Beeinflussung der freien Tierwelt durch die Straße ein vielschichtiges und sehr komplexes Problem, das einige wenige positive Effekte ebenso einschließt, wie eine Reihe wichtiger und langfristig wirksamer negativer Auswirkungen. Die Gruppe der Tierarten, die durch Straßenbau und -verkehr begünstigt werden, umfaßt vor allem kulturbegünstigte, flexible, anpassungsfähige Allerweltsarten, um die wir uns auch bei dem heutigen erschreckenden Grad von Umweltbelastungen keine Sorge zu machen brauchen, die sogar als Konkurrenten gelegentlich Probleme bereiten und zu einer bandartigen Verschiebung der Artenspektren führen.

Die zweite Gruppe, die durch die Straßenbaumaßnahmen und den Verkehr am härtesten betroffen ist, umfaßt die Spezialisten, die seltenen Arten, die häufig schon auf den Roten Listen zu finden sind - nicht selten auch Arten mit besonders hohem Flächenanspruch oder großer Störempfindlichkeit.

Dieser zweiten Gruppe muß unser besonderes Augenmerk gelten. An ihrem Vorhandensein, ihren Lebensgewohnheiten und -bedingungen, an ihren Minimallebensräumen sollten ökologische Kriterien für die Trassenwahl künftig ausgerichtet werden - Trassenwahl inclusive Nullvariante versteht sich!

Weiterführende Literatur

Eine detaillierte Beschreibung der hier nur knapp vorgestellten Versuchsabläufe und deren Ergebnisse finden Sie in:

MADER, H.-J. (1979): Die Isolationswirkung von Verkehrsstraßen auf Tierpopulationen, untersucht am Beispiel von Arthropoden und Kleinsäugern der Waldbiozönose. - Schr. R. Landschaftspflege und Naturschutz, H. 19, 131 S.

MADER, H.-J. & G. PAURITSCH (1981): Nachweis des Barriereeffektes von verkehrsarmen Straßen und Forstwegen auf Kleinsäugern der Waldbiozönose durch Markierungs- und Umsetzungsversuche. - Natur und Landschaft 56 (12), 451-454.

MADER, H.-J. (1981): Der Konflikt Straße - Tierwelt aus ökologischer Sicht. - Schr. R. Landschaftspflege und Naturschutz, H. 22, 99 S.

Hubert Weinzierl

Umweltpolitik zwischen Zorn und Hoffnung

1985 dachten viele Mitbürger an das Ende des Zweiten Weltkrieges vor vierzig Jahren, und es werden uns die Ruinenfelder von 1945 in Erinnerung gebracht; allerdings irrt, wer sich selbstzufrieden hinter den Aufbauleistungen der Nachkriegsjahre verschanzt und im Frieden zu leben glaubt: Denn in Wahrheit leben wir längst im Dritten – und vielleicht letzten – Weltkrieg, den die Menschheit derzeit gegen die Schöpfung führt, ein Krieg, der in diesen vierzig Jahren mehr Ruinen hinterlassen und mehr Lebewesen von dieser Erde gefegt hat als in der Jahrhunderttausende dauernden Artgeschichte des Menschen zuvor!

Was sind schon vierzig kleine Menschenjahre in einem Baumleben, in Naturabläufen oder gar in erdgeschichtlichen Dimensionen! Erst wenn wir die Zeit zum Qualitätsbegriff erweitern, werden die Welt- und Umweltveränderungen dieser Epoche deutlich und die vielfältigen Kleinkriege, die dort eine Quelle zugefüllt, hier einen Feldrain wegplaniert und anderswo ein Altwasser und mit ihm den Gesang des Blaukehlchens, den Duft der Traubenkirsche oder das Gespräch der Schilfhalme verschüttet haben. Und die Summe all dieser kleinen und großen Mordkriege hat in unserer Heimat ein artenbereinigtes Schlachtfeld hinterlassen, in das sich Autobahnen, Schiffahrtskanäle, Einkaufszentren, Wohnsilos oder Biospritäcker mühelos einfügen. Und um den noch unverbauten Rest wird weiter gekämpft...

Und wir:

Wir feiern den Neuntöter als „Vogel des Jahres 1985" und wissen, daß der Weiße Storch in „seinem" Jahr 1984 den Tiefstand seiner Artgeschichte erreicht hat. Wir kaufen drei Hektar Grund und wissen, daß dreitausend Hektar für Skipisten verbraucht wurden. Wir retten eine Handvoll Erdkröten und wissen, daß dahinter ein ganzer Laichzug gefühllos von Autos zermanscht wird. Und wir wissen, daß in der großen Welt dasselbe geschieht, worüber wir in unserer kleinen Welt weinen...

Und wir nehmen, weil wir nicht mitschuldig werden wollen, in Kauf, daß wir als Außenseiter der Gesellschaft, Hysteriker und Panikmacher verhöhnt werden, weil wir auch 1985 nicht ohne Hoffnung leben möchten. Wir hoffen, daß wir eines Tages, wenn unsere Not vielleicht noch größer geworden ist, unsere Mitgeschöpfe wieder brüderlich behandeln, daß wir aufbegehren gegen die Selbstsucht, Mitte von allem sein zu wollen, aufbegehren gegen unsere Gleichgültigkeit, mit der wir uns an das Bäume- und Seelensterben gewöhnt haben.

„Nach uns die Sintflut", das gilt in diesen Tagen nicht mehr, weil wir die Elemente so ins Rasen gebracht haben, daß sie uns selber zu überfluten drohen.

Also müssen wir eilig und emsig und alle miteinander anfangen, die zerrissenen Fäden wieder einzufangen und an dem Netzwerk des Lebens zu knüpfen beginnen. Ein Netz von gleichgesinnten Menschen muß entstehen, in dem sich die Autobahnen und die Kernkraftwerke und die Atomraketen einfach verhängen.

Und wo wir die Lebensgrundlagen für uns Menschen und für die Pflanzen und Tiere wieder herstellen, da kann am ehesten auch der Menschenfriede bewahrt werden: Die Zusammenhänge von Ökologiebewegung und Friedenspolitik sind offenkundig.

Die Verstraßung der Welt

Auf einer Tagung des Bundes Naturschutz in Kaiserslautern im Jahre 1935 wurden Stimmen laut, „daß uns die technische Entwicklung immer mehr aus dem Verband unserer Natürlichkeit herausführt in eine feindselige Haltung gegenüber der Heimat". Und es wurde die dringende Bitte an alle Techniker gerichtet, doch wenigstens die „Ökonomie ihres Tuns" zu bedenken, wogegen die Wasserwirtschaft und der Straßenbau betrübliche Beispiele lieferten.

Leider war zu dieser Zeit längst eine weitere Großstruktur ins Rollen gebracht, die noch heute ungebremst, ja eher noch mit neuem Schwung versehen in die Zukunft drängt: die Autobahn. Längst waren in der Festung Landsberg die knappen, programmatischen Worte niedergeschrieben: „Wie kein Land der Erde es hat, so werden wir Straßen durch Deutschland ziehen..."

Als Adolf Hitler am 19. Mai 1935 in Frankfurt das erste weiße Band zerschnitt, waren siebentausend Kilometer geplant. Das heutige Plansoll ist höher.
Und in der Straßendichte sind wir Weltmeister geworden. Die Autobahnen haben Kinder bekommen, Bundes-, Staats-, Gemeindestraßen und Wirtschaftswege ziehen ihre Immissionsbänder von den Alpen bis zur Küste: alles in allem eine Million Kilometer Angriff auf die Mitwelt, auf Menschen gleichermaßen wie auf Lebensräume. Aber die Zerstückelung, das Zerfetzen, die Verlärmung und Verstraßung unserer Zukunft ist Programm. Während der Innenminister in seinem Bodenschutzkonzept den sparsamen Umgang mit dem unvermehrbaren Grund und Boden proklamiert, verpraßt der Verkehrsminister weitere hunderttausend Hektar Heimat. Seine Ruhe will er haben vor dieser „kopflosen Umweltdebatte", sagt er. 280 Milliarden hat er schon in den Straßenbau investiert; weitere 50 Milliarden will er in einer letzten Scheinblüte demnächst verbauen, den Rhein-Main-Donau-Kanal, die Flughäfen, die Bundesbahnschnellstrecken nicht eingerechnet.
Aber in der „Eingriffshierarchie steht die Minimierung der Eingriffe an erster Stelle", sagt er und will nichts wissen von bescheideneren Dimensionen oder gar vom Tempolimit.
Die Fortschreibung dieses Bundes-Verkehrswegeplanes im Sinne der derzeitigen Bonner Bundesregierung baut auf der Großstruktur weiter; sie ist menschenfeindlich.

Und wo die überproduzierten Lebensmittelberge im Wege stehen, soll künftig Biosprit produziert werden, soll Leben in Motoren geschüttet und zum Spazierenfahren verheizt werden. Für den Igel aber oder für die Weinbergschnecke fehlt der Lebensraum, und wir können uns den Kamillenduft und die Feldlerche nicht mehr leisten, welche die Hungersnöte vergangener Tage überdauert haben. Dem Prinzip des Wachsens oder Weichens folgen die Bauernhöfe, der Distelfalter und die Weißdornhecke.
Derart lebensfeindliche Gesetze der Agrarpolitik, der Wasserwirtschaft und der Flurbereinigung müssen wieder dem menschlichen Maß angepaßt, mit neuen politischen Aufträgen erfüllt werden, sie müssen also verändert werden, ehe uns und unsere Umwelt die Gesetze der Großstruktur restlos verändern.
Wer so oft von Veränderung spricht, setzt sich dem Verdacht der „Systemveränderung" aus: In der Tat, wir wollen auch Fehler an unserem Gesellschaftssystem korrigieren, und wir wollen auch gestörte Ökosysteme ändern bzw. sanieren. Wer die Verfassung zugunsten des Naturschutzes ändert, muß von uns solche Konsequenzen hinnehmen. Und wir werden dieses neue Grundrecht zum Schutze der Natur weiterhin einklagen, auch wenn dieses neue Grundrecht schon bei seiner ersten Prüfung am Erdinger Flughafen jämmerlich versagt hat.
Heute verabschieden sich drei Viertel der Fische und der Kriechtiere, über die Hälfte der Vögel, der Säugetiere und Schmetterlinge und mehr als ein Drittel aller Farn- und Blütenpflanzen für immer aus Deutschland. Und eine wachsende Administration füllt Rote Listen aus, kartiert Biotope und verwaltet den Rest, der aber auch ohne amtliche Nachrufe dahinsiecht. Achtzig Prozent aller Sumpf-, Wiesen- und Wasservögel sind bedroht, aber nur zwei Prozent ihrer Lebensräume geschützt! Weniger als ein Prozent der bundesdeutschen Landesfläche hat den Status von Naturschutzgebieten erreicht, wovon aber die Hälfte inzwischen wieder wertlos wurde. Da waren Asphalt und Beton erfolgreicher, die immerhin gute zehn Prozent der Landoberfläche in Besitz nahmen; und von schätzungsweise hunderttausend schutzwürdiger Biotope des Jahres 1935 sind ganze zehntausend in mehr oder weniger labilem Zustand übriggeblieben.

Trotzdem

Das „Aus" für den Fischotter und die Hummelorchidee, die Sorge um Kuckuck oder Mohnblume aber ist mehr als emotionales Geschrei um ein paar Arten: Mit ihnen verdorren unsere Seelen, verarmt die Kultur, verliert Heimat an Inhalt. Wie konnte das geschehen, daß die Gesetze der Großstruktur einen so perfekten Siegeszug antraten, das Bewahrende indes hoffnungslos unterging? Großkraftwerke, Autobahnen, Maisäcker auf der

einen Seite - sterbende Wälder auf der anderen. Und all das in einer Spanne Zeit, die an der mehrhundertjährigen Eiche vor meinem Fenster gemessen kaum erkennbar ist.
Trotzdem, gerade deshalb will ich pathologischer Optimist bleiben, auch wenn der Zorn noch größer und unsere Hoffnungen noch kleiner werden sollten. Weil es falsch ist, immer nur die rationalen Wege der Politik zu gehen, werden wir weiter um einen neuen Kulturansatz ringen, der sich von der anthropozentrischen Hybris abwendet und zu einer Solidargemeinschaft mit der Schöpfung führt. Persönliche Abrüstung, kreativer Widerstand und die „Fröhlichkeit der Habenichtse" sind unsere Waffen. Wir sind „zur Hoffnung verdammt".

Jochen Sonn

Maschinenwelt der Großbetriebe

Aus einem Vortrag im Januar 1984 an den Staatlichen Kunsthallen Berlin

Das Auto ist Umweltfeind Nr. 1?

Ich möchte meine These gleich zu Anfang so zuspitzen: es ist Umweltfeind Nr. 1, weil es schon bei seiner Produktion die Beziehung des Menschen zu seiner natürlichen und menschlichen Umwelt untergräbt. Zwischen der Umweltfeindlichkeit der Massenmotorisierung und der Umweltfeindlichkeit der Massenfertigung von Autos besteht ein unlöslicher innerer Zusammenhang.
In der Massenfertigung von Autos verliert der Mensch das Wissen um einen ausgewogenen Umgang mit der Natur.
Er verliert dort die Gegenständlichkeit und Greifbarkeit der Produkte seiner Arbeit.
Er verliert dort auch den Bezug zu der menschlichen Umwelt, die ihn trägt und bestimmt.
Das sei im folgenden dargestellt anhand der Arbeit in der modernen Teilefertigung der Motorenproduktion.

Natur zum Draufschlagen

Mein Beispiel ist die elektronisch überwachte Transfermaschinenstraße zur Motorblockbearbeitung. Der Motorblock ist der Dampfkessel des Autos. Er ist ein recht kompliziertes Werkstück, das zahllose Bohrungen aller Art und aller Größenordnung und eine Reihe von Flächenbearbeitungen verlangt.
Dies täglich viele hundertmal in völlig gleichartiger Weise zu bewerkstelligen ist eine Aufgabe, die nur von gigantischen Maschinenstraßen bewältigt werden kann - sofern das Produkt zu Jedermannspreisen hergestellt werden soll.
So sind Hunderte von hochspezialisierten Maschinenstationen über lange Fördereinrichtungen miteinander verkettet worden, zu Transferstraßen von über 300 Meter Länge.
Transferstraßen von solchen Ausmaßen werfen Strategieprobleme auf. Wohl stehen an jedem größeren Streckenabschnitt Maschinenarbeiter bereit zum Eingreifen und Überwachen, aber der Gesamtablauf verlangt nach einer zentralen Steuerung und Überwachung. Die Maschinenstraßen sind in der Vergangenheit immer gigantischer geworden, und damit wurde es immer schwieriger, diese zentrale Steuerung und Überwachung mit der herkömmlichen Vorgesetztenhierarchie zu gewährleisten.

Man stieß gewissermaßen an einen *Grenzwert der Mechanisierbarkeit:* jede weitere Steigerung führte zu einem ablaufmäßigen Zerfall des Ganzen.
Da kam der Leitrechner.
Tausend Drähte verbinden ihn mit jedem einzelnen Werkzeug in jeder einzelnen Maschine, mit jedem Transportanschlag, jeder Meßvorrichtung. Kommt es irgendwo zu einer Abweichung vom vorgeschriebenen Takt oder Ablauf, wird dies sofort vom Rechner erfaßt, der genaue Ort, das genaue Werkzeug, die genaue Dauer und Uhrzeit registriert, in Schichtprotokollen zusammengefaßt. Statistische Auswertungen werden erstellt und ausgedruckt über Wochen und Monate hinweg.
Und nach Meldungen und Berichten dieses Leitrechners kann dann wieder dirigiert werden, wie in alten, überschaubaren Zeiten. Maschinenführer und Werkzeugwechsler, Einrichter und Instandhaltungspersonal werden losgeschickt. Die Störungsursachen werden ausgewertet und eine entsprechende Änderung der Maschinen und der Arbeitsabläufe veranlaßt.
Der Leitrechner verkürzt die riesige Zusammenballung von Maschinen und Steuerfunktionen wieder zur Überschaubarkeit herkömmlicher Maschinen. Der Mensch geht, sozusagen „computergestützt", auf Distanz zu den Produktionsanlagen. Er betrachtet sie aus einer elektronischen Vogelperspektive. Tatsächlich bildet der Rechner so die Maschinen auf dem Bildschirm ab. Durch die zusammenfassende Wirkung des Leitrechners wird ein Vorstoß in neue Dimensionen der Maschinenzusammenballung möglich. Das ist sein eigentlicher Rationalisierungsbeitrag. Es vermehrt sich dadurch die Macht der zentralen Produktionskommandeure – und zwar auf Kosten der Selbständigkeit und Erfahrungsmöglichkeiten der Wachhabenden draußen an den Maschinen.
Mir erscheint aber ein anderer Gesichtspunkt viel wesentlicher: *Was besagt das Vorhandensein dieses Computers in arbeitsökologischer Hinsicht?*
Daß das Aufpassen auf Störungen zum eigentlichen Arbeitsinhalt geworden ist – so sehr, daß zur Bewältigung dieser Aufgabe eine eigene Maschine, der Computer, eingesetzt werden muß.
Dieser Leitrechner in der Motorblockfertigung ist geradezu das Symbol einer Verschiebung von Arbeitsaufgaben in der Großproduktion, die in ihrem Ursprung schon älter ist, mit ihm aber einen ganz neuen Anstoß erhält: Diese Computer interessiert, d. h. aktiviert wirklich nichts anderes mehr als das Auftreten einer Abweichung vom vorgeschriebenem Produktionsablauf. Wenn wir uns demgegenüber vergegenwärtigen, daß menschliche Arbeit unser praktischer Umgang mit der Natur ist, in dem wir sie nicht nur gestalten nach unserem Bilde, sondern auch kennenlernen für unsere inneren Bilder, dann müssen wir sagen: Da bleibt doch ein recht diktatorisches Herrschaftsverhältnis übrig. Was nicht durch die Maschinen diktiert werden kann, wird mit dem Computer als Störung gejagt. Ein drittes, duldendes Verhalten gibt es nicht. Und da die Kräfte immer gewaltiger werden, gleichzeitig ihre Steuerung immer genauer und feinfühliger, werden die Störungsmöglichkeiten immer umfangreicher. *Die Begegnung des Menschen mit der Natur in der Arbeit wird immer mehr zu einer Begegnung mit der Natur als Störfaktor.*

Dafür steht der Leitrechner in der Motorblockfertigung.
Er heißt übrigens bei uns „Maschinen-Diagnose-System". Man verbindet damit den Arzt im weißen Kittel.
Und der kranke Patient ist die Natur, die sich uns nicht fügen will. So ist alles auf den Kopf gestellt.
Natur in der Fabrik ist kein Partner mehr, auf den man Rücksicht zu nehmen hätte, wie jahrtausendelang in handwerklicher Arbeit.
Natur in der Fabrik, das ist der Gefangene, dessen Ausbruch verhindert werden muß. Der Computer ist die „Selbstschußanlage". Jagd wird gemacht.
Natur ist zum Draufschlagen.
Die Einrichtung des Leitrechners in unserer Motorblockfertigung zeigt an, daß dieses Jagen und Draufschlagen längst zum dominierenden Arbeitsinhalt in der Großproduktion geworden ist.

Natur zum Draufschlagen:
Das prägt dein Weltbild auch außerhalb der Fabrik.
Sei zehn Jahre Maschinenbewacher,
und du merkst, wie du unfähig wirst, Unordnung zu ertragen,
mit unvorhergesehenen Ereignissen und Eingebungen
umzugehen;
mit der Spontaneität deiner Kinder,
mit plötzlichen Krankheiten und dem Tod.
Du reagierst ärgerlich,
wehrst wütend ab,
schickst die Kinder weg, die mit dir spielen wollen.
Die tiefverschneite Stadt,
wo Lärm und Umtrieb einmal zum Erliegen kommen,
begreifst du taub als Katastrophe ...
Hast du denn ganz vergessen,
wie glücklich du als Kind darüber warst?
Sieh an!
Wie vorprogrammiert sie alle sind,
deine Ferienreisen und Fertiggerichte,
deine Vereinsabende und Freizeitspiele!
Sie haben nichts mehr von dem Zauber,
der dich damals noch umgab,
als die Welt dir offen war und weit,
und – weißt du noch? –
so voller Abenteuer!
Heut hast du Angst und Haß auf das,
was dir als ungeregelt scheint.
Die Arbeit zieht.
Sei zehn Jahre Maschinenbewacher,
und dein Leben ist gelaufen.
Und mutlos müde schiebst du von dir
den Gedanken der Veränderung,
und gar ans unversorgte Leben ohne die Fabrik,
ohne den Takt der Maschinen
und die vorgegebene Ordnung anderer
und, womöglich, voller Störungen,
die nicht zu bewältigen sind.

Natur zum Draufschlagen, das ist der Verlust der Fähigkeit, mit natürlich Gegebenem partnerschaftlich umzugehen.
Je mehr sich diese moderne Arbeitsweise in unserer Gesellschaft ausbreitet – und das allgemeine Vordringen von Computern ist ein Ausdruck davon! –, desto bestimmender wird diese Art von Naturverhältnis für das Handeln der ganzen Gesellschaft.
Es kommt noch ein sehr „praktischer" Gesichtspunkt zum Sachverhalt hinzu. Die Zusammenballung zur Großproduktion hat ja das eine Ziel und Ergebnis: durch Massenproduktion Waren zu verbilligen. Sie erreicht damit, uns auch in der Freizeit vom Arbeiten, vom direkten Umgang mit der Natur abzubringen, unser Leben rationell zu gestalten, eine Realitätsbeziehung zu ersetzen durch eine Geldbeziehung, selbstbestimmtes Handeln durch Erwerb von Vorgegebenem.
(Erinnert sei nur an die Automatisierung der Hausarbeiten. Sie lebt von der Billigkeit der Geräte, und diese von der Billigkeit ihrer Herstellung, und diese von den technologischen Möglichkeiten moderner Massenfertigung. Noch viel mehr gilt dies vom Auto: Nur durch die Billigkeit seiner Produktion konnte es jedermann zugänglich gemacht werden. Jedermann kann sich dadurch autobahnliniert durch die Lande bewegen, unabhängig von Wind und Wetter, in Sorge nur vor LKWs, Staus, Parkplatzmangel: STÖRUNGEN.)
Das ist es, was so lückenlos die Trägheit der Arbeit übergehen läßt in die Trägheit des Feierabends. Die Massenfertigung macht beides möglich. Sie sorgt selbst dafür, daß sich die Störung des Naturverhältnisses im Produktionsbereich in raschem Tempo auf alle Gebiete unseres Lebens ausbreitet und damit alle Gebiete unseres Lebens gefährdet. Großproduktion kann nie zu ökologischen Produkten führen, nie zu einer ökologischen Arbeitsweise und nie zu ökologischem Freizeitverhalten. Sie produziert nichts als Draufschlaggeräte und Draufschlagmentalitäten.

Umwelt als Niemandswelt
Auch diesen zweiten Gesichtspunkt der Veränderung der menschlichen Naturverhältnisse möchte ich darstellen an den Transferstraßen der Motorblockfertigung.

Ich erwähnte schon die riesigen Längenmaße dieser Linien. Ähnlich ist es mit ihrer Ausdehnung in die Höhe und die Breite. Der Begriff „Straße" ist daher auch nur funktional zu verstehen, nicht bildlich.
Vom Aussehen her gleichen diese Einrichtungen eher Dschungeln der Technik.

Hoch bald bis zum Sheddach türmen sie sich auf,
die Säulen und die Bogen der Maschinenträger
mit den Ästen, dem Gewirr von Ranken:
Kabel, Leitungen und Rohre,
mit den mächtigen Motoren an den Seiten
und Maschinenbetten, schwer wie Felsengrund,
mit Schutztüren und Schalttafeln
und Werkzeugen fast ohne Zahl.
Ein Sprühregen von Wasser und von Ölen,
niederrinnend über Stangen, über Blöcke,
sammelt sich am Grunde der Maschinen,
einem reißenden Gewässer gleich.
Und droben in den Gipfeln,
über Gitterrosten aufgestellt,
stehn langgereiht und ungerührt
die Schalt- und Steuerschränke,
milchig grün bemalt.
So ist das aufgetürmt.
Und höhlengleich darin versteckt
endlos die Reihe Motorblöcke,
durchgestoßen Takt für Takt.
Und ewig rumpelnd, zischend leiernd
lärmt ihr ewiges Auf und Ab.

Das Werkzeug frißt sich schreiend
ins Gehäuse und verschmilzt
und reißt sich wieder los,
bleibt nimmersatt: Erneut zerfressen!
So zieht der Strom
vorbei an den Maschinenwachen,
meist versteckt in langen Tunneln,
mal auf Trassen präsentiert,
von Brückenbogen überspannt.
500 Motorblöcke fertigt jede Schicht.
Automatisch werden sie geformt.
Automatisch werden sie bewegt und weitergetragen.
Die Gegenstände der Arbeit verlieren Sinn und Greifbarkeit.

Der Prozeß selbst wird zum Gegenstand, ohne es doch wirklich zu sein. Die Maschinenarbeiter denken nicht an Motoren bei der Arbeit, sondern an Toleranzen, an die Genauigkeitsmaße. Sie produzieren, sozusagen, nicht Motorblöcke von bestimmter Form und Größe, sondern Toleranzen in vorgeschriebenen Bandbreiten. Sie messen, korrigieren, messen, korrigieren. Und wenn es ihnen gelingt, optimale Toleranzen zu erreichen und zu halten, erfüllt es sie mit Stolz und Zufriedenheit.
Was macht sie stolz?
Nicht das Produkt ihrer Arbeit, sondern das besonders strenge Einhalten der Genauigkeitsvorschriften von oben.
Der Arbeiter als Ordnungshüter, das Produkt als Nebensache: Das ist Arbeit in der Transferstraße.
Zur Hauptsache wird das Produkt wieder nur dann für eine gewisse Zeit, wenn es stört: wenn es abweicht von den Normen oder wenn es den Produktionsfluß unterbricht, wenn es sich verkeilt, wenn es herunterfällt, wenn es ausgespeichert werden muß.
Menschliche Arbeit verliert also das Gestaltete von vornherein aus dem Blick. Fragen wir uns wieder: Was bedeutet das unter ökologischen Gesichtspunkten? Was geschieht da im Verhältnis des Menschen zur Natur?
Die produzierende Tätigkeit findet keinen Niederschlag im Produkt. Oder anders gesagt: Das Produkt meiner Arbeit erscheint mir fremd, als Produkt aus unbekannter Hand für ein unbekanntes Bedürfnis. Und je mehr ich davon produziere, desto mehr solcher fremder Produkte erscheinen in der Welt, die mich umgibt; desto fremder lassen sie diese Umwelt für mich werden.
Ich ärgere mich dann über den Lärm und Gestank von Autos, die ohne mein Mitwirken in der Fabrik gar nie auf die Straße gekommen wären. Aber ich sehe sie ja nicht als meine Autos. Ich fühle

mich nicht für sie verantwortlich. Ich muß sie ja wie jeder andere auch mit Geld erwerben. Wie könnten sie also meine Produkte sein, für die ich als Urheber rechenschaftspflichtig sein könnte! *So fühlt sich denn niemand für das Produzierte verantwortlich.*

Wir bauen in unserer Arbeit unsere Lebenswelt. In dieser „Menschenwelt" sollte uns die Natur vertraut und zugänglich werden. Die Natur uns zu eigen machen ist der Sinn unseres Arbeitens aus ökologischer Sicht. *Eine Welt aber, für die sich niemand mehr verantwortlich fühlt, ist auch niemandem mehr vertraut und zu eigen.* Es ist eine Wegwerf-Welt, eine Niemands-Welt.
Diese Niemandswelt verbindet nicht mehr, sondern trennt uns von der Natur. Sie verstellt uns die Sicht und macht uns das Dahinterliegende unbegreiflich, ja zu etwas Angsterregendem.

Wenn wir zum Beispiel mit dem Tod konfrontiert werden, einer der Nahtstellen zwischen dem Menschengemachten und dem unendlichen Naturgeschehen, das dahinterliegt: Wie viele packt da die nackte Panik!
Oder bei unvorhergesehenen Naturereignissen – wie schon erwähnt bei ungewöhnlichen Schneefällen: schon bricht Panik aus; Panik auch gegenüber Träumen und Gefühlen unseres Körpers, die wir nicht zu rationalisieren wissen;
Panik gegenüber Krankheiten ...
Die Aufzählung könnte lang fortgesetzt werden. Sie zeigt: Unsere städtische Welt, die Welt unserer Massenkonsumgüter, hat unser Leben nicht angstfreier gemacht. Ganz im Gegenteil: Unsere Niemandswelt ist ohne menschliche Wärme und Vertrautheit und isoliert uns von dem uns tragenden Grund des Naturganzen, in den wir eingebettet sind.
Wo der Mensch in seiner Arbeit den Gegenstand seines Tuns aus den Augen verliert, schafft er sich eine solche Niemandswelt. Und darum ist jede Produktionstechnik, die solches beinhaltet, von größtem Schaden und muß revidiert werden.

Alleinsein und Wachsein
Ich sprach schon davon, wie versteckt das eigentliche Produktionsgeschehen abläuft im Maschinendschungel der Transferstraßen.
Versteckt ist aber nicht nur das Produkt, sondern auch der Mensch, der produziert. Man muß ihn suchen in den Gängen und Nischen der Maschinen. 100 Einfamilienhäuser entspricht der Wert einer Motorblock-Fertigungsstraße, aber nur 16 Maschinenarbeiter sind dort untergebracht.
Verloren stehen sie auf ihrem Posten, zwar alle gemeinsam am gleichen Maschinensystem, doch weit voneinander entfernt. Die Maschinen binden sie zusammen und trennen sie zugleich. Ihre Zusammenarbeit ist mechanisiert durch Förderbänder, Greifer, Taktstangen und andere Verkettungseinrichtungen. Ihre gegenseitige Abstimmung regelt der Leitrechner – vertikal, nicht mehr horizontal.
Mechanisierung und Automatisierung der Zusammenarbeit, das ist einer der auffälligsten Merkmale der Rationalisierung im Großbetrieb bis hinein in die Lagerhaltung und Verwaltung.

Zu Ende gehn die Zeiten,
da man mit dem Nachbarn bei der Arbeit sprechen konnte,
da man sich gegenseitig aushalf
und gemeinsam zupackte.
Gemeinschaft in der Arbeit,
als Quelle von Solidarität,
wird den Maschinen übertragen.
Der Maschinenarbeiter wird zum Eremiten.
Alleinsein und Wachsein
bestimmen das Arbeitsleben
Tag für Tag.
Es heißt,
die Wurzeln unserer industriellen Arbeitsdisziplin
lägen in der Reglementierung und Regelmäßigkeit
des Lebens in den mittelalterlichen Klöstern.
Es heißt,
japanische Konzerne schickten ihre Elitearbeiter
zur Schulung in die Klöster des Zen.

Welch merkwürdige Affinität
zwischen dem Großbetrieb, der Zehntausende von Menschen
zu gemeinsamer Arbeit zusammenballt,
und der mönchischen Klosterzelle!
Welten stehen dazwischen,
was den Reichtum an Geist und Innerlichkeit betrifft;
aber in der äußeren Form
fließt beides immer mehr zusammen:
Das Kloster
in seiner Abschirmung gegen die Außenwelt
und die Fabrik
in ihrer Abschirmung gegen die Außenwelt.
Der Mensch wird mehr und mehr
auf sich allein gestellt
hinter den Mauern der Hallen und Maschinen.
Es gab die Pausen,
da strömten alle zusammen
zu gemeinsamem Gespräch und Spiel.
Jetzt hat die Pause jeder zu einer anderen Zeit.
Er wird abgelöst,
damit die Maschinen nie zum Stillstand kommen.
Die Pausengemeinschaft ist hin.
Es gab auch das heimliche Abschalten der Maschinen,
um Besuche zu machen,
vor allem dem Arbeitsende zu.
Jetzt ist da der Leitrechner.
Der registriert gleich jeden Stillstand
und alarmiert Einrichter oder Instandsetzungspersonal
zu seiner Behebung.
Jawohl! Wenn alles planvoll läuft,
dann hast du Ruhe zwischen den Maschinen.
Wenn du einen Streckenabschnitt über Jahre hinweg betreust,
dann geht dir das Geschehen in Fleisch und Blut über,
wird sozusagen automatisch registriert.
Dann hast du wohl auch Zeit zum Lesen
und Zeit, dir Gedanken zu machen.
Und diese Zeit des Alleinseins beginnst du zu verteidigen
gegen Einbrüche von außen.
Du baust eine Mauer um dich herum
und verlierst die Fähigkeit und den Willen,
dich auf deinen Nachbarn einzulassen.
Deine Gespräche wehren ab:
Du sprichst von den Presse- und Fernsehwichtigkeiten des Tages
und trinkst dein Bier,
um zu beweisen, daß alles in Ordnung mit dir ist;
ein Eremit zwar aus dir wurde,
doch kein Sonderling.
Und dem Chef gegenüber
stehst du ganz alleine da,
glaubst an ein persönliches Verhältnis zu ihm;
doch der zupft mal diesen raus, mal jenen
und interessiert sich doch für keinen.
Das Gefühl von Solidarität
ist wegrationalisiert worden.
Man hat doch seinen kleinen Bekanntenkreis,
geht sonst seiner Wege
und traut so recht keinem mehr.
„Ich würde ja schon ..., aber die anderen ...!"
An dieser so alltäglichen wie stereotypen Ausrede
scheitert jede Selbständigkeit von Solidaritätsaktionen.
Zu Hause stürmen die Kinder auf dich ein;
die Frau hat ihre Sorgen;
aber du verziehst dich in deinen Hobbykeller
oder schaltest das Erste Programm ein.
Du liebst die Mauer nicht, die dich umgibt,
doch kannst du sie von innen nicht durchbrechen,
und von außen läßt du keinen dran.

Arbeit im Großbetrieb!
So sieht sie heute aus.

Indem wir verlernen, mit der Natur umzugehen, verlernen wir auch, mit dem Menschen umzugehen.

I. B.

Aus dem Verwaltungsalltag eines Autokonzerns

Der Raumfahrer
vor den Knöpfen, Lichtern und Digitalzahlen
seiner Steuerungssysteme
in der Einsamkeit des tödlichen Alls:
Ist das der Prototyp der Arbeit unserer Zukunft?
Nicht nur in der Großproduktion,
sondern auch in den verschiedenen Dienstleistungszentren,
in der Großforschung
und natürlich im Militär?
Die Megatechnik scheint zu ihrer großen
Vereinheitlichung zu kommen.
Der Mensch wird universell!
Morgens geht er ein Weilchen
automatische Produktionsanlagen steuern,
mittags automatisierte Dienstleistungsanlagen,
abends – und das alles in der gleichen Weise –
hilft er beim Militär Raketen starten …
alles wird gleich.
Seht die Kinder an den Computerspielen!
Sie sind die Arbeiter der Zukunft.
„Diese Welt (der Computer) ist klar festgelegt, da weiß man immer, was passiert. Und wenn irgend etwas nicht so läuft, wie man sich das vorstellt, dann muß es dafür einen Grund geben. Dieser Grund läßt sich finden … Der Computer ist ein Sklave, den gilt es fertigzumachen, zu beherrschen."
So das Weltbild eines Vierzehnjährigen,
wiedergegeben in einer SPIEGEL-Ausgabe
des letzten Jahres.
Die Kinder an den Computerspielen
sind die Arbeiter der Zukunft.
Seht, in welcher Welt sie leben!
Seht, wie einsam sie sind! (gekürzt)

Das Bauwerk, weithin als Wahrzeichen der Firma zu erkennen, wurde aufgrund seiner einzigartigen Konstruktion zum Besichtigungsziel vieler Architekten und ist es noch heute, 13 Jahre nach seiner Entstehung. Es könnte als Beispiel in einem Ausstellungsgelände stehen: ein Verwaltungshochhaus in der zweiten Hälfte des 20. Jahrhunderts.
In dieses Exponat gehen an jedem Arbeitstag über 1000 Büroangestellte, um sich dort mindestens 7 Stunden und 42 Minuten aufzuhalten, zuzüglich der 30 Minuten Mittagspause in der Kantine.
Besucher betreten das Gebäude durch die große Empfangshalle. Der helle, hohe und weite Raum repräsentiert fortschrittliche Eleganz: weißer Marmor-Bodenbelag, wenige Einrichtungsgegenstände auf großer Fläche, freistehende Empfangscounter, Leder-Sitzgruppen. Zwei leicht abstrahierte Auto-Schaustücke, von Künstlerhand bemalt, weisen darauf hin, daß wir uns in einem Verwaltungsgebäude der Autoindustrie befinden.
Es gibt Eingangshallen, in denen jeder Besucher durch eine schmale Schrankenschleuse gehen muß. Hier dagegen steht die ästhetische Freizügigkeit über der sichtbaren Funktion des Werkschutzes. Der Konzern dokumentiert das Selbstverständnis, etwas Positives zu produzieren. Er veranstaltet hier sogar Ausstellungen, die Kritik am Auto üben und sich für den Schutz der Natur einsetzen.
Eine Etage tiefer beginnt und endet der Arbeitsalltag. Für tariflich bezahlte Angestellte sind Stempeluhren installiert, Lieferanten und Handwerker kommen und gehen. Die Eingangshalle ist hier kleiner und niedriger, der Werkschutz verhält sich ungezwungen. In der großen Empfangshalle steht für ihn beim Eintritt eines Besuchers die Frage im Raum: Ist dieser Mensch eine hohe Führungskraft? Muß ich aufstehen, besonders freundlich sein? Oder ist er nur Vertreter oder gar nur Handwerker? Dann kann man schlagartig herablassendes Verhalten beobachten. Fabrikarbeiter des nahegelegenen Werksgeländes sind in diesem Gebäude nicht anzutreffen. Auch der Chef des Unternehmens ist für den Großteil der Angestellten nicht zu sehen, geschweige denn zu sprechen. Unter Sicherheitsvorkehrungen

wird er, beschützt und isoliert, in die Vorstandsetage gebracht. Diese ist ihrerseits gegen eventuelle Eindringlinge abgesichert. Das Essen nimmt die Unternehmensleitung in gesonderten Räumen ein. Oberen Führungskräften steht wiederum eine von anderen Angestellten getrennte Kantine zur Verfügung. Die „Besonderheit“ der Führungskräfte wird durch ihre Isolation unterstrichen. Der direkte Kontakt zu den Mitarbeitern fällt in vielen Bereichen dem hierarchischen Prinzip zum Opfer.

Zurück zum Alltagsbeginn. Nachdem er gestempelt hat, taucht der Gehaltsempfänger in die klimatisierte Unluft ein, durch Verkehrswege und Aufzüge hinein ins Großraumbüro. Das Telefon läutet schon, bevor er an seinem Schreibtisch angekommen ist. Einige haben schon angerufen, Rückruf ist erwünscht, zwischen den Telefongesprächen ständige Unterbrechungen durch Fragen von Kollegen. Der Angestellte hat mehrere Termine, Besprechungen, von denen man vorher nicht weiß, ob sie ein Ergebnis bringen. Also muß man hingehen. Der Abteilungsleiter übertrifft die Stimmen und Geräusche im Raum mit einem Wutausbruch. Ein Fehler wurde entdeckt. Meistens sind durch die enge Zusammenarbeit mehrerer Abteilungen die Verursacher von Fehlern nicht mehr ausfindig zu machen. Doch für die Suche nach Schuldigen wird großer Energieaufwand betrieben.

Das Großraumbüro verlangt von den darin Tätigen eine Disziplin, die die wenigsten beherrschen. Um nicht beim Arbeiten gestört zu werden, strahlen einige eine Aura von Abweisung und Unfreundlichkeit aus. Darüber hinaus werden die Räume meistens zu eng belegt. Es ist ein Trugschluß, anzunehmen, durch den Bau von Großraumbüros könnte Fläche gespart werden. Um im Großraumbüro konzentriert arbeiten zu können, benötigt der einzelne mehr Fläche als im kleinen Gruppenbüro. Mobile Stellwände bilden keinen akustischen Schutz, allenfalls geben sie das Gefühl von Abgeschirmtsein.

Der Mitarbeiter blickt durch die Zwangs-Sonnenbrille, die getönten Fensterscheiben, ins Freie: Ist der Himmel blau oder grau? Von außen sehen die bräunlichen Glasbänder, die das Gebäude umfassen, schick aus, sie wirken futuristisch. Innen erschwert die Lichteinwirkung von allen Seiten trotz Blendschutzfaktor der Scheiben das richtige Aufstellen von Bildschirmgeräten. Kleinere Räume mit einer Fensterseite wären günstiger.

Draußen muß es überraschend warm geworden sein. Die Kältezufuhr wirkt sich nicht schnell genug aus. Fenster sind nicht zu öffnen. Um nicht schlapp zu machen, trinkt der Mitarbeiter eine Tasse Kaffee. Kaffee gibt es als Aufputschmittel immer. Hier darf jeder seine Tasse an den Arbeitsplatz mitnehmen. In anderen Unternehmen ist dies untersagt. Pausen müssen dort in dafür eingerichteten Pausenzonen absolviert werden. Diese Einrichtung könnte die Kommunikation unter den Kollegen fördern, wenn sie nicht gleichzeitig die Kontrolle über jede Arbeitspause bedeuten würde.

Die Luft ist trocken. Eine weibliche Stimme ist zu hören: „Bitte würden Sie mir die Tür öffnen! Ich fasse heute keinen Türgriff mehr an, schon durch den Telefonhörer bekam ich einen Schlag auf die Lippe.“ Vorsichtshalber öffnet der Angesprochene seiner Kollegin die Tür mit dem Ellenbogen.

„Mahlzeit!“ Es ist 11.00 Uhr. Einige Mitarbeiter gehen bereits in die Kantine. Das Mittagessen ist preisgünstig. Für „normale“ Angestellte bis hin zu den mittleren Führungskräften gibt es eine gemeinsame Kantine, mit Plastikbesteck und Styroporgeschirr. Auf diese Weise wird die Einnahme der Gerichte zur unkultivierten, notwendigen Tätigkeit. Wenn das Umweltministerium diesbezüglich keine Forderungen aufstellt, ändert sich wohl am Einsatz von Einweg-Kunststoff-Produkten auch weiterhin nichts.

Bei Tisch wird, ebenso wie in anderen Arbeitspausen, häufig von Autos gesprochen. Hauptthema: Wie teuer oder wie billig konnte oder mußte der Jahreswagen verkauft werden. Die Identifikation mit dem Produkt und mit der Firma wird oft zur Schau gestellt, vielleicht ist sie schon in Fleisch und Blut übergegangen. Einige Gestreßte können ihre Arbeitsprobleme auch während des Mittagessens nicht beiseite schieben, einige treiben Konversation, andere machen zynische Bemerkungen, manche wirken eher depressiv. Politische oder gar persönliche Themen werden vertraulich behandelt, meistens unter vier Augen. Nach dem Essen folgt der Weg zurück in die Abteilung: „Mahlzeit! Mahlzeit! Mahlzeit!"

Der Mitarbeiter nimmt nachmittags an einer Besprechung im Werksgelände teil. Hier ist die Atmosphäre direkter, die Nähe zur Produktion setzt andere Prioritäten. Angestellte sind durch ihre Kleidung sofort von den Arbeitern zu unterscheiden, und je schicker ihr Erscheinungsbild ist, desto mißtrauischer werden sie beäugt. Das Werksgelände wirkt wie eine kleine Industriestadt mit eigenen Regeln für Verkehr und Verhalten. Die unmittelbar sichtbaren und hörbaren Arbeitsabläufe beeindrucken. Hier ist der Nährboden für den Wasserkopf der Bürokratie. Auch hier wird ständig höher entwickelte Technik eingesetzt, ein Instrumentarium zur erhofften Perfektion und Überschaubarkeit, dessen profitgieriger Einsatz große soziale und ökologische Folgelasten nach sich zieht.

Der Angestellte, von dem hier die Rede ist, hat das Glück, selbständig arbeiten zu können. Er ist oft unterwegs, auch mit dem Abteilungswagen. Seine Tätigkeit ist abwechslungsreich in einem bestimmten Rahmen, er wird überdurchschnittlich bezahlt. Er will gute Arbeit leisten, da er Desinteresse vor sich selbst nicht verantworten könnte. Viele würden ihn um seinen Arbeitsplatz beneiden. Was macht ihm dennoch so zu schaffen?

Der Unterschied zu anderen Verwaltungsbetrieben dieser Größenordnung ist gering. Jeder kämpft gegen jeden. Solidarität unter Kollegen, falls vorhanden, hört auf, wenn die eigene Existenz bedroht ist. Viele verwechseln dabei Existenz mit Karriere. Sich einfach selbständig zu machen, kreativer arbeiten, ist das die Lösung? Der Angestellte arbeitet schon seit einigen Jahren hier. Seine Begabungen sind einseitig geworden, das Selbstvertrauen ist angeknackst, er hat Angst vor dem Existenzkampf „draußen". Es muß jedoch noch andere Gründe für seine Unzufriedenheit geben.

Der Mitarbeiter weiß um die Umweltschäden, um die Schäden für Leib und Seele, die die falsche Handhabung des Transportmittels Auto verursacht. Er weiß, daß sein Arbeitgeber schon längst umweltfreundlichere Autos hätte herstellen können. Er weiß auch, daß der Gesetzgeber Alternativen zum Privatfahrzeug zu wenig fördert. Der Mitarbeiter besitzt selbst einen kleinen Wagen. Er schafft es nicht, ihn aufzugeben. Er hat ein schlechtes Gewissen deswegen. Fahrrad fährt er nur zu seinem Vergnügen. Täglich benutzt er es nicht, sei es aus zeitlichen oder witterungsbedingten Gründen oder wegen der Schwierigkeit des Gepäcktransports. Öffentliche Verkehrsmittel beschränken ihn in seiner Spontanität. Er muß während seiner geregelten Arbeitszeit bereits auf Individualität verzichten.

Die Ursachen für das Unbehagen des Angestellten müssen noch tiefer liegen. Vielleicht macht er den Fehler, kritisches Denken und Gefühle nicht von seinem Gelderwerb zu trennen. Er glaubt daran, Mißstände von innen verändern zu können.

In diese Gedanken versunken, durchquert der Mitarbeiter das Werksgelände. Zwei Stunden hat die Besprechung gedauert. Sie verlief konzentriert und sachlich. Wichtige Terminarbeiten und deren Finanzierung konnten geklärt werden. Das Protokoll wird er schreiben, wenn nach 17.00 Uhr Ruhe im Büro eingekehrt ist.

In der Abteilung gibt es Kaffee und Kuchen. Eine Kollegin hat Geburtstag. Es kommt kein Gespräch zustande, obwohl sich der Großteil der Mitarbeiter sympathisch ist. Stille macht sich breit, wenn menschlich kommuniziert werden soll. Einige demonstrieren Unabkömmlichkeit von der Arbeit, indem sie nicht einmal fünf Minuten an der kleinen Feier teilnehmen, obwohl sie dazu eingeladen sind.

Die Putzfrau beginnt die Papierkörbe und Aschenbecher zu leeren. Die ersten verabschieden sich: „Tschüs, bis morgen!" Der Mitarbeiter beeilt sich, das Protokoll niederzuschreiben. Die Klimaanlage wird abgeschaltet. Erst jetzt, nachträglich, wird ihr ständiger Geräuschpegel bewußt.

Endlich fertig! Schnell fährt er mit dem Lift in die Empfangshalle hinab, stempelt, drückt sich durch die Drehtür ins Freie. Die Hitze empfängt den noch Gekühlten schlagartig. Mit dem Auto quält er sich durch dichten Stadtverkehr nach Hause, ergattert einen Parkplatz und schwingt sich sofort aufs Fahrrad, um im Park zu radeln.

Auto und Hunger: VW do Brasil

Brasilien hungert. 75 Prozent der brasilianischen Kinder sind unterernährt; 75 Prozent der Gesamt-Bevölkerung haben Mangelerscheinungen wegen schlechter Ernährung. Sogar braune Bohnen, die Volksnahrung, müssen eingeführt werden.
Von den brasilianischen Exporterlösen wird die eine Hälfte für die Schuldentilgung aufgezehrt; die andere Hälfte muß für Ölimporte aufgewendet werden. Das führte zum brasilianischen Alkohol-Programm: Aus „Bio-Masse" (in diesem Fall Zuckerrohr) wird der Kraftstoff Äthanol erzeugt, um die Erdöleinfuhren zu drosseln.
Geplant waren 1980 in Brasilien 600 Großdestillerien für die Herstellung von täglich 60 Millionen Liter Alkohol.
An diesem neuen Geschäft hat VW do Brasil, das größte private Unternehmen Lateinamerikas, stärkstes Interesse:
„Die VW-Forschung hat sich frühzeitig um den Einsatz von alternativen Kraftstoffen bemüht. Die Herstellung von Äthanol ist besonders für die VW-AG von Interesse, da zur Zeit im brasilianischen Tochterunternehmen täglich 700 Reinalkoholfahrzeuge produziert werden." (VW-Forschungsbericht)
Im selben Bericht werden auch ganz offen die Anbauflächen für die entsprechenden „Grundstoffe" der Bio-Masse genannt. Zur „Ernährung" eines VW-Passat mit angenommen 15.000 Kilometer Jahresleistung und einem Verbrauch von 1900 Liter Äthanol werden wahlweise benötigt: 2,52 Hektar Reis, Mais oder Getreide, 0,49 ha Zuckerrohr, 1,29 ha Kartoffeln oder 0,53 ha Zuckerrüben.
Besteht das „Alternative" an dieser Art Lebensmittel-Kraftstoff darin, daß ein kleiner Teil der Bevölkerung Auto fährt und ein anderer, größerer Teil der Bevölkerung verhungert?
„Warum tun wir freiwillig so viel für den Umweltschutz? Weil in einer toten Landschaft kein Auto mehr fahren würde", tönt die VW-Werbung.
Die Wirklichkeit sieht ganz anders aus. Ausgerechnet VW hat sich an der Vernichtung der brasilianischen Landschaft beteiligt: VW do Brasil kaufte 1973 mitten im Amazonasgebiet eine Fläche von 140.000 Hektar Regenwald: Das ist die zweifache Fläche des Stadtstaates Hamburg. Bis 1978 waren bereits 55.000 Hektar gerodet und in „Weideland" umgewandelt, 123 Kilometer Straßen gebaut, 500 Kilometer Zäune gezogen. 1983 waren 70.000 Hektar abgeholzt: 100.000 Rinder weiden dort.
„Nur mit Hilfe eines Computers kann das Weidenmanagement die Herden überblicken und dirigieren." (VW-Werksfilm)
Aus den Bäumen des Regenwaldes wurden zum Teil Holzkisten für die Autoteile des VW-Werkes Sao Bernardo gefertigt: der Urwald als Verpackungsmaterial.

Frank Böckelmann

Das Auto-Auto

Im Verkehr des Protests

Ein allgegenwärtiges Objekt kommt in abträgliches Gerede, seine Entbehrlichkeit in vielen Bereichen, bis vor kurzem unvorstellbar, wird ein achtbar umstrittenes Thema. Auch die Ausstellung „Alptraum Auto" und dieses Buch tragen ihr kleines Teil dazu bei; dies nährt die behagliche Vorstellung, daß sich Einsicht, Verdruß, schließlich Empörung und Unterstützung für Alternativmodelle summieren lassen, bis sie stärker sind als der Motorenfetischismus und der Einfluß der AUTO-Lobby und der IG Metall. Zu lesen sind Sätze wie: „Das Bewußtsein verbreitet sich, daß der Diktatur des Verbrennungsmotors Einhalt geboten werden muß ..." Gute Gründe: in Mengen. Aber wozu taugen gute Gründe, wenn nicht dazu, die Selbstzufriedenheit der Überzeugten zu erhöhen? Sind die guten Gründe nicht allein schon dadurch korrumpiert, daß sie lange Zeit zusammen mit den schlechten Gründen herumgereicht wurden und nun als billiges Medienfutter verramscht werden? So daß mit ihrer Verbreitung sowohl ihre Unwirksamkeit als auch ihre angeborene Beschränktheit zunähme ...

Zwar scheint es, als sei der Einspruch gegen ein quasi naturwüchsiges Anschwellen des Kraftverkehrs erst jüngeren Datums, von Ölschock und Waldsterben hervorgebracht und vorerst hoffnungslos den Manien des Fahrens unterlegen – die Probe aufs Exempel stünde somit noch aus. Doch schon eine Durchsicht meiner kleinen Ausschnittsammlung läßt mich zweifeln. Sehen wir von den fortschrittsfeindlichen Querulanten der ersten Stunde ab (die mit jeder Paranoia recht behalten haben) – 1925, in der ersten Dekade des städtebeherrschenden Kraftverkehrs, meldet *Le Corbusier,* Vorkämpfer des totalen Städtebaus, ein abgasbedingtes Baumsterben an den Champs-Élysées; zugleich jubelt er: „Die Stadt der Geschwindigkeit ist die Stadt des Erfolges." [1] (Ambivalenz ist das Schlüsselwort: Sobald der Fahrer sein Gefährt verläßt, flucht er über den Verkehr. Und nicht erst dann.) Architekten, die eine „funktionelle Stadt" ohne Nischen für das Vergangene propagieren, kreiden 1933 dem AUTO destruktive Auswirkungen an, und ihr Sprecher *Le Corbusier* erklärt in der „Charta von Athen" (1941):

„Die Kraftfahrzeuge hätten von befreiender Wirkung sein sollen und durch ihre Geschwindigkeit einen beachtlichen Gewinn an Zeit herbeiführen müssen. Aber ihre Anhäufung und Konzentration an gewissen Stellen sind gleichzeitig ein Hindernis für den Verkehr und der Anlaß ständiger Gefahr geworden. Darüber hinaus haben sie zahlreiche gesundheitsschädigende Faktoren in das Großstadtleben gebracht. Ihre Abgase, die sich in der Luft verbreiten, sind schädlich für die Lunge, und ihr Lärm bewirkt beim Menschen den Zustand permanenter Nervosität. Die schon jetzt erreichbaren Geschwindigkeiten sind eine Versuchung zur täglichen Flucht in die Ferne, in die Natur, verbreiten den Geschmack an einer hemmungs- und maßlosen Beweglichkeit und begünstigen eine Art zu leben, die, indem sie die Familie auseinanderreißt, den Zustand der Gesellschaft zutiefst verwirrt. Sie verdammen den Menschen dazu, ermüdende Stunden in Fahrzeugen aller Art zu verbringen und nach und nach die Ausübung der Tätigkeit zu vergessen, die gesund und natürlich ist wie keine andere: des Gehens." [2]

Das Bewußtsein von den Kosten der individualen Beschleunigung war jederzeit wach und verschaffte sich stets Gehör. Im Juni 1963 (dreiundsechzig) warnt die *Frankfurter Allgemeine* vor der „Verseuchung der Luft mit Blei" durch benzinbetriebene Motoren und der Bleibelastung des Körpers von Mensch und Tier und fordert die Entwicklung geeigneter Katalysatoren. [3] In der *Süddeutschen Zeitung* streitet *Peter M. Bode* gegen Konzepte einer autogerechten Stadt und setzt sich – beispielsweise im Juni 1971 – für ein attraktives öffentliches Verkehrssystem zur Verhinderung eines bis 1985 absehbaren „irreparablen Chaos" ein. [4]

Solche Warnungen waren keineswegs vereinzelt. (Doch wir blenden ja wieder aus, daß unser Protest die Nachbildung alter Modelle ist.) Entscheidend aber ist nicht die Häufigkeit oder Wirkung Kfz-kritischer Wortmeldungen, sondern die Verschwisterung der AUTOliebe und des AUTOhasses von Anfang an. Der AUTObesitzer hofft, daß andere ihm mißgönnen, was er hat; sein Stolz auf die Kräfte, die er lenkt, festigt sich am Erschrecken der Passanten. Geschwindigkeit kitzelt, weil der rasant gewordene Leib den anderen und allem Beharrenden (der Landschaft) enteilt. Kränkend aber ist, daß auch andere über ein AUTO verfügen, denn das AUTO ist seiner Anlage und dem von ihm geschaffenen Mensch-Maschine-Verhältnis nach ein Individualfahrzeug, das durch die Koexistenz anderer Kraftwagen in seiner Entfaltung und Bedeutung eingeschränkt wird. Daher bedingen sich Verehrung und Anfeindung des AUTOS wechselseitig.

Am Paradox eines massenhaften Individualverkehrs und an der Verkehrsregelung staut sich das Kraftpotential der Mensch-Maschine-Einheit. Was gestaut wird, träumt von Entfesselung. Sämtliche Versuche, die Destruktionsenergie des Kraftwagens zu bändigen und durch Verbote zu kanalisieren, schüren das Verlangen nach der freien Fahrt. Die wachsende Entrüstung gegen den Terror des AUTOS und die geforderte Verweisung des AUTOS aus einem Reich des Selbstverständlichen in die Pflicht zur Rechtfertigung werden die Verheißung unbehinderten Fahrens auffrischen, eine Verheißung, die unzensiert schal zu werden droht. Mehr noch. In einer Situation, in der auch die Raserei auf der AUTObahn nur noch eine Spielart des stehenden Verkehrs ist (denn mit zunehmender Beschleunigung geht die Dimension der Ferne und der Entfernung verloren), regeneriert die vom Kampf gegen das Sterben der Böden und Wälder und gegen den Erstickungstod der Städte abgenötigte Disziplinierung des AUTOfahrens die Vorstellung, man käme ohne Fahrbeschränkungen wirklich vom Fleck und in ein offenes Land hinein. Daß die Zügelung etwas fördert, was sie entmachten will, ist freilich nicht neu. Verkehrspolitik und Verkehrsgesetzgebung und das Aufbegehren gegen die Ansprüche des Individualverkehrs haben immer auch die Fixierung ans AUTO ergänzt und gestärkt.

Die Infragestellung des AUTOS und die öffentliche Auseinandersetzung über Fluch und Verdienst des AUTOS werten es auf und ziehen neue Wünsche und Erwartungen auf seine ruhend-bewegte Gestalt. Welche Seite die besseren Argumente vorbringt, ist dabei von untergeordneter Bedeutung. Auch der hartnäckig geführte Nachweis der Entbehrlichkeit des AUTOS macht es unentbehrlich – seinen Freunden wie seinen Gegnern. Wäre der Kraftverkehr sich selbst überlassen, wahrte er zumindest die Chance seines naturwüchsigen Verschwindens mittels Kollaps. Institutionalisierung der Kritik – auch im Verkehr selbst – macht diese Chance zunichte. Doch diese Überlegung trügt: Ob das eine oder das andere geschieht, steht nicht zur Entscheidung an. Der Protest ist ebenso unvermeidlich wie das Wachsen der Beharrungskraft des AUTOS („von dem vier Millionen Bürger leben") im Bannkreis der Stadt.

Eine andere Strategie

Was tun? Wer seine Gründe hat, die Vertreibung der Benzinmobile aus den Städten, gar aus den dünn besiedelten Flächen zu wünschen, aber dem Gesellschaftsspiel der Begründungen und um Verständnis werbenden Initiativen mißtraut, kann auf den Ausweg geraten, den Prozeß, in dem das AUTO an sich selbst zugrunde geht, zu beschleunigen. Etwa so: Treten wir für das AUTO als Pflichtbesitz jedes mündigen Erwachsenen und die Festlegung von Mindestfahrstrecken pro Woche ein! *Bazon Brock* nannte dies zu Beginn der siebziger Jahre – die Revolution war gerade ausgeblieben – „Affirmation als Strategie des Widerstands".[5] Das strenge öffentliche Gewissen unserer Verantwortung für Konjunktur und Beschäftigung kommt in seinen Edikten einem Kauf- und Fahrgebot ohnehin sehr nahe. Unter dem Titel „Jetzt bloß keine Autoflaute!" lesen wir beispielsweise in der *Süddeutschen Zeitung*: „Die Binnenkonjunktur ist . . . allemal das stabilitätsbedürftige Rückgrat der Automobilindustrie, und ein Ausfuhranteil über 50 Prozent ist auf Dauer riskant. Eine richtig müde Autoflaute mit all ihren Ausstrahlungen auf Zehntausende von Zulieferern gehörte zum Unerfreulichsten, was man sich in der jetzigen Wirtschaftsverfassung überhaupt wünschen kann."[6] Die Differenz von Subversion und Konsumentenvernunft bestünde also nur darin, das Gebot der Stunde und des eigenen Geltungsanspruchs gesetzlich zu verankern. Wenn die gehorsame Anschaffung des Neuwagens die Form privater Freiwilligkeit verliert, ist zu erwarten, daß

mit dem Prestige des Besitzes das Fahrinteresse absinkt; erwiesen sich die Bürger aber als gesetzestreu, bräche der Verkehr zusammen.
Dieses Vorgehen verspräche mehr Erfolg als der Protest gegen Schmutz, Gewalt, Lärm und Verstopfung, denn er verhinderte jedenfalls eine erneute Aufladung und Aufwertung des AUTOS – handelte es sich nicht um eine *Strategie,* wäre nicht für jeden die Absicht der ungewöhnlichen Förderer des Individualverkehrs erkennbar. Diese Absicht ist verräterisch in doppelter Hinsicht. Staatliche Notverordnungen passen nicht zu dem Kult des Persönlichen, das im Geldausgeben, zumal für Individualgüter, gipfelt. Außerdem würden die Agenten selbst ihre Strategie immer wieder durchkreuzen: sich von Zeit zu Zeit ihre entsagungsreiche Arbeit honorieren (durch effektvolle Übertreibungen oder eruptive Bekenntnisse), früher oder später den Widerspruch zwischen Einstellung und Verhalten reduzieren – nach dem Gesetz der kognitiven Dissonanz.
Es scheint gegenwärtig überhaupt so, als sei die Absicht der Veränderung eher hinderlich. Vieles wandelt sich im Leben der Menschen und der Systeme, sogar schneller als gedacht, nur nicht nach guten oder bösen Absichten. Übrigens scheitern nicht nur die Absichten der Widerständler; es verliert sich auch die Absicht der Fahrer, das Weite zu gewinnen beziehungsweise ein Ziel zu erreichen.

Können wir das AUTO vergessen?

Der Aufstand gegen die raumgreifende Anmaßung des rollenden und stehenden Verkehrs wäre nicht nötig, wenn der verfügbare Wagen lediglich lästig und nützlich und nicht auch verführerisch wäre, und sie wäre nicht möglich, wenn außer der Umweltbelastung nicht auch die Vergötzung von Apparatur, Ausstattung und gelacktem Gehäuse provozierte. Der Wagen ist aufreizend, weil er es für den Fahrer ist, und dieser bleibt ihm verfallen, weil der Wagen mehr ist als die Kombination von Transportfunktionen und psychischen Zusatznutzen, die man hinter der Bindung des Fahrers an sein Gefährt herausanalysiert hat. Wahre Liebe überdauert gerade dann, wenn die privaten und gesellschaftlichen Kosten-Nutzen-Rechnungen zuungunsten des AUTOS ausfallen. Der Fahrer kennt oder ahnt die Resultate; sie bestätigen sein Gespür, daß der Wert des Wagens über alle Nützlichkeit hinausweist, und seinen Verdacht, daß die biederen Argumente unausgesprochene Aversionen rationalisieren. Die Verschärfung des Streits um das

Bitte schaffen Sie Ihren Wagen ab!

**Liebe Fahrerin, lieber Fahrer,
Sie sitzen hinter dem Steuer, machen Tempo, versauern im Stau und auf der Parkplatzsuche und pflegen Ihr Prunkstück.**

Sie sind unermüdlich, unverwüstlich und unerträglich, und andererseits sind Sie auch überdrüssig, mürrisch und wehleidig, weil der ganze Kleinkram und Ärger morgen weitergeht. Da ist kein Ende abzusehen. Höchstens gewinnen Sie mal im Lotto oder erben ein paar Millionen oder Sie haben zwei Affären gleichzeitig. Höchstens verderben Sie sich öfters den Magen mit Kaviar, Kuchen, Wein und Chips vor dem Fernseher. Aber das wär's dann auch schon, und Sie wissen nicht mehr weiter.

Dabei ist es doch ganz einfach. Lassen Sie Ihr schönes, teures Auto stehen, wo es gerade steht (wenn Sie es nicht verschrotten lassen), und füllen Sie es mit Flaschen, Altkleidern, Erde und Schlingpflanzen. Und schon ist Ihnen die Flucht gelungen.

Packen wir's an.

ZUNFT

Ingeniöses Flugblatt, BRD 1984, unter der Windschutzscheibe. Nur ist die Absicht erkennbar.

AUTO führt in erster Linie dazu, daß die Zahl der Gleichgültigen abnimmt und die der entschlossenen Gegner und Anhänger zunimmt (auch unter den inneren Stimmen des Fahrers selbst); unterm Strich gewinnt das Verfemte an Bedeutung.
Verführerisch ist ein Objekt nicht als Träger einzelner empirischer oder symbolischer Eigenschaften, die der Reihe nach benannt und abgewogen werden können – derlei Eindeutigkeit macht das Objekt zu einem handelnden Faktor, d. h. zum Subjekt und damit geheimnislos und austauschbar. Es verführt vielmehr durch ein unbestimmbares Versprechen, das der Zugriff nicht zu fassen bekommt. Als fügsames Allerweltswunder schmeichelt das AUTO sicherlich einer imaginären Selbstherrlichkeit des Fahrers; um so schmerzlicher aber muß die Enttäuschung sein, die dem Fahrer durch Verkehrsregelung, Parkplatznot und Stau, Defekte, Kostendruck und eintönige Routen bereitet wird. Die Hartnäckigkeit des Weiterfahrens erklärt sich offenbar nicht mit der Selbstherrlichkeit, sondern allenfalls mit einer unkalkulierbaren Verheißung, vor der die Selbstherrlichkeit und die Kraftmeierei nicht mehr als vorläufige Vehikel sind. (Entkommen! heißt die Parole. Wohin? In ein anderes Leben.)
Im übrigen sollte man die Reize des Individualverkehrs nicht auf Motive des Individuums zurückerklären, denn dieser Verkehr ist alt genug, um sich seine Wagen und Fahrer längst selbst gezüchtet zu haben.
Unter verwegener Mißachtung der Selbstgestaltungsdynamik des Verkehrs bringt die Psychologie des AUTOfahrers das AUTO zum Verschwinden. Die vom umschließenden Wagen stimulierte Libido des tätschelnden, schaltenden und drängenden Herrenfahrers wird auf eine humansexuelle Analogie reduziert; die bei solcher Methode dann ausstehende Ableitung des AUTOS aus der Triebstruktur erspart man sich. (Sie würde mißlingen.) Ebenso beliebig ist eine Typologie der Motive der AUTOpflege.[7] Der „Hobby-Wäscher“ etwa wird dadurch charakterisiert, daß er „selbst Hand anlegt, wo es nur möglich ist, um sich seine Unabhängigkeit von fremden Dienstleistungen und seine Tüchtigkeit zu beweisen, indem er mit Schwierigkeiten fertig wird, die andere hilflos machen“. Geschirr, Gartenzaun, Karosserie; Spülen, Nähen, Bauen, Waschen – alles eins. Der „Lustwäscher“ dagegen verspürt beim Säubern seines AUTOS „ein Glücksgefühl, das durchaus erotisch gefärbt sein kann.“[8] Und warum treibt ihn das Sehnen nach diesem Gefühl zum AUTO und nicht anderswohin?
Jedes Aufspüren dessen, was „hinter“ dem AUTO, dem Haben und Fahren steht, suggeriert, die Verführungskraft dieses Objekts begriffen zu haben, leugnet zugleich das Verführerische des AUTOS selbst und erhöht so dessen eigentümliche Attraktivität, denn nichts ist verführerischer als ein Objekt, über dessen Verlockung nicht mehr gesprochen werden kann (da alle Welt glaubt, es sei gänzlich ausgedeutet). Wenn das AUTO weiter begehrt wird, obwohl es schon unzählige Male seiner Asozialität und Destruktivität überführt worden ist, wird es Zeit, den Glauben zu verabschieden, seine Anhänger seien nur noch nicht genügend aufgeklärt, und sich an den Gedanken zu gewöhnen, daß das AUTO erst dort, wo es nicht mehr gerechtfertigt werden kann, wahrhaft unwiderstehlich ist.
Daher empfiehlt es sich, die Freunde des AUTOS nicht in die Defensive zu drängen und den Straßenbetrieb nicht frontal anzugreifen, sondern statt dessen einer anderen, unerklärten Lebensart – mit eigener Anziehung – zu folgen. Erst wenn wir aufhören, das AUTO anzugreifen, verlernen wir, es zu lieben. Die wirkungsvollste Weise, den Bann des AUTOS zu schwächen, wäre, das AUTO zu vergessen. Diese Einsicht ist jedoch bedeutungslos: Wir können das Vergessen nicht anstreben.

Vom AUTO zum Verkehr

Es bedarf indessen nur einer Besinnung auf unser Erleben an den Straßenrändern und Überwegen, um zu erkennen, daß sich das AUTO selbst vergessen macht, indem es als Massenerscheinung unsichtbar wird. Von der Idee einer individuellen Überwindung von Raum und Zeit geboren ist der Personenwagen in der endlosen Reihung von seinesgleichen nicht mehr erkennbar. Wir nehmen nur noch mittels bewußter Anstrengung wahr, was da zusammenfließt und zusammengestellt wird, aber diese Wahrnehmung unterbricht nicht das Vergessen (ergänzt es). Während Busse und Straßenbahnen auf ihre Anonymität hin ausgelegt sind und ihr Anblick daher die Erwartung auslöst, daß sie sich jeweils durch das Geschehen im Inneren unterscheiden, entgleitet das AUTO im Alltagstreck den Sinnen und Bedeutungen.

Wir sehen keine mobilen Individualitäten mehr, wir sehen eine Straße als Fließband. Und der gleiche Zuordnungs- und Sinnverlust geschieht der Person am Steuer. Ihre angespannten Sinne sind vollauf damit beansprucht, die Zeichengebung der Schilder und Ampeln und die Weichenstellung des Verkehrsleitsystems zu erfassen und die richtigen Konsequenzen zu ziehen. Sämtliche Alternativen des Massenverkehrs in Stadt und Land engen die Bewegungsfreiheit des Wagens ein: Stockung wie reibungsloser Fluß, Beschleunigung des Verkehrs (auf Umgehungsstraßen und AUTObahnen) wie Verkehrsberuhigung (im Stadtkern), Geradlinigkeit wie Verwinkelung der Straßen, Parkabsicht wie Fahrabsicht. Auf Bahnen und Haltestreifen gerät der Gebrauch des Wagens zum Dressurakt, zu einer ununterbrochenen Brems- und Präzisionsübung. Eingefädelt in die Straßenkette ist das AUTO ein winziges Element in einem unerfindlichen Getriebe; seine verbleibende Eigenbewegung resultiert erst aus der Bemühung, jede Eigenbewegung zu unterlassen.

So gilt dem Fahrer, der weiß, was ihn erwartet, von Fahrtbeginn an nur noch die Ankunft am bestimmten Ziel. Ankunft aber ist nur der Ausgang eines Weges. Da die Kanalisierung der Fahrt und die Disziplinierung des Fahrens jede Strecke gleichmachen, gibt es keinen besonderen Weg, folglich keine Ankunft. Es ist, als springe man über eine Linie in ein anschließendes Feld. Der Sinn des Fahrens erschließt sich nicht aus dem Verhältnis und der Entfernung der Orte. Das Fahren bleibt bei sich und macht außer den Unfällen keine Pausen; das Gefährt gehört entweder den Orten (dem Heim) oder dem Verkehr an, ansonsten ist es ein ausgesetzter Irrläufer.

Die Frage, ob der AUTO-Verkehr für die Fahrer stattfindet oder diese für den Verkehr geschaffen werden, ist heute sowohl unentscheidbar als auch belanglos. Der Straßenverkehr mündet in sich selbst ein, emanzipiert von den Gründen und Absichten des Fahrers. Im Massenverkehr gerät der Personenwagen als individuale Zueignung in Vergessenheit – für die anderen Verkehrsteilnehmer und für den Fahrer als Insassen und Angliederung des Motors –, und dabei stumpft die Passion von Mensch und AUTO ab. Nun ist der Straßenverkehr keine Funktion des AUTOS mehr, vielmehr das AUTO eine Funktion des Verkehrs, somit prinzipiell nicht mehr unersetzlich, auch wenn sich am Verkehrsbild selbst nichts ändert. Der Selbststand des AUTOS löst sich auf im perpetuum mobile des Verkehrs.

Auch außerhalb des Massenverkehrs kann das AUTO die persönliche Zurechenbarkeit seiner Kräfte einbüßen, freilich nur dann, wenn die Förderer anderer Verkehrsmittel darauf verzichten, den Besitzer zu Bekenntnissen herauszufordern. Im Affekt der Abgrenzung erscheint die Erniedrigung des Wagens zum Massenverkehrsmittel als vorübergehende Störung, deren Überwindung den Wagen erst zu seiner Bestimmung freisetzt.

Allerdings kann sich der Besitzer heute weniger denn je mit dem ruhiggestellten Wagen in der Garage abfinden, um seinen Besitz zu vergewissern, und darin zeigt sich, daß der Wandel der Verkehrsbedingungen die Richtung geändert hat, in die der Wagen verführt. In der Frühzeit des AUTOS halluzinierte der Fahrer, eins mit dem AUTO zu sein, um sich die Kräfte des Motors anzueignen; heute verfällt er dem Fahren, um in einer Sphäre aufzugehen, die sich selbst erneuert und steuert. Nur dem Straßenverkehr insgesamt kommt heute zu, was einst das einzelne Mobil auszeichnete: Selbstbewegung.

Das Automobil = Das selbst Bewegliche
= Das sich selbst Bewegende
= Der Selbstbeweger

Das Auto = Das Selbst

Frühe Bezeichnungen der epochemachenden Erfindung sind „Motorwagen“ oder „Benzinmotorwagen“; sie werden bald abgelöst von den überhöhenden Ausdrücken „Kraftwagen“ und

„Automobil". Der Sprachgebrauch hebt damit hervor, daß der neue Wagen nicht einfach nur einen leistungsstarken Motor hat, sondern sich aus eigener Kraft fortbewegt. Durch den griechisch-lateinischen Wechselbalg „Automobil" kommt zum Ausdruck, was den Kraftwagen gegenüber seinen Vorläufern auszeichnet: Er wird nicht durch die Kraft von Tieren (Pferden) oder Menschen gezogen und rollt nicht auf starren Trägern (Schienen) dahin, ist somit selbstbeweglich - eine Maschine, die sich auf den Weg macht. Das Ausmaß der Selbstbeweglichkeit wird folgerichtig - bis heute! - durch „Pferdestärken" bestimmt. Seit Beginn des 20. Jahrhunderts verkürzt man den „Kraftwagen" zum „Wagen", d. h. zum Gattungswort; alle anderen Wagen sind bedeutungslos geworden. Das Fremdwort „Automobil" wird erst in den zwanziger Jahren durch die Attribution „Auto" ersetzt; diese Verzögerung verleiht dem Sprachwandel zusätzliches Gewicht.

Warum folgt die Kompaktfassung des „Automobils" nicht der Übung von „Eisenbahn" und „Omnibus" und wählt das Gattungswort „Mobil"? Sprechbequemlichkeit hätten andere Kürzel gleichfalls gewährt, und das Etikett „Automobil" insgesamt hätte einem anderen weichen können. Außerdem setzen sich nur solche Verkürzungen durch, deren Wiederholung genüßlich ist, d. h. den Jargon-Pionieren eine gewisse Gewitztheit und Weltläufigkeit beglaubigt. Zur Effektivierung des Wortklangs trägt wohl auch eine imperative Abwandlung der Bedeutung bei, die um so mehr imponiert, als sie selbst nie zur Sprache gebracht wird.

Mit dem Lakonismus AUTO finden zwei engverbundene Wesenszüge des Kraftwagens ihr Schlagwort:

- Der Wagen fährt ohne Schiene und manuelle Beheizung und ohne vorgespannte Zugtiere. Durch eigene Kraftentfaltung mischt er sich unter Menschen und Tiere und ist, einmal in Fahrt gekommen, von seinen Schöpfern unabhängig. Mit ihm tritt die Technik endgültig aus dem Reich der Botanik in das Reich der Zoologie. Daß er von einem Kraftstoff abhängig bleibt, ist sein häufig verdrängter Schwachpunkt, doch teilt er diese Schwäche mit den anderen mobilen Wesen.
- Besitz und Bedienung des Wagens sind, vom Geldausgeben abgesehen, die vollkommenste Erscheinungsform der Selbständigkeit der spät- und nachbürgerlichen Person. AUTO und MEIN AUTO sind Synonyme, zum einen in der Bedeutung „Es ist ganz mein", zum anderen in der Bedeutung „Es ist mein Selbst". Der Besitzer selbst fährt im AUTO zu jedem beliebigen Ort. Damit wächst ihm die Stärke des Motors zu. Der Wagen, der seinem Willen gehorcht, ist seinerseits ein Selbstbeweger, gehört ihm daher persönlich (seiner Person) an und potenziert seine Eigenmächtigkeit.

Nicht zufällig wird im Siegeszug des Personenwagens der damals stärksten Fortbewegungskraft der Name SELBST verliehen. Im AUTO erkennt sich der expansive, die Grenzen von Raum und Zeit ins Unabsehbare hinaustreibende Wille. Die Eigenständigkeit des einzelnen resultiert nicht aus einer Eigentümlichkeit der Person oder des bewohnten und befahrenen Landes, sondern gerade aus der Unabhängigkeit gegenüber den Beständen: Besonderung als Formsache. Für den automobilen Charakter ist Selbst-Bestätigung keine von Zeit zu Zeit, aus gegebenem Anlaß erfolgende Überprüfung, sondern die einzig mögliche Betätigung: das AUTO-AUTO.

Wohin die Intensivierung des AUTOS geführt hat, ist bekannt: zur Beschleunigung der Grenzüberschreitungen und damit zur Entleerung aller Terrains der Selbst-Bestätigung, zugleich zur dauernden Verhinderung der Fahrt im Zeichen-Universum der Straßenflüsse und damit zur Absorption des Fahrers durch die Maschine und des AUTOS durch den Verkehr. Nichtsdestoweniger müssen das AUTO des Fahrers und der Fahrer des AUTOS immer wieder auferstehen. Aus der rituellen Hartnäckigkeit, mit der sie das verselbständigte Fahren zur persönlichen Sache machen, destilliert sich der Verkehr seinen Kraftstoff.

Die Buchstäblichkeit der Dinger

Von der Strömung freigegeben, an den Rand oder auf die Halde gespült bleibt vom AUTO ein ausgehöhlter Blechbuckel übrig, den die Wahrnehmung der Vorüberkommenden aus Reifen und

Sitzen, Haube und Schnauze, Scheinwerfern und Fenstern zusammensucht. Der Wagen erzählt von nichts, was über das verirrte Stückwerk hinausweist. Seine Totalität bestand im Glamour eines unermessenen Potentials, das ihn bereits parkend in die Ferne versetzte und seine Herkunft verklärte. Doch ebenso wie heute auf den Straßen und an ihren Randstreifen aus der AUTOwerbung und den Unfallberichten keine Lesung seines Mythos zustandekommt und der Slogan durch die stetige Steigerung seiner Verständlichkeit zum verlorenen Buchstaben geworden ist, gerinnen die Teile der Karosserie im unpersönlichen Blick zu kontextlosen Bildern, die sich selbst kopieren und bekanntermaßen die Stadt übersät haben. [9]

Für sich genommen (bei Tageslicht) stehen die AUTO-Worte und die Wagen als Zeichen-Ruinen umher, aus denen nicht auf ihre vollständige Gestalt geschlossen werden kann, und es ist dabei gleichgültig, ob sie einen intakten oder ramponierten Eindruck machen. Zudem geraten sie keineswegs in eine Grauzone zwischen verschiedenen Realitätsebenen oder in eine Trift des Imaginären, sondern lassen sich eben dadurch kennzeichnen, daß sie nichts anderes mehr sind als Realität schlechthin und darin ihr Genügen finden: Der „Kadett“ ist der „Kadett“, und „Zuverlässigkeit“ bedeutet „Zuverlässigkeit“. Diese bedingungslose Präzision der AUTO-Duplizierung und jene unüberwindliche Ruinosität werden hier die „Buchstäblichkeit der Dinger“ genannt.

Denkbar, daß sich einer in den Wagen setzt und ihm anderswo entsteigt und etwas aus dem Kofferraum holt, demnach ein zweifacher Transport stattgefunden hat. Der Fahrt und dem Transport eignet in der Einzelwahrnehmung die gleiche Buchstäblichkeit wie der Parklücke und dem Einparken – AUTO-Worte. (Und wollte jemand objektiv wahrnehmen: Unabschließbar und längst aufgegeben ist die Grenznutzen-Ökonomie des AUTOS für den einzelnen wie für die AUTO-Gesellschaft.) Während der Fahrt zerfällt das Transportierte, das AUTO eingeschlossen, und die Fahrt selbst.

Was das AUTO dem Besitzer verheißt – Entbundenheit gegenüber Orten und Zwecken und Vervielfachung der Körpergeschwindigkeit –, realisiert die Straßenverkehrsstadt auf eine Weise, die durch den einzelnen Fahrer nicht anzueignen ist. Einkaufszentren, Schlafstädte und die anderen Funktionsräume der Stadt sind aus der Enträumlichung hervorgegangen und jeder Gesamtrationalität entkommen. Als Hochgeschwindigkeitstrakte überholen sie vorab die Beschleunigungsversuche ihrer Bewohner. Im raumverschleißenden Verkehr zerstrahlt der Glamour des AUTOS; für sich betrachtet kristallisiert es sich zu massenhaft-versprengtem Mobiliar, nach dessen Verwendung zu fragen die Worte und das Interesse fehlen.

Deshalb gibt es keinen Untergang des AUTOS. Niemandem wird es auffallen, wenn das AUTO verschwunden ist, denn es verschwindet erst dann, wenn sein Verschwinden gleichgültig geworden ist. Während das AUTO einmal das Alpha und Omega des Fahrers war, gilt in der Ära seiner buchstäblichen Realisierung nur mehr die alte Chauffeurs-Weisheit: „'Auto‘ fängt mit Ah an und hört mit Oh auf.“

Anmerkungen:

1) Le Corbusier, Leitsätze des Städtebaus, in: Ulrich Conrads, Programme und Manifeste zur Architektur des 20. Jahrhunderts, Braunschweig 1981, S. 89.
2) Le Corbusier, Charta von Athen, Lehrsatz 80, in: Ulrich Conrads, a. a. O., S. 132 f.
3) Frankfurter Allgemeine Zeitung vom 17./18. 6. 1963, S. 11.
4) Peter M. Bode, Die Stadt vor der Katastrophe, in: Süddeutsche Zeitung vom 5./6. 6. 1971, S. 24.
5) Bazon Brock, Ästhetik als Vermittlung, Köln 1977, S. 838 bis 840.
6) Süddeutsche Zeitung vom 21. 9. 1982, S. 4.
7) Vgl. Frankfurter Allgemeine Zeitung vom 18. 10. 1977, S. 9.
8) Ebenda.
9) Vgl. Simon Werle, In der Lichtgeschwindigkeit des Verkehrs stehen die Stadtteilnehmer in unverknüpfbarer Buchstäblichkeit, in: Tumult, Nr. 3 (1982), S. 91 – 113.

Paul Virilio

Fahrzeug

Umweltverschmutzung, Bevölkerungsentwicklung, Rohstoffknappheit – beunruhigender als all das ist zweifellos die konstante Zunahme hoher Geschwindigkeiten; die Beschleunigung ist buchstäblich DAS ENDE [1] DER WELT!

Der noch ungedachte, aber keineswegs undenkbare Augenblick, wenn man nicht mehr einige Stunden braucht, um nach New York oder Rio zu fliegen, sondern zehn Minuten, in der zweiten Klasse ...

Beunruhigend auch die Verbote, die dann das Fahren betreffen werden. Die Verkehrsordnung wird jeden angehen, etwa so wie in jenen Klöstern, in denen es verboten war zu laufen, etwa so wie in jenen Lagern, wo man nicht langsamer gehen darf, als es den Wärtern gefällt. Das Ende der Welt wird unbestritten mit jener Generation von technischen Fahrzeugen kommen, die den Raum der menschlichen Gattung abschaffen und damit eine rigorose Verwaltung der Reisezeiten notwendig machen; dem Ministerium für Raumplanung wird das für Zeitplanung folgen.

Die negativen Folgen der *räumlichen Trennung* sind uns bekannt, umso mehr als wir seit einem Jahrhundert gegen sie ankämpfen. Wer aber stellt sich die Unzufriedenheit und die Ungeduld vor, die uns ergreifen werden, wenn erst die Ufer des Pazifik näher liegen werden als die Seine für jemand, der am Montmartre oder Montparnasse wohnt? ... Wenn das Mittel (der Transport) zum End-Zweck des möglichen Raumes geworden ist – was bleibt uns dann?

An dem Tag, an dem uns das Überschallflugzeug wie der Photoapparat erlauben wird, jede beliebige *Momentaufnahme* von der Welt zu machen, werden wir zu jenem lichtempfindlichen Film, den ein Nichts „überbelichten" kann und dessen Bilder durch Doppelbelichtung schleierhaft werden. Worauf werden wir warten, wenn wir nicht mehr warten müssen, um anzukommen ... ?

Schon unser gegenwärtiges schnelles Reisen ist kaum mehr als das Warten auf die Ankunft – was wird es sein, wenn selbst diese kurze Wartezeit entfällt? Die nächste Umgebung, einen kurzen Fußweg entfernt, wird uns fern erscheinen; die Ungeduld des Wartens werden wir auf unsere nächste Umwelt übertragen, unser Körper, dieses metabolische Fahrzeug, wird uns bleiern vorkommen, wie der Taucher werden wir das Gefühl einer überaus störenden Langsamkeit haben, unser Körper wird unerträglich geworden sein. Wie unter dem Wasserdruck am Meeresboden wird für unsere eigenen Kräfte unser direktes Umland so fern und unerreichbar scheinen wie die Kathedrale von Chartres dem Pilger. Wenn uns der Platz am Ende der Straße, der zu Fuß in wenigen Minuten zu erreichen ist, ebenso fern vorkommen wird wie Peking, was bleibt dann von der Welt? Was bleibt von uns?

Die Erdkrümmung wird uns zu uns selbst zurückführen, um uns wiederzufinden oder um uns endgültig zu verlieren. Schon erproben Reisende den „Leerlauf", die „Leerumkreisung" und nehmen ein Flugticket nach Roissy-en-France ... in Roissy-en-France. Über die Zeitzonen hatte sich bereits Sarah Krasnoff hinweggesetzt, die bis zu ihrem Tod in Amsterdam einen ununterbrochenen Flug von fünf Monaten hinter sich gebracht hatte, während dessen sie die Maschinen der K.L.M. praktisch nicht verlassen hatte, außer zu einigen schnellen Zwischenlandungen von Kontinent zu Kontinent ... Ihre Flucht in die Schwerelosigkeit, während der sie nacheinander 160 Atlantiküberquerungen absolvierte, markierte eine Schwelle: die eines Entweichens ins Vagabundentum der Beschleunigung, eines Entfliehens in das Nicht-Gebiet der Schnelligkeit, was anders ist als ein bloßes Sich-Entfernen.

Man schlägt sich nicht mehr in die Büsche oder sucht das Weite, sondern entweicht an den Nicht-Ort der Geschwindigkeit. Der Weltbürger wird zum utopischen Bürger, der nur noch die Transportmittel und die Transitstätten bewohnt ...

Die antike Stadt war ein Durchgangsort für menschliche und tierische Wanderungen. Am Kreuzungspunkt der Pisten gebaut, nahm sie die Karawanen auf, den Einzug der Bauern, die Ankunft der Händler und Boten; wie das Dorf an der Wegkreuzung, so errichtete sie sich über den metabolischen Strömen der gezähmten Tiere und richtete ihre Plätze und Viertel nach der niedrigeren Geschwindigkeit der Tierkörper ein. Fußgänger und Reiter entwarfen ihren Kataster und bestimmten ihren Grundriß; Aufgang und Treppe, Stadt und Hafen, Fußweg und Landesteg bildeten die Infrastruktur der Langsamkeit. Auf die ungeheuren Betonpisten des Flughafens treffen die Tonnen des landenden, abbremsenden Jets. Die Bewohner dieser Durchgangsorte sind „Passagiere", sie besetzen verstohlen den Raum der Luftstadt, Mieter für wenige Stunden, nicht mehr für Jahre. Ihre flüchtige Gegenwart entspricht ihrer Irrealität und der Geschwindigkeit ihrer Reise . . .

Der „Leerlauf" des Reisenden, der fliegt um des Fliegens willen, wiederholt in einer anderen Dimension die Benommenheit, die schon die ersten Fahrzeuge, die Eisenbahnen und das Automobil vermittelten. Weniger die Reise treibt hier zum Aufbruch als der Geschwindigkeitsrausch und sein eigentümliches Glück; es ist ein Abflug ohne Rückfahrkarte, ein reines „Abfahren" AUF / IN DIE GESCHWINDIGKEIT, nicht mehr NACH AMERIKA oder NACH EUROPA. Wie bei den Nomaden Jack Kerouacs, für die die West- oder die Ostküste der Vereinigten Staaten kein Ziel mehr darstellen, bei den *Drop-Outs,* für die Geschwindigkeit allein zum wirklichen Lebensmilieu geworden ist:

„Nun geht's los! Und er beugte sich über das Lenkrad und drückte auf die Tube; er war wieder in seinem Element, jeder konnte es sehen. Wir waren alle entzückt, wir alle erkannten, daß wir Verwirrung und Unsinn hinter uns ließen und die einzige und edle Funktion unserer Zeit erfüllten, *in Bewegung zu sein."*

Das metabolische Fahrzeug hält sich für ein technisches. Daß sich von Asien nach Europa die Welt ändern kann, darüber macht sich der Passagier des „Leerlaufs" nur lustig, denn wie für den autistischen Autofahrer ist die Beschleunigung seine Bestimmung und sein Bestimmungsort geworden. Der kurze Aufenthalt am Straßenrand oder an der Tankstelle gilt nur noch elementaren Bedürfnissen, die eilig auf der Toilette des Motels oder des Flughafens erledigt werden. Der Erdboden, das Landegebiet werden mit ein oder zwei Primärfunktionen identifiziert. Etwa so wie man gestern die bürgerliche Wohnung in Zimmer teilte (Speisezimmer, Salon, Rauchzimmer etc.), werden heute die riesigen Gebiete unbedenklich instrumentalisiert: Man übernachtet in Honolulu, während man auf das Flugzeug nach London wartet, man macht seine Einkäufe in New York, bevor man nach Frisco startet... das geht bis zu den Städtenamen, die man offiziell zu verändern beabsichtigt: CHICAGO und PITTSBURGH werden zu „CHIPITTS" verschmolzen. Natürlich wäre für die Passagiere, die Chicago-Pittsburgh in umgekehrter Richtung fliegen, „PITTCHICA" günstiger, BOSTON-WASHINGTON müßte nicht nur als „BOSWASH" firmieren, sondern auch als „WASHINBOST"...

Leserichtung und Schreibweise sind hier ebenso fragwürdig wie die Richtung der Reise, und die Automobilisierung erscheint als ein von der maßlosen Überproduktion schneller Fahrzeuge verbreiteter Autismus. Mit all seinen Konsequenzen aber wird sich dieser Effekt erst voll und ganz eingestellt haben, wenn die Popularisierung der hohen Geschwindigkeiten zu einem Massenphänomen geführt haben wird, wenn die Praktiken der JET-SOCIETY von allen übernommen sein werden, wenn der „Leerlauf" um den Globus die allwöchentliche, wenn nicht tägliche Flucht fortsetzt. Wochenende und Landhaus, Schlafstadt und Arbeitsweg werden einen über die Erde verstreuten Funktionsraum bilden (es reicht dazu, nur die Bedeutung der sogenannten „Neuverteilung der Industrie" abzuschätzen), eine Aufsplitterung des Gelebten in kleinste Sequenzen, die im Gegensatz zur *unbeweglichen* Zeit des Landes stehen. Die Unzufriedenheit der Städter mit dem Rahmen ihres Lebens wird enorm gestiegen sein, und der Zerstörung der Nähe zu anderen wird wahrscheinlich in dem Maße gesteigerte Aggressivität folgen, wie es eine Kausalität zwischen Hypergeschwindigkeit und Hypergewalt gibt. Man braucht sich dann nur die Beziehungen zwischen Autofahrern und Fußgängern und ihre Verhaltensweisen bei vertauschten Rollen anzusehen. Die Dynamik der Geschwindigkeit wird alles beleben, was in der Statik der Infrastruktur angelegt war: die Gewalt der Geraden; die Ideologie, die Distanz für eine „Tyrannei" zu halten; die Illusion zu glauben, Hyperkommunikabilität sei ein Zeichen von Fortschritt, ein Symbol von Zivilisation!

Mag sein, daß die Trennung der Individuen, in der man bisher einen Ausdruck von Unwillen, einen Abbruch der Beziehungen sah, zu einem Zeichen der Liebe wird... Die positive Bedeutung der gegenseitigen Anziehung wird vielleicht auf die Abstoßung übergehen, sofern uns nicht gar die extreme Langsamkeit des Gefühls, des Taktes und Kontaktes zwischen den Körpern, zwischen den Orten des Körpers schlechthin unerträglich werden... Wird mit der Gewöhnung an die Trance der hohen Geschwindigkeiten und die Omnipräsenz an den verschiedenen Orten des territorialen Körpers die einfache Nähe einer Berührung ihren Reiz, ihren Wert verlieren? Wird uns die Gleichgültigkeit gegenüber den durchquerten Landschaften, gegenüber den exotischen Kulturen zur Passivität, zur Gleichgültigkeit gegenüber den Materien, den Organen und den Orten des animalischen Körpers verleiten?
Ich bin den Gedanken nicht losgeworden, daß die Erfindung des ersten Fahrzeugs, das Besteigen des animalischen Körpers (Esel, Dromedar, Elefant, Pferd, Strauß etc.) in einer Beziehung zur menschlichen Paarung stand – hat die Lust am gezähmten metabolischen Fahrzeug nicht auf die sexuellen Beziehungen zurückgewirkt? Oder sind vielmehr diese letzteren der vornehmsten Erprobung des Menschen vorangegangen? Die erste Generation schneller Fahrzeuge ist aus einer Zucht hervorgegangen, die in mysteriöser und enger Verbindung zur Entwicklung der menschlichen Bevölkerung steht. Die Geschichte der Reiterei bleibt nicht ohne Wirkung auf die der Gesellschaften; die großen Wanderungen, Überfälle, Menschenraube hängen genauso mit der Geschichte der Fahrzeug-Archetypen zusammen wie die Ausbeutung des Bodens, die Eroberung und die Besetzung der großen territorialen Körper unterscheiden sich kaum von denen der kleinen animalischen Körper!
Das Verlangen, die Lust und der Rausch beim Durchqueren eines Kontinents gleichen denen bei der Penetration (beim Eindringen); die Beschleunigung geographischer Verbindungen seit knapp zwei Jahrhunderten kann die körperlichen Verbindungen nicht unberührt gelassen haben.
Wir haben gesehen, wie die Pferde aus dem Stadtbild verschwanden, wir sehen, wie sämtliche Tiere aus den Metropolen ausgesperrt werden, wie sanitäre Maßnahmen, die in erster Linie die Haustiere betreffen, einer vorgeblichen Ansteckungsgefahr wegen oft zur Ausrottung ganzer Arten führen... Wir haben auch die Wiederkehr des rein zur Unterhaltung dienenden Tieres im Zirkus oder im Reitsport gesehen – muß man sich nicht auf etwas Vergleichbares im körperlichen Verhältnis der Sexualpartner gefaßt machen?
Die Geschwindigkeit der Begegnungen kann uns dann verleiten, Zusammenkommen und Zusammenprallen zu verwechseln. Der Wegfall von Präliminarien im Akt des Übergangs, im Eindringen und in der jähen Landung (in New York, in Hongkong) kann nicht ohne Folgen auf die Begegnung der Paare bleiben. Das fortschreitende Verschwinden der „Höflichkeit“, die selber eine gespielte Aufnahme, einen Ersatz der primitiven Gastfreundschaft darstellte, äußert sich heute in einer virilen Form von Kontakt, die man „Offenheit“ nennt, und mag letzten Endes zum gewohnheitsmäßigen Austausch schlechter Behandlung führen.

*

„Wir sind wie Autos. Wir trinken wie Autos, laufen schnell wie Autos, haben keine Zeit mehr, 'Guten Tag‘ oder 'Auf Wiedersehen‘ zu sagen. Wir sind wie das Kaninchen von Alice: schnell, schnell, schnell... wir kommen immer zu spät, auch wenn wir zu früh kommen...“ (Valérie, 9 Jahre).
Es gilt jetzt die Repression der Animalität des Menschen zu analysieren, den Gebrauch des Körpers in der Stadt zu untersuchen; entgegen der geläufigen Ansicht ist nämlich die Stadt nicht der Ort ungeheurer physischer, sondern nervöser Aktivitäten. Zum einen werden im Raum der Stadt die Aktivitäten des Körpers zunehmend abgebremst und durch die technischen Prothesen, Fahrstühle, Rollbänder, Rolltreppen, Automobile ersetzt... Zum anderen beschleunigt sich die Verknappung von Zwischenräumen im Gewebe der Stadt wie im Inneren der Gebäude: Schmälerung der Bürgersteige, der Wohnungen, der Zimmerhöhe... Ganz zu schweigen von sich ständig mehren-

den Verboten, die den Städter betreffen und ganz legal seine ihm noch verbliebene Bewegungsfreiheit einfrieren. All diese Faktoren tragen dazu bei, die körperliche Bewegung einzuschränken beziehungsweise abzuschaffen: sitzend, stehend oder liegend – nur selten noch setzt der Stadtmensch *in Bewegung,* was doch sein erstes Fortbewegungsmittel darstellt: seine unteren Gliedmaßen. Mit zunehmender Verengung der Dimension und der Weite der körperlichen Betätigung wird das Individuum durch die Schnurgeraden der Stadtgeometrie (die orthogonale Orthodoxie seiner Wohnung, seines Hauses) linear gemacht und in den genannten Stellungen festgenagelt, wobei noch zu ergänzen ist, daß die *liegende* Stellung praktisch dem Schlaf vorbehalten ist und die *stehende* relativ selten wird. Diese Sklerose des Verhaltens, diese Bewegungen, die zu simplen Gesten der oberen Gliedmaßen gerinnen, weisen auf die Desanimalisierung der Verkehrsteilnehmer. Immer mehr wird die verstädterte Menschheit zu einer sitzenden Menschheit. „Sport" soll dieser Verkümmerung ein wenig abhelfen, und so werden bestimmte Orte und Plätze für geregelte körperliche Übungen vorgesehen. Das aber heißt willentlich die Permanenz der Körperkultur und die Auswirkungen der alltäglichen Körperhaltungen auf das Psychische verkennen. Weit vor dem Stadtviertel und der Wohnung bewohnt das Individuum seinen eigenen Körper, mit ihm reiht es sich in Massen ein, die ein Gewicht haben, Räume überfüllen, sich ausdehnen können usw.

Mobilität und Motilität des Körpers erst führen der Wahrnehmung jenen Reichtum zu, der für die Ichbildung unabdingbar ist. Diese Dynamik der Fortbewegung zu verlangsamen oder gar ganz zu beseitigen, Verhalten und Bewegungen aufs Äußerste zu fixieren, führt zu schwersten Störungen der Person und zu Schädigungen ihrer Realitätstüchtigkeit.

Der Verlust kinetischer und taktiler Eindrücke, von Geruchseindrücken, wie sie die direkte Fortbewegung noch lieferte, läßt sich nicht durch eine vermittelte, eine Medien-Perzeption, durch das Vorbeiziehen der Bilder an der Windschutzscheibe des Autos, auf der Kinoleinwand oder gar dem kleinen Fernsehbildschirm ersetzen. Dieser illusorische Ersatz ist gleichwohl zu einer „Spitzenindustrie", der Elektronik, geworden. Seitdem wird der Reisende von der Botschaft verfolgt, vom Autoradio bis hin zum Fußgängertelefon und zum „Audio-Helm" für den Motorradfahrer, mit dem er Radioprogramme hören kann, wobei ihm ein Ohr für die „Außengeräusche" bleibt (wie bei einem toxischen Stoff lautet der Hinweis: „Nicht über 90 km/h benutzen!").

Die Telekommunikationsmittelindustrie bemüht sich um die umfassende Ersetzung des Hörens und Fühlens durch den Radiokontakt.

Seit es das Fernsehen und Fernsprechen gibt, gehören zur Verkehrsordnung nicht nur die Fahrvorschriften, sondern auch die Fernlenkung und Fernüberwachung. Der Passagier, jener flüchtige Bewohner des Nicht-Orts der Geschwindigkeit, wird von ferne verfolgt. Die Antenne auf dem Dach oder dem Helm wird zum festen Bestandteil der Straßenbeschilderung; zu dem physischen und sichtbaren Verbot der Zeichen und Sperren tritt das andere, unwägbare der Verkehrshinweise ...

Das Einsteigen in die Dynamik, der Geschwindigkeitsrausch reichen den Vagabunden Kerouacs schon nicht mehr, sie müssen die Leere der Kontinentdurchquerung auffüllen; die Konsumtion des Raumes ist auch Konsumtion von Zeichen und Botschaften ... Die Botschaft der Geschwindigkeit des Automobils und die Geschwindigkeit der Radio-Botschaft gehen ineinander über. Die Benommenheit des Passagiers in seinem Boliden ähnelt dem Dösen des Opiomanen, er ist anderswo, doch leicht zu erreichen; er glaubt frei zu sein wie der Wind, doch in Wirklichkeit ist die Kontrolle ihm auf den Fersen. Die Sättigung der Umgebung macht ihn freier, und die Überfüllung des Hertzschen Raums folgt der des Luftraumes ...

*

Bereits die Saint-Simonisten haben verkündet, die Eisenbahn werde durch ihre unerhörten Möglichkeiten rasch die entferntesten Weltenden miteinander verbinden, der Welt den Frieden bringen. Kipling formulierte das noch großzügiger: „Verkehr ist Zivilisation!" und für Lenin war die Revolution „Kommunismus plus Elektrizität".

Dieser schöne Optimismus lebt weiter in der *transmedialen* Prosa Marshall McLuhans, so wie sich seit dem 19. Jahrhundert die Vorstellung gehalten hat, daß die räumliche Trennung ein Übel sei, das an Konflikten, Haß und Mißverständnissen schuld sei... und auch an sozialen Ungleichheiten. Das in der Distanznahme liegende Unbekannte schreckt, und nur die von den neuen Fahrzeugsystemen ermöglichte Nähe wird mit dem Raum und der Zeit auch den Ursprung von Leid und Elend beseitigen.

Der Tag, an dem alles kommunizierbar und damit erkennbar sein wird, wird den universellen Frieden einläuten... Der alte Wunsch nach Gemeinschaft wird mit dem Sieg über die Tyrannei der Entfernung, mit dem Ende der Herrschaft von Ausdehnung und Distanz endlich in Erfüllung gehen. Bis zum heutigen Tag identifizieren wir die *Auflösung von Enklaven* mit dem *Fortschritt* [2], bekämpfen wir heftig alle Isolationismen als unerträgliche Repressionen, als ungesunde *Einschließungen,* aber wir haben nicht die leiseste Ahnung von Sinn und Bedeutung des alten Mythos von Durchsicht-Durchdringung. Diese allgemeine Nähe, dieser Globus, auf dem alles „in Reichweite" ist, dieses Kontinuum, in dem alles brutal *zusammengeschoben* ist und dessen Sättigung weniger von der Überfülle an Fahrzeugen als von der Geschwindigkeit der verschiedenen Vektoren herrührt – all das ist uns vollkommen fremd... ja, *fremd.* Der Unbekannte, der Fremde, das ist für uns schon nicht mehr der, der von fern kommt, sondern der, der gleich nebenan wohnt. Entgegen den Weissagungen der alten Propheten des utopischen Sozialismus ist die Entwicklung der gesellschaftlichen Kommunikation nicht charakteristisch für die Krise des Staates (crise de l'Etat) sondern eher für den *Krisenzustand* (l'état de crise). Die Hyperkommunikabilität der Massenmedien bedeutet mit der Unmittelbarkeit der Informationsmacht auch die unmittelbare Information der Macht. Die Super-Durchlässigkeit der verschiedenen (terrestrischen, atmosphärischen, hydro-sphärischen...) Räume bringt mit der Macht der Konzentration auch die Konzentration der Macht.

Seit einem Jahrhundert hat diese Kongruenz / Konvergenz durch die Dramatisierung der banalsten Alltäglichkeit einen permanenten Krisenzustand bewirkt. Seitdem geht alles per Express, ist expressiv (und manchmal expressionistisch). Die extreme Konzentration hat allen, die sie zu nutzen wußten, so ungeahnte Beherrschungsmöglichkeiten in die Hand gegeben, daß darüber das berühmte Wort von Saint-Juste: „Wenn die Völker unterdrückt werden können, so werden sie es auch" zu einer schlichten Banalität geworden ist. Weitgehend verkannt aber sind nach wie vor die Wirkung der Fahrzeuggeschwindigkeit auf das Gebiet, das fortschreitende Verschwinden der Realität der Körper und der Gelände in der Geschwindigkeit der Reise, die Auflösung des Ortes zugunsten des Nicht-Ortes der Fahrt, zugunsten der Abwesenheit des Passagiers.

Liest man die progressive oder positivistische Literatur, so ist der Strom gleich Sozialismus, die Beschleunigung gleich Kommunismus und die „Große Bewegung" gleich Fortschritt... Der Raum steht für den Ort der Freiheit und die Durchlauf- und Transportgeschwindigkeit für eine positive Vergesellschaftung, so daß am Ende für die Eroberer der neuen „Neuen Welt" die Begriffe „Sozialismus" und „Geschwindigkeit" gänzlich austauschbar werden (man lese nur die Berichte über die Konflikte während der Commune zwischen den „Cheminots", d. h. den Kommunarden, denen die Lokomotive als Symbol der Einheit galt, und denen, die in ihr das bürgerliche Eigentum sahen). Aufschlußreich ist auch der Selbstmord von Santos Dumont: Bei einem Aufenthalt in Frankreich während des Ersten Weltkrieges wird er zum ohnmächtigen Zeugen einer der ersten Luftschlachten; er traut buchstäblich seinen Augen nicht und kehrt verzweifelt nach Brasilien zurück, wo er sich das Leben nimmt.

Der Prophet des Fliegens kann den Absturz Ikarus' nicht ertragen; was ihm transparente Helle schien, hat sich verdüstert. Zu plötzlich hat der heitere Luftfahrtpionier an der Niederlage des Flugzeugs die des Raumes erfahren.

Das wirkliche *Jet*-Projekt zeigt sich weniger in der *Concorde,* dem „Bindestrich zwischen den Völkern", als vielmehr in der

Flugbahn des Projektils: die Politik ist ballistisch, ist Geo-Politik, Geo-Strategie geworden. Die alte Poliorcetik, die Belagerung der Stadt-Staaten, ist von der vektoriellen Politik des Krisenzustandes verdrängt worden, die Prospektive ersetzt die Perspektive. *Künftig ist alles nah,* einschließlich der Zukunft. Mit der Verallgemeinerung der Voraussage und der Voraussicht wird alles antizipiert, projektiert.

Planung ist mehr als Planierung, sie ist eine Plättung, ein Zusammenschieben, bei dem alle in Bewegung befindlichen Teile gegeneinanderstoßen und zerbrechen, Hinweise, Botschaften, Werte... aber auch Körper gegen Körper. In der Bilanz der Toten am Wochenende, im Überschall*knall* spiegelt sich diese unmittelbare Fieberhaftigkeit. Die Karambolage, die für uns sichtbar mit dem Autounfall beginnt, setzt sich hörbar fort im Durchbrechen der Schallmauer, um vielleicht eines Tages in der Detonation einer kritischen Masse zu enden... Wozu wir wohlverstanden keine „Maschine des Jüngsten Gerichts", keine absolute Nuklearwaffe brauchen, weil die Fahrzeugerzeugung ganz allein diese Dekonstruktion, diesen Abbau der Welt zustandebringt, der ehedem mit den Archetypen Pferd und Schiff in die Wege geleitet worden ist und sich mit der fortschreitenden Auflösung der Enklaven seit dem 19. Jahrhundert beschleunigt hat. Ein Prozeß, den man, so als handele es sich um eine neue Welt, „die Eroberung der Geschwindigkeit" genannt hat, obwohl es sich bei diesem Bereich weniger um einen KONTINENT als um die inkontinente, die zügellose Fahrzeugproduktion des industriellen Abendlandes handelt.

*

„Wenn es uns gelingt, auf unserem gesamten Streckennetz auf die Sekunde pünktlich zu sein, werden wir der Menschheit das wirkungsvollste Instrument zur Errichtung der neuen Welt gegeben haben." (Audibert, Polytechnischer Ingenieur, zuständig für die Organisation des Bahnwesens).

Unter dem Vorwand von Pünktlichkeit und Sicherheit (Vermeidung von Zusammenstößen auf einspurigen Strecken) beginnt hier eine rigorose Verwaltung der Zeit. Man kommt zu einer gesellschaftlichen Regulierung, die zuerst die Reisenden, dann die Arbeiter und die ganze Gesellschaft umkrempelt. Die Raserei und die Risiken rechtfertigen eine gründliche Dressur, die sich im Wesentlichen unbemerkt abspielt oder noch als Zeichen von Fortschritt und manchmal, so paradox es klingt, von Freiheit begrüßt wird! Das monströse Emblem des Kultes der Pünktlichkeit wird an den Fronten der Bahnhöfe oder sogar, wie bei der Gare de Lyon in Paris, wie ein Campanile am Rande der Bahnsteige, der „Ablegestelle der Willen", errichtet. Die Orte der Welt werden zu Stundenzeigern der Welt und die Standuhren in der Vorhalle zeigen mit der eigenen die Zeit der Antipoden an. Die Kathedralen der Hin- und Rückfahrt dienen auch einem Kult der Zeit, einer *Horolatrie*[3].

Die Disziplin des Geistes und des Körpers, diese Erfindung des klösterlichen Lebens, der freiwilligen Abschließung im Schoße einer religiösen oder militärischen *Ordnung,* wird zu einem Bestandteil des bürgerlichen Lebens. Dieser Übergang vom Säkulären zum Regulären, den bald die gesamte abendländische Gesellschaft durchmacht, wird zur Errichtung einer Planung und Programmierung der gesellschaftlichen Zeit führen; der Umweltplanung wird vielleicht eines Tages eine staatliche Zeitplanung und, wer weiß, vielleicht ein echtes *Zeitministerium* folgen.

Den Geschwindigkeitsregeln für Straße und Schiene würden Regeln für den Fußgänger folgen... ein Code der niedrigen metabolischen Geschwindigkeiten, eine Verwaltung der geläufigen Bewegungen... Seit kurzem beispielsweise können in der Sowjetunion Fußgänger mit bestimmten Verstößen gegen die Straßenverkehrsordnung mit Strafen bis zu zehn Jahren Gefängnis belegt werden. Bislang waren nur die Fußgänger strafbar, die einen Unfall verursacht hatten, jetzt fordert der oberste sowjetische Gerichtshof den gleichen Respekt vor den Verkehrsregeln von denen, die sich zu Fuß fortbewegen, wie von denen, die sich mechanischer Mittel bedienen.

Es erinnert ein wenig an jene Schulhöfe, in denen es den Kindern untersagt war zu laufen, damit, wie Marcel Pagnol erklärt, „die Enge des Pausenraums ihnen nicht unerträglich schien...", wenn Ivan Illich die Einrichtung einer „Verkehrsjustiz" vorschlägt: „Daß keine gesellschaftliche Zeitrechnung existiert, heißt nicht, daß es unmöglich wäre, sie zu erstellen ...“[4]. Für diesen Verführermönch liegt das Heil in der Begrenzung, in der Regel. Der *Rechtseifer,* der sich in diesem brüderlichen Miteinander verbirgt, darf uns indes nicht übersehen lassen, daß das Recht ebenso ein Instrument ist wie das Telefon oder die Elektrizität, ein Werkzeug, das Experten braucht, um zu funktionieren. Tatsächlich unterscheidet sich der Optimismus gegenüber der juristischen Mediation gar nicht so sehr von dem, der seit über einem Jahrhundert die „Fortschritte“ der gesellschaftlichen Kommunikation / Kommunion begleitet, und das Mönchstum Illichs trägt dazu bei, die politische Zukunft des Kontrolleurs und des Beichtvaters, d. h. letzten Endes des „Gewissensführers“ zu sichern.

Zum Schluß will ich an die Ermahnung des alten Lappen erinnern: „Wenn du auf deinen Schlitten über die Steppe jagst, so wende dich oft zurück, um dir deinen Rückweg einzuprägen.“ Vom Rücklauf des Nomaden zum Leerlauf der modernen Irrfahrt bringt uns das Fahrzeugsystem zum Ausgangspunkt zurück. Die Zukunft existiert nicht mehr: Im Land, das vor uns liegt, jenseits des Horizonts, schließt sich der Leerlauf der Reisen. Das Anderswo beginnt hier, wir selbst werden unser Unbekanntes.

Die Geschwindigkeit ist nicht mehr das Zeichen eines Fortschritts, einer Progression, sondern das einer Konversion; die Revolution des Fahrzeugs ist letztlich eine ewige Wiederkehr. Die Illusion der Geraden ist vergangen und mit ihr die des „Bindestriches“ zwischen den Nationen und den Völkern. Der Flug Blériots zu den Felsen von Dover oder der Lindberghs sind künftig weniger bezeichnend als das endlose Kreisen von Clément Ader auf dem Feld von Satory ... Gestern noch sprach Apollinaire von seinem Wunsch nach dem Kommen des großen Vergessers, jenes Christoph Columbus, der uns einen Kontinent vergessen ließe ... sein Wunsch ist bereits in Erfüllung gegangen. (gekürzt)

Anmerkungen:

1) *FIN* kan außer *ENDE* auch noch *ZIEL* bedeuten. (A.d.Ü.)
2) „La durée, l'espace et l'homme à l'époque moderne“, P. Chaunu, éd. S.E.D.E.S.
3) „La vie quotidienne dans les chemins de fer au XIX siècle“, H. Vincenot, éd. Hachette.
4) „Die sogenannte Energiekrise“, Reinbek bei Hamburg 1974.

„Autoabgase fördern Wachstum der Bäume“

Autoabgase seien nicht für das Wal
sterben verantwortlich — sie förderte
vielmehr das Wachstum der Bäume: Die
se Argumente gegen Tempolimit und Ka
talysator hat Theo Romahn von der „In-
itiative automobile Gesellschaft“ jetzt in
Frankfurt vorgestellt. Gleichzeitig be-
zeichnete er die von der Regierung ge-
planten Maßnahmen wie Tempolimit auf
Bundesstraßen und Autobahnen und die
Einführung des Katalysators als „politi-
sche Optik“.

Die „Initiative automobile Gesellschaft“
plane daher, so Romahn, mit Hilfe ihres
Koordinationszentrums in Düsseldorf
einen „Widerstand gegen den Ökoterror“
aufzubauen und auf Veranstaltungen
über Tempolimit und Katalysator zu in-
formieren. Außerdem wollen die 850 Mit-
glieder der Gesellschaft auf ihrem Bun-
deskongreß Ende September prüfen, ob
sie auch politisch aktiv werden sollen.

F.R. 7.5.85

ginka steinwachs

Löcher in private Luft

für wolfgang zängl

– – – eine unter-ab-art HÖLLE:
die linksabbieger preschen vor.
sie zerschneiden die miquel-adickes-allee im dutzend und hüllen die kasernierten wohnungen der späten besatzungsamerikaner in eine abgasglocke ein. smog schlägt alarm. eine ampel wird blockiert. fußgänger marginieren die fahrbahn. sie sitzen der syntax des verkehrsflusses wie kommata auf. stop. störenfriede der geschwindigkeit auf touren, da ohne räder.
da – – – eine heckscheibe. darin fließt eine leuchtschrift:
AUTOABGASE FÖRDERN WACHSTUM DER BÄUME.
da – – – eine zweite. darin phosphoreszierbuchstaben:
GEGEN TEMPOLIMIT UND KATALYSATOR.
da – eine dritte. sie sprüht funken:
WIDERSTAND DEM ÖKOTERROR.
ES LEBE DIE AUTOMOBILE GESELLSCHAFT.
fehlt nur noch die werbung: 'vom urplötzlichen verfertigen der gedanken beim autofahren',
denkt die dichterin.
so wird / / / der fußgänger / / / zum / / / autofeindlichen subjekt / / / .

das autofeindliche subjekt hat, aus der nähe betrachtet, zwei füße mit je fünf zehen für sich. diese stecken für gewöhnlich in schuhen, die lauffreundliche eigenschaften haben. damit bewegt es sich – als lastesel kommt es nicht in frage – in der horizontalen fort. es bedarf keiner reflexzonenmassage. die reibung erfolgt am perron. es bedarf keines weight – watching – systems. durch das zu fuß gehen allein treten permanent dünne geistesblüstige aus dicken fleischeslüsternen frauen aus.
das autofeindliche subjekt ist sich sein fitnesscenter selbst, auf kleinstem hubraum, der lunge.
und jetzt kommts gleich viermal:
– – – es ist agil und viele andere adjektive auf 'il'.
– – – es ist fidel und viele andere adjektive auf 'el'.
– – – es ist sich selbst nicht der übernächste.
– – – es hat eine besondere duftnote von der mutter natur mitbekommen.

die bifurkation des autofeindlichen subjekts als vergangenes und element von zukunft:

unter einem bestimmten gesichtswinkel läßt sich das autofeindliche subjekt, der dinosaurier, als relikt aus der vorzeit betrachten, als der pegel der weltmeere noch höher stand und deren fluten wilder wogten.
der dinosaurier als spätling, für den die zweite natur der städte noch natur und nicht schrott ist, die allgemeine müllhalde von fühllosigkeit, natur, und das heißt erfahrbar, zum beispiel durch gehen, sinnlich reich.
das relikt aus der vorzeit als wehrhafter, der auf einem von ihm benötigten raum, zum zu fußgang benötigten raum, genannt frei – raum, insistiert. und dieser raum, darauf beharrt er inständig, ist nicht nur der asphaltplattgewalzte boden unter, sondern auch die liebe laue luft über ihm. sein loch in diese allgemeine luft.
sein privates luftloch.
– – – und allmählich werden gedanken beim gehen verfertigt.
– – – sie umkreisen eine utopie.
– – – minimalforderungen.
das, was den elefanten, löwen, giraffen, antilopen zugebilligt wird, der nationalpark, soll und muß es in einer nahen zukunft auch für den pedestren stand des fußgängers geben: gehegt, eingehegt, umhegt, zugänglich wenn schon dann überhaupt nur der foto – safari, das R E S E R V A T !
n. b. das reservat ist nicht die fußgängerzone, sondern der gesamte städtische ballungsraum.

– – – eine unter-ab-art HIMMEL:
die zweibeiner im anmarsch.
sie haben bei leicht erhobenem kopf einen federnden gang und gestikulieren mit den armen.
es sind alte und junge.
sie rupfen hier und zupfen dort.
ein schwatz, ein klaps, ein offenes lied auf geschlossener straße.
solarmobile marginieren die fahrbahn.
sie säuseln fast geräuschlos über das pflaster und ziehen transparente nach.
da – – – ein erstes. es ist orangenrot und hat die aufschrift:
SAFT VON DER SONNE.
da – – ein zweites. es ist königsblau und prangt mit dem slogan:
UV-STRAHLEN BRINGEN AUF TOUREN.
da – ein drittes. es ist schneeweiß mit gelbem aufdruck und die buchstaben zwitschern wie noten:
DAS SOLARMOBIL MACHT PRÄSENZMUSIK.

Brigitte Wormbs

Kunde von Irgendwo

William Morris und der Traum vom Paradies auf Erden

Der Treffpunkt ist ebenso leicht zu finden wie mit anderen Orten irgendwo im Umkreis von London oder Hamburg, Paris oder München, Basel oder Ulm zu verwechseln: ein Ort an der Peripherie der Stadt, wo sich die Ausfallstraße aus der City mit dem Autobahnring um die Vororte kreuzt und die Winkel zwischen den asphaltgrauen Bahnen des rotierenden, ein- und ausfallenden Verkehrs von einer hart verschalten Landschaft voll grell bemalter Kästen ausgefüllt sind.
Die Kreuzung ist noch nicht lange fertiggestellt, erscheint uns aber im ersten Augenblick des Nichtwiedererkennens dieser Gegend schon so selbstverständlich als Bestandteil der Umwelt von 1984, daß uns nur eine übriggebliebene Fotografie den früheren Charakter der Landschaft hier in Erinnerung rufen kann: ein leicht zur Flußaue abfallender Wiesengrund mit Erlen- und Weidengebüsch, durch den eine schmale Straße führt, gesäumt von einer Pappelallee. Aus dem Hintergrund jenseits des Flusses schieben sich Ausläufer einer fernen Hügelkette mit Dörfern auf ihren Rücken in die Felder. Hoch über den scheinbar fest mit dem Boden verbundenen Gegenständen schweben zwei Gabelweihen im tief herabreichenden Himmel, als wären auch sie nicht von da wegzudenken.
Dem zunächst ungläubig, dann sehnsüchtig ins Bild versenkten Blick kommt wie von weit hergeholt eine vielleicht nur allzu naheliegende Frage entgegen.
„Finden Sie es nicht auch schwer, sich in die Zeit zu versetzen, in der dieses schöne Land von seinem Volk so behandelt wurde, als wäre es eine häßliche, charakterlose Wüstenei – ohne Rücksicht auf seine liebliche Anmut, die der Pflege bedurfte –, ohne acht auf den Wechsel der Jahreszeiten mit seinen stets neuen Wonnen, die Verschiedenheit des Bodens und auf alle sonstigen Reize unseres Heimatlandes?“
So fragt in William Morris’ erfundener Welt von „Nirgendwo“ irgendwann im 21. Jahrhundert die dort heimische Frau Ellen den Gast aus der Fremde, und sie fragt weiter: „Wie konnten die Leute so grausam gegen sich selber sein?“ „Und gegeneinander“, fügt der Fremde hinzu und fährt fort: „Liebe Nachbarin, ich will Ihnen offen sagen, daß ich es leichter finde, mich in diese schlechte Zeit zu versetzen, weil ich selber ein Teil von ihr war.“

William Morris, vor rund hundertfünfzig Jahren geboren, war Dichter, Maler, Kunsthandwerker, Architekt, „Wegbereiter moderner Formgebung“ am Anfang der Design-Geschichte „und darüber hinaus“, wie Henry van de Velde schrieb, „ein glühender, aufrechter und tätiger Sozialist“. Er war ein Teil des 19. Jahrhunderts und auch „ein Mann gegen die Zeit“.
In Morris’ Roman „News from Nowhere“, den „Die Neue Zeit“, die sozialistische „Revue des geistigen und öffentlichen Lebens“ hierzulande vor knapp hundert Jahren unter dem Titel „Kunde von Nirgendwo“ veröffentlichte, findet sich William, der Ich-Erzähler, über Nacht weit in die Zukunft in das wunderbar verwandelte Land seiner eigenen Herkunft versetzt. Alles, was er in der alten Zeit als falsch und bedrückend empfunden hatte, ist hier in sein Gegenteil verkehrt. Die verkehrte Welt als richtige hat auch materiell im ganzen und in allen einzelnen Erscheinungen schöne Formen angenommen dank eines neuen Verhältnisses der Menschen zueinander und zur außermenschlichen Natur, das die Ausbeutung entfremdeter Arbeit und den Raubbau an der Materie überwunden hat. Im Lebens- und Produktionszusammenhang des neuen Gemeinwesens sind Staatsgewalt, Gefängnisse, Privateigentum und Geldwirtschaft verschwunden. Ein Reichtum an individuellem und gesellschaftlichem Leben hat sich aufgetan, den William staunend betrachtet, „als wäre er von einem anderen Planeten herabgefallen“. Er bittet einen alten Mann, ihm zu erklären, wie es zu diesem glücklichen Ausdruck von Land und Leuten gekommen ist.
„Das will ich gern tun“, sagt der alte Mann, „damit ich es aber kann, muß ich Ihre Geduld einigermaßen in Anspruch nehmen und etwas von der Vergangenheit sprechen. Der Gegensatz, die Gegenüberstellung ist zu dieser Erläuterung nötig.“
Was wäre, von dieser vorgestellten Zukunft aus betrachtet, nicht alles schon Vergangenheit bis weit hinaus über den gegenwärtigen Augenblick.

Die Ampel hoch über der Kreuzung schaltet auf Rot. Schleifende, kreischende Bremsgeräusche. Aufleuchtende Rücklichter. Stillstand der Begleitwelt des Fahrens. Hinter uns, vor uns, neben uns dicht an dicht auf den ersten Blick nichts als rote, blaue, grüne, gelbe, metallic-silberne Gehäuse, daran weiße Schilder mit Nummern und Buchstaben, aus denen wir bedeutungslose Namen bilden. Dann erkennen wir im Rückspiegel Gesichter, sehen Hände vor uns auf der beschlagenen Innenseite einer Heckscheibe. Unsere Blicke ins benachbarte Wagenfenster treffen auf Augenpaare, die sich wie ertappt abwenden. Das Ampellicht springt auf Grün. Parallelaktionen setzen ein. Köpfe richten sich geradeaus. Hände greifen zu Lenkrad und Schalthebel. Linke Füße kuppeln, rechte geben Gas. Motoren heulen auf. Dichte Abgasschwaden quellen aus den Auspuffrohren. Hupen signalisieren Ungeduld mit den Individuen, die sich nicht so automatisch in die Arbeitsgänge des Starts teilen können. Die Straße, „Wohnung des Kollektivs", ist zum Korridor des Individualverkehrs geworden, wo sich die vereinzelten Insassen der fahrenden Gehäuse nur durch Zeichen nach den Regeln der Straßenverkehrsordnung verständigen.

Als der Ingenieur Gottlieb Daimler, der auch vor rund hundertfünfzig Jahren geboren wurde, die Maschine erfand, die heute unsere Umwelt und unser Verhalten zueinander im öffentlichen Raum beherrscht, eilte der Künstler William Morris seiner und unserer Zeit weit voraus in eine Welt, wo Maschinen nur mehr eine untergeordnete Rolle spielen. Dort läßt eine langsamere Fortbewegungsart Zeit für die Erfahrung eines Landes, wo dem individuellen Glück ein öffentlicher Raum entgegenkommt, der selbst die reinste Augenweide ist.
„Diese ganze Vielfalt von Baukunst, die inmitten der üppigen Felder so plötzlich vor uns aufstieg, bot nicht nur ein erlesen schönes Bild, sondern strahlte eine so edle und verschwenderische Lebensfülle aus, daß ich mich in nie gekanntem Maße von heiterem Frohmut durchdrungen fühlte. . . . Wir hielten unter einer Menge von Fuhrwerken an, in denen sich schöne gesunde Menschen befanden, Männer, Frauen und Kinder in den heitersten Gewändern. . . . 'Daß dies ein Markt ist, brauch' ich nicht erst zu erfragen', bemerkte William, 'aber was hat denn eine solche Pracht hier zu bedeuten?' "
Wir überqueren die Kreuzung und folgen den Wegweisern zum Einkaufszentrum, das mit seinen grellen Farben vor uns aufsteigt wie aus der Zeitung von heute morgen – ungeheuer vergrößert – auf Plakatwände projiziert. Was hat es zu bedeuten, daß sich Reklame anstelle von Baukunst im öffentlichen Raum breitmacht, so daß ihm nur noch eine Front- und eine Kehrseite zu bleiben scheinen? Die Anzeige war nicht zu übersehen gewesen; sie hatte eine ganze Seite der Zeitung eingenommen. Auf dem regenbogenfarbenen Untergrund perspektivisch abgebildeter Schachteln, wie sie sich uns jetzt riesengroß entgegenstellen, stand in großen, schräg stürmenden Buchstaben geschrieben: „Einladung zum Kauftreff. Werfen Sie einen Blick in die Zukunft Ihres Heims. Kommen Sie ins neue Einrichtungsparadies. Es hält, was es Ihnen verspricht: eine Wunderwelt des schönen Wohnens. Da lohnt sich auch ein weiter Weg!"
Der Weg zum Paradies führte sozusagen radial durch die Jahresringe, die die Bezirke des Wohnens um die Stadt gezogen haben – sofern von Ringen noch die Rede sein kann angesichts der zerstückelten und wieder zusammengewürfelten Wirklichkeit entlang des Weges. Irgend etwas erinnerte uns trotz allem an eine für möglich gehaltene Zukunft unseres Heims, wie William sie beschreibt:
„Wir befanden uns in einer Gegend mit anmutig gebauten, reich geschmückten Wohnhäusern. Jedes Haus stand in einem sorgfältig gepflegten Garten, der von Blumen übersät war. Die Amseln sangen lustig auf den Gartenbäumen, die außer vereinzelten Lorbeerbäumen und hier und da einer Gruppe von Linden nur Obstbäume zu sein schienen . . . und zu verschiedenen Malen boten uns, wenn wir an einem Garten vorüberkamen, Kinder und junge Mädchen Körbe voll der schönsten Kirschen an. Natürlich vermochte ich in diesem Labyrinth von Gärten und Häusern die früheren Straßen nicht zu erkennen, aber die Hauptstraßen schienen dieselbe Lage behalten zu haben wie vordem."

Die Gärten sind flach geworden, laublos und fruchtlos, bis zur Ununterscheidbarkeit der Jahreszeiten verstellt mit kümmerndem Nadelgehölz. Die Straßen haben zugenommen an Länge, Breite und Zahl und in der autogerechten Zurichtung ihre Brauchbarkeit als Orte öffentlichen Lebens verloren, seit mit der Ausbreitung des Individualverkehrs der Traum von der Gartenstadt an den ehemaligen Stadträndern in die ehemaligen Felder zerronnen ist. Je mehr Autos es gibt, desto weiter wird der Weg von der Arbeit zum Wohnen. Je weiter sich das Wohnen entfernt, desto mehr Autos füllen die Straßen, die für die Autos da sind. Gesäumt von Müllboxen und Garagen, begleitet von Abstellplätzen und Abstandsflächen zwischen Häusern, die einer abwegigen Baumusterschau näherstehen als ihrer nächsten Umgebung, scheinen diese Straßen ohne Stimmen nur noch einem einzigen Gedanken stattzugeben: Schnell weg von hier. Was bleibt, ist die verwüstete Durststrecke des Hin und Her zwischen Start- und Zielpunkten im aufgeteilten Leben. Und Ziel ist in der arbeitsfreien Zeit eines der neuen Zentren eines neuartigen Gebildes, das die alten Zuordnungen der Stadt überlagert und durchdrungen hat. Von den Knotenpunkten seiner Haupttransportwege – „auf der grünen Wiese" wie man sagt – unterwerfen sich die Warenumsatz-Zentralen das ganze abgeflachte Land.
Die Kennzeichen der Autos auf dem Kundenparkplatz geben den Einzugsbereich des Verbrauchermarktes an. Leute steigen aus den Wagen, sehen sich einen Augenblick lang suchend um, folgen dann den grellfarbigen Pfeilen mit den Aufschriften: Wohn-Center. Garten-Center. Bau- und Heimwerker-Center. Die Aufschriften wiederholen sich auf den fensterlosen Fronten der uns umstellenden Riesenkisten, die mit der asphaltgrauen Bodenfläche dazwischen, ihren schmutzig weiß angekreideten Stellplätzen und dem hoch oben scharfkantig abgeschnittenen Himmel darüber keinen Raum bilden, sondern nur den übriggebliebenen Rest davon zwischen achtlos in den Raum gestellten Sachen. Lauter harten Sachen, zwischen denen sich viele einzelne Leute bewegen, als könnten sie sich daran nicht stoßen; als könnte man alle diese Dinge hier einfach so dahingestellt sein lassen wie etwas, das die Aufmerksamkeit nicht lohnt und der Beschreibung spottet, in der es sich zu Metaphern, Klischees der heutigen Zeit verhärtet: Beton. Asphalt. Schachtelbauten. Verpackung in Sprache wie Sache.
Die Gemeinplätze, grau in grau grundiert und triumphierend bunt beflaggt, breiten sich aus mit der Sprachlosigkeit, die ihresgleichen kaum noch Betroffenheit treffend entgegenzusetzen hat. Daß kein Baum in der Beschreibung dieses Orts zu nennen ist, versteht sich schon von selbst. Und auch die Vögel haben wir nicht vergessen zu erwähnen; es gibt sie nicht mehr über dieser Plattform des Geschäfts, wo keine grüne Wiese mehr ist und auch kein Platz, wie ihn Williams Reisebegleiter zum Verweilen aufsucht.
„Er lenkte das Pferd unter einen Bogengang, durch welchen wir in ein sehr geräumiges, gepflastertes Viereck gelangten, mit einem Feigenbaum in jeder Ecke und einem plätschernden Springbrunnen in der Mitte. In der Nähe des Springbrunnens befanden sich einige Marktbuden, von Markisen aus bunt gestreifter Leinwand beschattet . . . Das Erdgeschoß des Gebäudes rings um das Geviert bildete einen weiten Bogen- oder Arkadengang, dessen phantastisch kraftvolle Architektur ich nicht genug bewundern konnte. Auch hier wandelten Leute herum oder saßen lesend auf Bänken . . . jedesmal, wenn ihr Blick mich traf, machten sie mir ein sehr freundliches und herzliches Zeichen des Grußes."
Wir dagegen überqueren hastig die Fläche zu den Blöcken hin, um die wir uns Fahrzeuge und Gehende immer nur gerichtet vorstellen können wie Eisenspäne um einen Magneten. In diesem öffentlichen Raum – wenn man ihn noch so nennen will, und vielleicht sollte man darauf bestehen –, hier also hält nichts, keine Bank und kein Schaufenster die Schritte und Blicke der Passanten auf. Niemand grüßt jemand. Hier trägt sich keine Kommunikation, kein gemeinsames Leben zu. Eilig wird hier nur weggetragen, was man aus dem Inneren des Warenhauses in das Innere des Wohnhauses schafft.
Kann die verheißene „Wunderwelt des schönen Wohnens" halten, was man sich angesichts der Unheimlichkeit der Außen-

welt um so mehr von der Zukunft des eigenen Heims versprechen muß? Aus dem vorläufig hingenommenen Außenraum, dessen Form niemanden etwas anzugehen scheint, treten wir in das fest verschalte Innere des Einrichtungsparadieses, das die Aufmerksamkeit jedes Ankommenden auf sich lenkt, als hätte es ein Fest zu bieten wie in Williams Zukunftsland. „Ein nicht allzu dichter Strom von hübsch gekleideten Leuten bewegte sich demselben Ziele zu. Wir bogen in den Arkadengang und gelangten zu einem prächtigen, reich mit Schnitzwerk und kunstvoller Eisenarbeit verzierten Eingangstor, an dem ein sehr hübsches, schwarzhaariges Mädchen jedem Eintretenden ein reizendes Blumensträußchen überreichte."

Hinter der Luftschranke, die draußen und drinnen zugleich trennt und vermischt, sehen wir uns auf den ersten Blick Lichtjahre entfernt von der grauen, kahlen Einförmigkeit hinter uns. Vor uns breitet sich eine verwirrende Fülle von Dingen aus, als wäre uns alles, was wir uns zu wünschen haben, durch die ausgeplünderte Landschaft vorausgeeilt, um sich uns hier im künstlichen Licht der Schau zugleich aufzudrängen und vorzuenthalten. Unablässige Musik zerstreut die Erinnerung, die vor hundert Jahren schon einmal das hier wieder heraufbeschworene Wunschbild von der Zukunft unseres Heims hervorgerufen hat.

„Schließlich führte Ellen uns in die kleinen Zimmer, die so duftend, sauber und schmuck waren wie die Ideale der alten Dichter des Landlebens."

In die Farben des Hauses gekleidete Hostessen verteilen Prospekte in den Farben des Hauses, wie sie im Morgengrauen aus der Zeitung gefallen und auf der asphaltgrauen Fläche wieder vor uns aufgestanden waren. Unsere zerfallenden Blicke suchen Halt in den Sätzen, die diese schier endlosen Fluchten wohnfertig arrangierter Interieurs voll rustikalem Mobiliar aus echt Eiche, Kiefer und Buche natur, reich mit „aufwendigen Ornamentschnitzereien" verziert, aus echt Leder, Naturstein, Schmiedeeisen und Korbweide zur „Wohnlandschaft – so ganz nach Ihrem Geschmack" – zusammenfassen. Vertraulichkeit schleicht sich in unsere persönliche Privatsphäre ein, um sie der geschäftlichen preiszugeben, die sie hier in die Zone trüber Vermischung von Öffentlichkeit und Privatheit versetzt. „Hier ist der Platz, der Ferienstimmung macht, der den grauen Alltag vergessen läßt, denn hier herrscht die Gemütlichkeit einer urigen Bauernstube. Und jedes Möbelstück hier ist ein Stück echte Natur."

Aber auf die Gemütlichkeit innerhalb der Wände schlägt das draußen Erfahrene durch. Das Urige, Rustikale ist eine hauchdünne Schicht, auf hart gepreßte Massen aufgeklebt. Der Alltag haftet an den Blicken der Kunden, die das Angebot wie durch Trennscheiben prüfen. Er greift mit den Händen, die das Material und seine Verarbeitung zu einem Fabrikat von ungewisser Qualität ratlos betasten. Die Gegenstände aus Naturstoffen, die der Substanz der Außenwelt Stück für Stück entzogen wurden, sind mit dem Preis einer Warenwelt gezeichnet, in der die Dinge und Wörter immer für etwas anderes stehen: Holz, Leinen, Jute, Leder und Stein für Natur. Natur für Gesundheit, denn „natürlich Wohnen heißt gesund leben". Wohnen für Leben. Drinnen für draußen. Inmitten der ausgestellten Inneneinrichtungen des Privaten weisen plötzlich Pfeile „zum Marktplatz" hin. Wir trauen unseren Augen nicht: Vor uns öffnen sich Arkaden auf ein Geviert mit einem Baum in jeder Ecke und einem plätschernden Springbrunnen in der Mitte. Rings um den Springbrunnen befinden sich Marktbuden, von bunt gestreiften Markisen gegen das neonkalte Rampenlicht abgeschirmt. Wo sind wir hier? – Irgendwo, wo man den verkauften Traum von einer idyllischen Außenwelt inszeniert als Krönung der Schau in die aussichtslose Innenwelt der ungeheuren Warensammlung, die die Formen des menschlichen Zusammenlebens bestimmt. Sie nehmen die Häßlichkeit der Farce an, in der jeder einzelne mit seiner Kaufkraft eine tragende Rolle spielen soll: Kunde von irgendwo.

„Es war damals ein gewöhnlicher Scherz zu sagen: Die Waren sind zum Verkauf und nicht zum Gebrauch gemacht", sagt der alte Mann zu William, „ein Scherz, den Sie, weil Sie von einem anderen Planeten kommen, verstehen mögen, den aber unsere Leute nicht verstehen."

Aus der Wunderwelt von „Nirgendwo“, wo sich alles zum Guten gewendet hatte, findet sich William über Nacht zurückversetzt in „das Elend der Vergangenheit“. Er erwacht in seinem Bett, in seinem Haus, in der häßlichen, verrußten Industriestadt und denkt über alles nach. „War es ein Traum? Und wenn es einer war, warum hatte ich die ganze Zeit das Bewußtsein, dieses neue Leben von außen zu sehen - als ein Zuschauer, der noch in den Vorurteilen, den Befürchtungen und dem Mißtrauen dieser Periode des Kampfes und des Zweifels befangen ist?“

An der Bruchstelle des Erwachens in die Geschichte, unsere Geschichte, kommen William die Voraussetzungen der geschauten neuen Welt noch einmal deutlich zum politischen Bewußtsein. Vollkommene Schönheit des Lebens in allen seinen Verkörperungen kann er erst von einer Zeit erwarten, in der es „keine Herren und Knechte mehr gibt - nicht früher“. So wird Morris' Überzeugung, daß eine bestimmte Form nicht ohne entsprechenden Inhalt zu haben ist und umgekehrt, daß Politik und Ästhetik untrennbar zusammenhängen, auch keineswegs widerlegt, sondern erst recht bestätigt von den herrschenden Verhältnissen in der raffgierigen Warenwelt, die seine irdischen Paradiese Stück für Stück vereinnahmt hat, allerdings in einer auf das Niveau ihrer Zwecke heruntergekommenen Form. Den kassierten und deformierten Wunschräumen fehlt das ästhetische Fundament, das in „Nirgendwo“ eine von Ausbeutung und Entfremdung befreite Arbeit legt mit der „Produktion dessen, was einst Kunst hieß, aber . . . jetzt keinen Namen mehr hat, weil es ein notwendiger Teil der Arbeit jedes einzelnen Menschen ist“.

Heute, mehr als ein Vierteljahrhundert nach dem Zeitpunkt, auf den man in „Nirgendwo“ den hart erkämpften Umschwung zur neuen Gesellschaft datiert, läßt indes die Konsequenz aus Morris' eigener kulturrevolutionärer Theorie mehr denn je an der Form zweifeln, in der er dem Kampf um eine bessere Welt mit ihrer anschaulichen Darstellung „etwas Hoffnung beimischen“ wollte. Zum letzten Mal, bevor die Alpträume in kritisch-utopischen Visionen die Oberhand gewannen, zeigte er aus Protest gegen die Verhältnisse seiner Zeit das Zukunftsland noch einmal als vollendet schöne neue Welt.

„Und wenn andere die neue Welt sehen können, wie ich sie gesehen habe“, so schließt William seinen Bericht, „dann kann man, was ich erlebt habe, eher ein Gesicht nennen als einen Traum.“

Können wir sie so sehen? Und wenn wir sie s o sehen könnten, wäre ihr Anblick dann nicht eher eine Maske zu nennen als ein Gesicht? Nicht nur, weil Morris' Vision einer nachindustriellen Welt vorindustrielle Elemente hat und alle Kunde von Wärmeströmen im Zukunftsland auch im sprachlichen Raum unserer Gewohnheit klingt wie Nachhall von Vergangenheit. Obgleich revolutionär anvisiert, kann Morris' schönes „Nirgendwo“ wohl keine möglichkeitsgetreue Ansicht der Verkörperung von ganz andersartigen Lebensbedingungen und -erfahrungen zeigen, solange eben diese Bedingungen und Erfahrungen noch fehlen.

Immerhin sah Morris selbst, daß die Welt jedenfalls anders sein könnte, als sie ist. Als Zuschauer der Vorstellung aber blieben wir im Horizont von Konsumenten befangen, die schon das Zukunftsland Revue passieren lassen, bis es wie das Lichtgeviert auf dem Bildschirm eines ausgeschalteten Fernsehapparates zusammenschrumpft und dann verlöscht.

Statt aus Morris' fernen, fertig vorgeführten Bildern ließe sich Orientierung heute eher aus dem Blickwinkel gewinnen, unter dem er das scheinbar Selbstverständliche als frag-würdig erkannte. Seine ebenso findigen wie naheliegenden Fragen, gegen den Strich der fortgesetzten schlechten Zeit gestellt, könnten zum Beispiel Umgebungen wie diese, in der wir uns hier an der Kreuzung des Warenverkehrs befinden, zwischen Herkunft und Zukunft in eine kritische Lage bringen. Sie könnten Anlaß geben, dem jeweils ersten Blick viele weitere nachzuschicken, das Unscheinbare sehenswürdig und das scheinbar Indifferente unterscheidbar werden lassen. Und vielleicht führt das dann in eine unvorstellbare Richtung.

Wir passieren die Luftschranke von drinnen nach draußen. Der Wind fegt zerfetzte Prospekte in den verdreckten Farben des Hauses gegen die Wände des Hauses, das nicht hält, was der Regenbogen auf seiner Fassade verspricht. Auf dem verlassenen Kundenparkplatz zeigen sich Frostaufbrüche im Asphalt. Das Neonlicht der Peitschenlampe vor der Ausfahrt ist heute bei Einbruch der Dunkelheit nicht angegangen. So können wir die Sternschnuppe über dem verdämmernden Block des Kauf-Centers deutlich sehen. Wir überqueren die Kreuzung und fahren auf dem Weg durch die Bezirke des Wohnens nach Hause. Dabei kommen wir nur langsam voran. Die Gegenwart nimmt in ihrer porös gewordenen Wirklichkeit so etwas wie die provisorische Form eines Traums an. Längs der Straßenränder häufen sich vor den Gartenzäunen Berge von ausgestoßenen, weggeworfenen Dingen, die neu angeschafften Platz gemacht haben. Dazwischen bewegen sich viele, teils farbenfroh gekleidete Leute in kleinen Gruppen. Ungewohnte Stimmen beleben den von den Anliegern schon aufgegebenen Raum. Kleine Lichtkegel huschen über die bizarren Zusammenstellungen von ehemals unvereinbaren Gegenständen, halten für Augenblicke still auf etwas, das vielleicht auch als etwas anderes zu gebrauchen wäre. Auf der Suche nach verwendbarem Ausschuß aus den Inneneinrichtungen der Häuser nehmen die nächtens Zugewanderten auch den verödeten Außenraum der Warenwelt von ihrer Kehrseite her wieder in Gebrauch. Die Anwohner beobachten das Treiben unterdessen mit Blicken, als wäre es ein Einfall von einem anderen Planeten.

Elastisch, weil mit mentalen Abfederungen und ohne technische Hilfsmittel, werde ich bis ans Ende des neunzehnten Jahrhunderts befördert. Nicht durch dunkle unwegsame Kanäle, nicht querbeet. Wie im Traum. Eigentlich nur einen Gedankensprung weit, ohne körperliche Erschütterungen, mache ich mir eine Kunst zunutze, die als Gedanken-Kunst wie im Flug durch den Kopf schnellt – im meta wie physischen Sinn. Nicht verschwiegen werden darf, daß diese, mir gefügige Gedanken-Kunst seltsam entschlossen ist, wenigstens ein Quentchen ihrer eigenen Voraussetzungen zu ergründen, nämlich jene Flüchtigkeit, mit der sie sich selbst beschleunigt. Im Handumdrehen von einer Zeit in die nächste, von einem Jahrhundert ins übernächste springt, Grashüpfermentalität, von einer anwesenden Gegenwart in eine gedachte, längst verflossene. Heftet sie nicht im Geschwindigkeitsrausch das Vorgestrige, beinahe vergessene, unwiderrufliche Ereignis, unauflösbar an dieses Hier und Jetzt, mein gegenwärtiges Empfinden? Und löscht die Differenz, die beiden zugrunde liegt, fügt Entgegengesetztes aneinander, Erinnerung an Vergessen, das Entrückte an Gegenwärtiges.
Was der Gedanken-Flug für den Kopf ist, sind die Fahrgeschosse für den Rumpf. Aeroplane und Automobile, die schockwellenförmig, Staubwolken im Schlepptau, jede mögliche Entfernung zurücklassend, um die Jahrhundertwende die Welt besiedeln.

Nun ziehen sich die Entfernungen, eigenartig entfernungslos geworden, zusammen; der Körper sortiert seine Behausungen, die nicht länger Raum, sondern Raum-Erscheinungen sind, kinematographische Einsprengsel wie durch das Fenster des Automobils, vorüberschleifend. Landstrich auf Landstrich, tausenderlei Gegenden im Ausschnitt, ohne Vorgeschichte. Fahren wie auf der Leinwand. Der Reisende, noch eingehüllt in die Kleider seines Kontinents, erreicht mühelos wie blitzschnell neue Horizonte: Start – Fahrt – Ziel – Profil. Land ist nicht nach und nach in Sicht gekommen, Land wurde, Donner und Kanonenschlag, im Handstreich genommen. In chronologischer Abfolge werden Meilensteine, Sträucher und der Horizont hügelaufwärts hügelabwärts passiert. Allein die durch den

Fahrtwind verursachte Luftströmung ist ein bewegendes, bewegtes Element; Flatterhaar im Wind. Neunzehnhundertsiebenundzwanzig verfängt sich Isadora Duncans Dreimeterschal, ein schneeiges Seidengespinst, in den Speichen ihres Sport-Coupés, der sie auf immer und ewig zu Tode stranguliert.

Aber ungefähr zwei Jahrzehnte früher: Plötzlich, Knall auf Fall, erscheint der Futurismus auf dem Plan.

Das Automobil, Metallgebilde und Geschwindigkeitskörper, der rast nicht rastet, entschlossen jeden Meter wie Kilometer, ohne Rücksicht auf Zwischen-Räume und Hindernisse zu fressen, mit äußerster Gefräßigkeit – rechts und links Zypressenalleen –, das Automobil ist den Futuristen nicht nur rasantes Fahrgeschoß, sondern im gleichen Atemzug Gestalt gewordene Idee ihrer Gewalt- wie Geschwindigkeitsträume – die ja nicht nur Schäume...

Das Automobil ist gleichzeitig Symbol für pfeilschnelles rücksichtsloses Vorwärtskommen einer außer-sich-geratenen Gesellschaft, die bis heute rast nicht rastet, ein Perpetuum mobile, das von Anfang bis Ende von Ende bis Anfang, Gewalt und Geschwindigkeit Geschwindigkeit und Gewalt fabriziert.

Die Manifeste der Futuristen kleiden sich in Überschall-Design. Marinetti, allen voran auf kulturellem Vorposten, organisiert mit Lucini, Corrado Govoni, Paolo Buzzi, Federico de Maria und einigen Gehilfen Torpedo-Tourneen durch die italienischen Städte, auf denen er bombastische Reden inszeniert – rollende Sprechmaschinen über die Köpfe des Publikums hinweg.

„Preisen wir das Stimmengewirr, die mathematische Verteilung der Arbeit in den Laboratorien, die Pfiffe der Eisenbahnzüge, die Konfusion auf den Bahnhöfen und die Unruhen! Und die Schnelligkeit! Und die Präzision!“ (Boccioni)

Das neunzehnte Jahrhundert hat den Boden für die Erstürmung des Himmels aufbereitet. Fabrikschornsteine und Hochspannungsleitungen berühren das Firmament, von oben gesehen bezieht ein wohlgefälliger Schleier alles Darunterliegende, durch den hindurch die Futuristen die Verhältnisse entdecken. Naturgemäß nach den herrschenden Maßstäben, den gängigen Übereinkünften einer Gesellschaft im Höhenflug. Im Schleudersitz über alle sieben Berge schleudernd, dynamisch aufgeladen bis zum äußersten Rand und über diesen hinaus. Ausschließlich vibrierend, angeschlossen an ein universelles Stromerzeugungsnetz, vollautomatisch inspiriert, jeder Millimeter ihrer Oberfläche industriell kultiviert, kein Brachland, alles zweite und dritte Natur, expansiv expandierend.

Ihre Manifeste prägen sich als Wiederkunft empirischer Kriegs- wie Schreckensbilder ein. Wie schrecklich schön, schön schrecklich ihre Oden klingen, aus denen Spielzeug-Automaten und niedliche Androiden spazieren.

Anfangs waren ihre Gesänge noch ins Fin-de-siècle eingerollt, stimmungsschwül: „Ungestümer Gott aus einer Rasse von Eisen / Automobil trunken des Raums / das ungeduldig stampft vor Herzensangst mit dem metallenen Gebiß zwischen knackenden Zähnen...“ Benzinspuckende Ungeheuer kutschieren schnurstracks in die Chambres-separées, um die Herrschaften einzuladen. Später zerschneidet ihr Stakkato jede verbindende Lebensschnur, schießt krude keilförmige Ideologien in die Menge, Rauchschwaden ziehen am Horizont und ballistische Topoi durch Kunst und Literatur. Mögen sich auch ihre metallenen Beschwörungsformeln noch so ausschließlich, rücksichtslos fortschrittsbesessen gerieren, sich in den Dienst totaler Machbarkeit von Welt und Welten stellen, ihre Bürgerschreckattitüden setzen alles daran, jene Machbarkeit (ein kollektives Bemühen) zu zerstören: Bestehen sie doch auf jener obsessiven totalitären Singularität, auf dem elitären Sendungsverstand des einzelnen (gegen alle und alles). „Komm, eile, mein Bruder, das kalte Gerippe dieser alten Welt zu erwärmen.“ (Palazzeschi)

Vom Vergangenen wie Gestrigen bleibt nur der schale Geschmack, zum Funkelnagelneuen, Ultramodernen führt keine Passage, die Alte Welt gleicht einer Antiquitätenmesse, die ihre Ausstellungsstücke, Wissen wie Erfahrungen, billig zu Markte trägt. Tod dem Ancien Régime! Futuristische Todesschwadrone mit umgehängten ideologischen Gewehren – „Nieder mit den Einwohnern von Podagra und Paralysia! Wir suchen Menschenhaufen, um sie zu überrennen!“ – fallen heuschreckenschwarmähnlich in die schlafenden italienischen Städte ein. Modena.

Ferrara. Venedig, „cloaca maxima", Zentrum des Passatismus. „Wir wollen diese faulige Stadt heilen, diese prächtige Wunde der Vergangenheit zum Vernarben bringen."
Und immer wieder das gleiche Lied, die gleichen pathetischen Abgesänge, schwindelerregende Tiraden auf die Zukunft, die aufs synthetischste frostige Wunsch-Modelle vom Neuen Menschen entwerfen. Das Kommende wird mit der Stromlinienform erobert, wenns sein muß mit der Bombe, aber auch sie erscheint nur als Übergangslösung für eine noch hellere Detonation.
Und immer wieder das gleiche Spiel: Marinetti alias Mr. Pink alias Mr. Koffein und seine Freunde, Govoni, De Maria, Buzzi, später die Maler Boccioni, Carrà, Russolo und viele andere organisieren zur Abendstunde, vor Mitternacht, hier und da in den Brennspiegeln der italienischen Cities futuristische Soirées, Theaterspektakel am laufenden Band, Kreuzzüge für kreativ funktionierende Menschen wie lupenreine Dichtungen.
„Unter drahtloser Phantasie verstehe ich die absolute Freiheit der Bilder oder Analogien, die mit unverbundenen Worten, ohne syntaktische Leitfäden und ohne irgendeine Zeichensetzung ausgedrückt werden." (Marinetti)
Ein Katzensprung weit entfernt (bekanntlich später, um neunzehnhundertundfünfzehn) jonglieren die Dadaisten mit briutistischer Musik und Simultan-Gedichten: „Wir wollen uns nicht auf die etymologischen Finessen des Wortes einlassen, sondern wollen es so genommen wissen, wie man es braucht, von impertinent her, also frech, unverschämt, aufdringlich ..." (Vor-Dada-Manifest). Ähnlichkeiten müssen niemanden irritieren, auch die Dadaisten haben sich (wie die Surrealisten) an den futuristischen Provokateuren erhitzt, ohne jedoch wie diese zu vereisen. Ihnen saß der Kriegs-Schock zu tief in den Knochen, und sie waren nicht in ihn ästhetisch und politisch hineingeraten – wie die Futuristen und deren rhetorische Eisenblasen, sie verstanden ihn spielerisch-grell gegen Chauvinismus und Stahlgewitter zu inszenieren.
Die Futuristen platzen mit ihren Botschaften – „Wir erklären den Grundsatz 'in medio stat virus' für idiotisch und hassen alle Halbheiten. Wir verachten und bekämpfen jede Form von Gehorsam ... Auf dem Gebiet der Literatur verfechten wir das Ideal einer großen starken wissenschaftlichen Literatur ..." –, platzen mit ihren Schlagzeilen aus allen Nähten. „Aufrecht auf den Gipfeln der Welt, schleudern wir unsere Herausforderung den Sternen zu." Rezitationsereignisse wie Deklamationsabende. Bleiben nicht ohne Wirkung, schließlich kommen sie scharenweise angelaufen. Die Theater sind täglich ausverkauft. Buchhalter, Kontoristinnen, städtische Angestellte, Hausfrauen und Kulturabonnenten applaudieren den Fortschrittshymnen und randalieren zugleich, ja, randalieren gegen den allein selig machenden Anspruch.
Und immer wieder die gleiche Qual: Theaterdirektoren fürchten, daß die Kasse nicht stimmt, fürchten, daß Reizwörter und Skandale verfliegen könnten.
Keine Angst, Pegasos denkt nicht im Traum daran, anzuhalten. Warum auch, Galoppieren heißt sein Lebenswahn. Hoch höher am höchsten, immer höher auf den Olymp, wo Zeus und das Göttergeschwader schon eine wohlverdiente Belohnung auf Eis gestellt haben: das ewige Sternenlicht. Indes: Pegasos, der flinke Himmelsbote, rast, nicht rastet bis in die heutigen Tage. Pythische Entrückung. Haben Sie schon einmal hinaufgeschaut? Haben Sie ihn schon einmal, einmal schon in sternenklarer Nacht gesehen? Bellerophon hat ihn mit Menschenhand gezähmt, man denke nur an seine Überredungskünste, an die strengen Exerzitien in den Morgenstunden. Und so gezähmt hat Pegasos aerodynamische Höhenflüge gewagt. Aber die hochgelegenste Stelle am Himmelszelt konnte Bellerophon nie, denn Hochmut kommt vor dem Fall, mit seinem Flügelpferd erreichen. Pegasos schon. Er fliegt hinauf, als Sternenbild hängt er am Himmelszelt, Nacht für Nacht, Sternen-Neons über unseren Köpfen, die sich hoch und höher recken, strecken. Streck-Reck-Köpfe hat Zeus aus unseren Köpfen gemacht.
Himmelaufwärts, am Firmament, in nordwestlicher und südöstlicher Richtung, dessen bin ich gewiß, bewegt sich eine aerodynamische Ordnung wie Unordnung – mit bloßem Auge kaum auseinanderzuhalten: Spiralnebel und Haarstern, Milchstraße

ausgelegt mit Millionen Sonnensplittersystemen; Galaxiengefieder mit bloßer Iris nicht aufzufüllen.
Zwischen den Nomadenwolken, die über das Himmelszelt ziehen, setzt im Gleitflug ein Jet zur Landung an, während gleichzeitig ein anderer vom Boden abhebt. Eine uneinsehbare wie von Geisterhand angetriebene Hebelwirkung hat sich des Himmelszelts, was außer Frage steht, bemächtigt. Landungs- und Startmanöver bevölkern den bodenlosen Raum. Himmelsverschwörungen? Eben die, nur weiter gefaßt.
Schon beginnt langsam und unaufhörlich sich das Raumgefüge mit allen vorhandenen Splittergruppierungen himmelwärts aufzufüllen. Hier und da: Kosmische Fossilien, Urgestein, Feuerkugeln. Dazwischen: Flugkörper, vom Heißluftballon bis zum Sputnik, das Luftschiff Bayard-Clément und Jet-Setting. Natürlich befinden sich die Luftfahrtgesellschaften, was man bedenken muß, in permanentem atemberaubenden Einsatz. Dann und wann tritt ein bombastischer Stab von kleinen Stabsoffizieren, blaue aquamarinblaue Uniform mit stabstragendem Revers und weißgottwelchem Zubehör, zu Lande und in der Luft auf den Plan. Allzeit bereit, immer auf Achse. Selbst Reparaturarbeiten (am Himmelszelt im 20. und allen weiter folgenden Jahrhunderten) werden reklamationslos von Himmelsingenieuren in wenig mehr als ein paar Stunden zur vollsten Zufriedenheit der Flugkapitäne aller Flugkörper, die sich kreuzen und queren, ausgeführt. Hier, wie auf dem Erdenboden soll freie Bahn, freie Fahrt garantiert sein, was Reparaturarbeiten notwendig macht. Also wurde der Himmel vom Himmel geholt, wovon die Kosmogonie selbst in ihren waghalsigsten Träumen nicht gewagt hätte zu . . . nun ja. Man bedenke nur ihre furiose Entwicklungsgeschichte. Und wie alles angefangen hat! Vom Urchaos, das im Wechselspiel von Urknall zu Urknall mit sich selbst explosive Verbindungen – Gaswolkenturbulenzen – einzugehen verstand bis zum Freiluftgehege für Killerraketen, welch eine Spanne, welch ein Spannungsbogen, wovon selbst die Kosmogonie in ihren Anfängen nicht gewagt hätte zu träumen. Vom Urchaos, dem Helium, entströmte, fünfmal so leicht wie Luft, ein wahrer Luftikus unter den Lüften, dieses Helium, atomares Atomgewicht von 4,003, geschmack-, farb-, geruchlos, absolute Atomsubstanz, Lungennektar, feuerungefährlich, ein Urfossil sozusagen. Eine wahre Himmelssubstanz, eine wahrscheinliche, in die Nähe gerückte. Und weiter entfernt am Himmelszelt findet man Sternennebel und Sonnengeflecht aus Milliarden kosmischen Sonneneinsprengseln. Sie sind auf einer Diskusscheibe waagerecht aufgesetzt, die sich dreht und dreht, leichte Sternenansammlungen finden sich zum Zentrum hin. Die Scheibe rotiert um die eigene Sternenachse, fünfhundert Kilometer pro Sekunde, wobei die zurückgelegte Strecke der Achsendrehung hunderttausend Lichtjahre dauert.
„Nach unserer neuen Anschauung von den Dingen ist der Mensch nicht mehr der Mittelpunkt des universellen Lebens.“ Aber wer, aber was? Wie genau, wie sprichwörtlich nehmen die Futuristen die ästhetische, die ideologische Erneuerung des abendländischen uomo universale? Vom hochfliegenden Kopf wird er nun auf die Füße gestellt, ein Plätzchen wird ihm zugewiesen, wo er sich auf die große Zehe tritt. Aus der Traum! Punktum! Aus dem Mittelpunkt des neuzeitlichen Denkens wird er vertrieben. Denn nachgewiesenermaßen gemäß „unserer neuen Anschauung von den Dingen ist der Mensch nicht mehr der Mittelpunkt des universellen Lebens.“

Nun, nach allen Regeln futuristischer Kunst schlägt ein kosmisches, naturgemäß metallenes, jedoch ideeles Gesamtherz im Himmelsraum wie auf dem Erdboden. Schlägt regelmäßig in jedem x-beliebigen perfekt funktionierenden, dynamisch aufgeladenen Apparat (Junggeselle ohne Braut, hochreizbare hochempfindliche Schwingungsspiralen). Einprägsam als Paternoster oder elektrische Bahnhofsuhr oder kerngespaltenes Atomei zu denken. Beseelt und animiert von antistatisch aufgeladenen Mikroenergien, die jedes Ding – und sei es noch so gering – in den Dunstkreis eines universellen Schöpfungsmythos rücken. Phantasma globaler Dinghaftigkeit! Außerdem, dafür hat die futuristische Vorsehung gesorgt, springt ein Zündfunke über auf die Kunst, die sich noch wiegt und schmiegt: an die Traumschimären des Symbolismus.

„Nur die Kunst ist lebensfähig, die ihre eigenen Elemente in der sie umgebenden Umwelt findet. Wie unsere Vorfahren Stoff für ihre Kunst aus der religiösen Atmosphäre zogen, die auf ihre Seele drückte, so müssen wir uns an den greifbaren Wundern des zeitgenössischen Lebens inspirieren." Dampf- und Hebelmaschinen, Torpedo-Boote, Kriegsgeräte – wahrhaftig, das Allerartifiziellste, das Kaputteste, das dem Menschen auf die Pelle rückt, wird den Futuristen zum verführerischen Rohmaterial für paramilitärische Sandkastenspiele. Ihre Vorstellungen finden auf kreischenden Bahnhöfen statt, von Ferne heult eine Schiffsirene.
„Das weite grüne Meer, das die Dichter so törichterweise angebetet haben, arbeitet überall, mit allen seinen flinken und wütenden Stürmen, im emsigen Reigen zahlloser Eisenflöße, die zwei Millionen von Dynamos betreiben, die auf dem Strand und in tausend arbeitsamen Golfen aufgestellt sind. Durch ein Netz von Metallkabeln steigt die vereinigte Kraft des Mittelmeeres und der Adria bis zu den Gipfeln des Apennin empor..." (Marinetti). Man besang die eherne Welt der Arbeit und hatte sie nur aus der Ferne mit dem Fernglas gesehen.
Schälten sie sich nicht aus den Salons? Kamen aus forcierten Häusern, Luxuslotterdasein, debattierten inmitten exklusiver Interieurs, senfgelbe Chaiselongue, umspielt von lachsrosa Seidentapeten; heliotropfarbenes Teeservice auf dem Mahagoni-Buffet. Redeten sich an eisgekühlten Marmortischen, die Fayencen aus dem 18. Jahrhundert trugen, die Köpfe heiß. Schneidige Elite, von erlauchter eigener Hand inthronisiert, kulturelle Speerspitzen marschieren im Takt der Maschinenleiber. Aber noch, noch haben sie in den halbabgedunkelten Boudoirs Stellung bezogen, Atlasvorhänge zum Schutz gegen das gleißende Sonnenlicht, in denen man sich meerwassergrünen Curaçao auftragen läßt. Noch umwölken exotische Düfte, Moschus, Patschuli, Amber, ihre in feinstes Tuch gehüllten Leiber.
Aber die Zukunft, nur sie. Ab durch die Mitte, rechts und links geschotterte Geschwindigkeitsstrecken, Start- wie Landebahnen für ihre Ideen. „Wir stehen auf dem äußersten Vorgebirge der Jahrhunderte!... Wir leben bereits im Absoluten, denn wir haben schon die ewige, allgegenwärtige Geschwindigkeit erschaffen."
Aber anschließend, ermattet und ausgepowert vom Redefluß, entleert, um sich wieder aufzufüllen, sinkt man in die exotische Farbigkeit dieser Fauteuils, die bereit sind, alle Lasten des zukünftigen Jahrhunderts zu tragen. Oder verschwindet eine Nachtlang in einem jener Schlafsalons, die in den Stil des Quattrocento eingebettet sind. Von den schweren Wandgemälden lächeln vollippige einschmeichelnde Afrikanerinnen, stilisiertes Urgewächs. Paradies life.
Vom Paradiesgärtlein bis zum durchgestylten Dekor spannt sich ein stählerner Regenbogen. Was wäre leichter für die Futuristen als von einem Jahrhundert ins nächste zu rutschen, von einem Ende, Afrika, zum anderen, Amerika. Von der arte zur vita. Kunst und Leben, Lebenundkunst, ein ewiger Quell, natürlich-kreatürlicher Lebenssaft. Und Italien – bombastisches Gesamtkunstwerk – eine bengalisch erleuchtete Kulisse, vor der man sich im Geschwindigkeitsrausch drapiert. Es drängt sie, alles Gewesene, Gewordene, geschichtlich Geschichtete mit heftigem Zungenschlag umzunieten, denn der „Tod hält das Steuerrad" (Marinetti). Aufgepaßt, der Tod ist das Tor zum Kommenden: Italien-Europa-Amerikaamerika!!!
Wie man in afrikanischen Impressionen schwelgt! Erweckungsmärchen geistern durch die futuristischen Köpfe. Im Chambre séparée servieren Mohren in rotseidenem Wams Palmwein und kandierte Granatäpfel auf Silbertabletts. Man konserviert geographisches, vor allem militärisches, Know-how, betreibt gut florierende Wissensindustrien, ist ausgestattet mit Eroberungswillen: Landnehmen und -roden.
Aus Afrika wehen romantisch triviale Motive herüber. Sind so ins Herz gekommen. Die Futuristen, allen voran Marinetti, bedienen sich selbstverständlich aus dieser Requisitenkammer. Vertiefen sich im gleichen Augenblick in die somnambulen spiritistischen okkulten Verheißungen des Symbolismus wie in jene modernolatrià (Überhöhung und Schönung der industriellen Überschall-Knall- und Karambolagephantasien). Gleichzeitig wohlgemerkt, weil eines aus dem anderen, eines durch das

andere, eines neben dem anderen existiert. Überall Simultan-Aktionen. Sehnsuchtsnähe einen Augenaufschlag lang, sinnlich-übersinnlich und ent-sinnlicht. Blumengirlanden à la Makart winden sich um die Pneus der Automobile, welche die Herren durch die Sahara kutschieren. Aber der Kern des Orients bleibt den Landnehmern eine versiegelte Welt, beunruhigend für einen Schneeweißen... Bedrohte Hygiene. Und überhaupt, wie die Verführungen des Schwarzen Kontinents in den Himmel wachsen, kokosnußhoch, weil unerschwinglich. Wo immer das Auge abschweifen mag, scheint das Leben aus den Fugen geraten zu sein und erst der Sex, süße Erotik. Wie lieblich und unbegrenzt die geliehenen Empfindungen sind! Das Morgenland: Zitronenpyramiden, bemaltes Kraushaar, Lotusblütenhemden, arabian nights – zum Greifen nah, vertraut. „Eines Abends, als die rötliche Dämmerung / auf einen meergrünen Hafen niedersank, der nach Moschusratten und Feuchtigkeit roch..." (Marinetti). Den Futuristen ist der Orient weit mehr, nämlich Folie, um der Zukunft FORM zu geben. Und außerdem: ein Hexenkessel bizzarer Signale, die Spots in die zivilisierte Welt senden. Blendwerk. Denn ihnen ist er kein ertastbarer erforschbarer Raum, sondern vorgefundene Gültigkeit. Ein Topos. Jeder von ihnen bestand auf einer anderen Suleika-Interpretation. Mit gesenkten Häuptern passierte man das Reich der Papyrusstauden, weil in Gedanken vertieft. Wilde Tiere lauern auf dem Sprung.

In Alexandrien hat Marinetti das Licht der Welt erblickt, von einer sudanesischen Amme genährt, von Jesuiten belehrt. Schifft sich dann um die Jahrhundertwende nach Italien ein. Seinem Vater, dem Kolonialherrn, ist er nicht untreu geworden, von ihm wird er reichlich mit Eroberungs-Tugenden ausgestattet. Und kennt aus dem Effeff die Tücke des Objekts, Schwarzafrika, nämlich des vom okzidentalen Weißen studierten Objekts. Der afrikanische Dichter Marinetti sollte ein Dichter der Erlösung werden, erleuchtet ward schon früh sein Haupt.

Europa, hingerissen von orientalischen Märchen, erbeutet neue Märkte, neue Kolonien. Die futuristischen Selbsterneuerungen sollen nationale Erleichterung, Katharsis schaffen. Speerspitzenmäßig fühlt man sich, die Nase ganz im Wind. Trendsetter, immer die ersten am Ball. „Il faut être absolument moderne." Vorsicht, Hochspannung! Aus allen Turbinen, Aggregaten, Trieb- und Räderwerken schießen Energien, aus jeder Substanz, sei sie noch so unsichtbar, ja unscheinbar, lassen sich dynamische Absonderungen destillieren. „Elan vital" pumpt durchs Herz, universell und superschnell.

„Der Lärm der Straße dringt ins Haus" – so der Titel eines Boccioni-Gemäldes, welches Körper und Räume in abrupter (natürlicher?) Bewegungsbeschaffenheit wie im suksessiven Ablauf von Verrichtungen visualisiert. Die Silhouette einer Frau fixiert dieses schreiend bunte Treiben, unten. Die Piazza scheint unter ihrem eigenen Getöse einzustürzen, fallende Häuserzeilen brechen ein. Winzige Figuren turnen auf Gerüsten, deren Pfahlkonstruktionen sich schräg in den Himmel bohren. Es ist der Augenblick des Falls, die Sekunde vor dem Fall, so wie eine Sekunde auf die nächste fällt, ein Augenblick auf einen anderen (Augenblicksgewitter). Lärm- und Luftvibrationen sind losgelassen, mit bloßem Auge nicht wahrzunehmen, aber minutiös, ja detailliert, beinahe mit positivistischer Akribie auf die Leinwand gebannt.

Hier wie dort Geschwindigkeitswahn, Bibliotheken, Museen und Akademie stürzen ein. Fallsucht.

Mag auch der Futurismus mit seiner idiosynkratischen Ausprägung (Autonomie und Einheitswillen) eine besondere italienische Zeit-Erscheinung sein (italiantità), wobei der Verfall des römischen Imperiums, das unerlöste Triest und die unbedingte Selbst-Inthronisierung (Die Künstler an die Macht!) eine eigene italienische Rolle spielen – der futuristische Zeitgeist (nationale und individuelle Selbsterneuerung) steckt in vielen europäischen Köpfen.

Und dennoch: Deckte die Vehemenz der futuristischen Erneuerungsphantasien – ästhetische Fixierung auf die schwelende Katastrophe – Schreckensvisionen vom kommenden Unheil auf, die allerdings blind gegenüber sich selbst sind, sich ihres wahren Kerns nicht bewußt werden. Warum sonst wäre wohl Marinetti

langjähriger Mitstreiter Mussolinis gewesen, der den Futurismus leichten Herzens den Faschisten zuspielte.
Ganze Gesellschaften schnellten, den Kopf nach unten in die Höhe. Die futuristischen Aktionen und Parolen profitieren von diesem Trug-Flug. Und mobilisieren alle Vorstellungen, den Fall zu beschleunigen: Bild für Bild, Spiel auf Spiel, Schock auf Schock. Ihre bedingungslose künstlerische Praxis (absolutes Zeitverstehen der Moderne) wird von ihren totalitären ideologischen Rasereien überfahren, ihre Bilder werden überrollt: Stilisten an den Fronten, maßlos, ohne Moral, den Krieg ästhetisierend. Anschauung, oh du reine, vorbehaltlose, wie blicklos du schaust und dich am Schock berauschst! Sensationen über Sensationen - endlose Wiederkehr. Was immer passiert, was immer geschieht - es ist um seiner selbst willen. Bewegung fällt ins Bodenlose und mit ihr der Fortschritt, nicht aufzuhalten.
Die Gangart hat sich, dessen bin ich gewiß, verdoppelt, verdreifacht, vervielfacht, vom ersten in den vierten Gang, dreihundert Kilometer pro Stunde. Kaum vermag ich Schritt zu halten, auch deshalb hatte ich mich nun endlich entschlossen, entweder „Puma“ oder „Addidas“, ja, „Addidas“ oder „Puma“ zu erwerben, natürlich in einem wie Pilze aus der Erde schießenden Air-Conditioning-Laden, schien mir doch die Mobilmachung der Füße von außerordentlicher Wichtigkeit zu sein, immer weiter immer heiter.
Mit dem Schneckengang läßt sich schließlich nur der Weinberg, nicht die Welt erobern.

Gertrud Koch

Endlich Fahren

Geschwindigkeit und Autofahren im Film

Es wäre ein Film gewesen.
(Pause)
Es ist ein Film, ja.
(Pause)
Der Lastwagen wäre verschwunden. Und dann nachher wäre er wieder aufgetaucht.
Man hätte das Meer gehört, weit weg, aber sehr laut.
Und dann hätte eine Frau gewartet am Straßenrand. Sie hätte Zeichen gegeben. Wir hätten uns ihr genähert.
Es ist eine Frau in einem gewissen Alter. Gekleidet wie in der Stadt.
(...)
Es gibt keinerlei Wohnhäuser in der Umgebung.
Sie trägt einen Koffer.
Sie steigt in den Lastwagen ein.
Und der Lastwagen fährt wieder ab.
Und wir verlassen die Meeresküste.

(Marguerite Duras, *Le Camion*)

Die Eisenbahn fährt auf Schienen, Flugzeuge fliegen auf festgelegten Routen. Das Auto, über dessen soziale und technologische Konstruktion und Zukunft das letzte Wort wohl noch nicht gesprochen ist, repräsentiert als ästhetisches Mittel der Fortbewegung die Aura des Unvorhergesehenen. Ziellos zerstreut kann sich verhalten, wer ohne Ziel im Kopf das Auto besteigt; wer einen Zug zerstreut besteigt, sitzt schon im falschen und befindet sich in einer Komödie.
Züge, Flugzeuge, selbst der Autobus sind öffentliche Orte, an ihnen können sich Wege unglücklich kreuzen wie auf einem Platz, in einer Bar. Das Auto zieht dagegen im Film seine Attraktivität aus der brisanten Mischung, einerseits ein privater Raum zu sein, andererseits ein Instrument, mit dem praktische Zwecke verfolgt werden können. Im Film erfüllt das Auto so nicht nur die Funktion, die ästhetischen Möglichkeiten der Kamerabewegung und Fotografie von Bewegung zu narrativisieren, also einen sozialen Ort für die Fiktion zu finden, die aus der abstrakten Lust an der Bewegung des Films die Illusion einer wirklichen, realen Bewegung als Fahrt macht.

Im Film wird das Auto in zwei Weisen konjugiert, aktiv und passiv. In Marguerite Duras' Film *Le Camion* übernimmt dieser die passive Form, obwohl die Sprache der Grammatik ihn aktiv beschreibt. Aber *Le Camion* ist in diesem Film nicht das aktive Instrument, das pragmatischen Zwecken narrativ eingepaßt wird, *Le Camion* ist ein mythischer Ort der Erwartung.
Später in ihrem Werk, in dem Roman *Der Liebhaber* taucht dieses Motiv wieder auf: Die schwarze Limousine des Liebhabers wartet, das junge Mädchen wird in sie einsteigen wie die Frau, die am Straßenrand mit dem Koffer auf *Le Camion* wartet, auch wenn sie vielleicht gar nicht weiß, daß es ihn gibt. Die schwarze Limousine, die in *Der Liebhaber* auch einen sozialen Raum umschreibt, Reichtum, privaten Luxus, der die Fahrten der öffentlichen Fortbewegung ablöst, ist im Film ein ikonografischer Topos, der sich an das Bild, an die Metapher des Wartens und seiner Auflösung in Bewegung gebunden hat. Aus langsam aus dem Schatten des Verstecks heranfahrenden Limousinen werden im Actionfilm die Schüsse abgefeuert, und in ihnen finden die heimlichen Treffs mit den Häuptern des Illegalen statt. In eine Limousine steigen heißt, den Schutz des Öffentlichen zu verlassen und sich in eine bedrohliche Privatheit eines in sich geschlossenen Raumes zu begeben.
In dieser eigentümlichen Passivität des Wartens liegt eine Analogie zum Film selbst. Die Lust am Kino speist sich aus der Lust des Zuschauers, von einem Film, konkret: von der Bewegung der Kamera mitgenommen zu werden. Im Kino wird der Blick des Zuschauers auf eigentümliche Weise gebunden. Er ist nur partiell frei, er kann nur aus dem, was die Kamera zeigt, etwas aussuchen. Aber Perspektive und Bewegung werden an die der Kamera gebunden. Sogar da, wo die Kamera subjektiv eingesetzt ist, also quasi mit dem Protagonisten hinterm Steuer sitzt wie in den klassischen Shots von Verfolgungs- und Actionszenen, entsteht für den Zuschauer der Thrill eigentlich aus seiner absoluten Passivität heraus: wie gegenüber allen anderen Bewegungen der Kamera aus seiner absoluten und ohnmächtigen Unfähigkeit, einzugreifen. Das macht aus jeder Fahrt mit subjektiver Kamera eine Fahrt in der Achterbahn. Dieses psychische Gefühl wird auf der Ebene der Dramaturgie narrativisiert: Das Auto, das eine abschüssige Straße entlangfährt, hat kaputte Bremsen, das Steuer klemmt, sein Fahrer verliert das Bewußtsein, die Handlung verlangt ein Tempo, das immer wieder die Grenzen der Steuerbarkeit lustvoll umspielt. Kurz – das aktive Fahren, die instrumentelle Nutzung einer Maschine, wird im Kino in eine Traumstruktur eingebunden, in der der Zuschauer einen Traum vom Fahren erlebt. Das Kreischen überanstrengter Bremsen bildet die Geräuschkulisse einer Traumatisierung, des Schreckens. Jeder kennt die Schnitte vom angstverzerrten Gesicht des Fahrers auf die zitternde Tacho-Nadel, auf die überm Abgrund leerlaufenden Hinterräder. Wie im Traum ist der Rausch der raschen Fahrt an das Angstmotiv gebunden, an die Thematisierung des Zusammenbruchs der Selbstbeherrschung in der Angstlust. Wo das Auto als Passivum im Film auftaucht, ist es an solche Traumstrukturen gebunden, an den passiv erlebten Rausch der Geschwindigkeit, als Ort des Wartens, des Mitgenommenwerdens, der Transzendenz vom öffentlichen Ort in den privaten.

Aber natürlich hat das Auto im Film auch klassische Funktionen zu erfüllen, die seiner Technik, seinem sozialen Gebrauch entsprechen. Das Auto wird schon früh im Film benutzt als Vehikel für die Reise, für das Rumkommen: bekannt die technisch beliebten, einfachen Rückprojektionen, in denen ein reisendes Paar in einem Auto-Chassis sitzt, während die Tricktechniker im Hintergrund die schönsten Landschaften und Städte der Welt vorbeiziehen lassen. Das stillgestellte Chassis des Autos im Filmstudio wird da zum Sichtfenster, durch das uns Welt eingegaukelt wird: Kulissenzauber, Budenzauber, wie die Prater-Eisenbahn in Max Ophüls' *Letter from an unknown Woman,* an deren feststehendem Fenster gemalte Prospekte vorbeigezogen werden. Im technisch entwickelten Film, in dem die Kamera alle ihre mobilen Talente zu mobilisieren gelernt hat, genießen die Zuschauer aber auch den Blick auf das fahrende Auto aus der Sicht des Verfolgers in konkurrierender Jagd.

In einer knapp neun-minütigen Sequenz aus Hitchcocks *To Catch a Thief* (Über den Dächern von Nizza), 1955, lassen sich fast alle Motive und ästhetischen Formen einer filmischen Autofahrt finden. Eingebettet ist diese Sequenz in die deutlichen Annäherungsversuche Grace Kellys an Cary Grant. *To Catch a Thief* ist eine kriminalistische Verwechslungskomödie: Cary Grant spielt einen Juwelendieb, der sich zur Ruhe gesetzt hat, aufgrund einer Kette von Diebstählen, die alle seine Handschrift tragen, aber unter Verdacht geraten ist und deswegen sich selbst auf die Suche nach dem Dieb macht. Grace Kelly versucht ihn während der Autofahrt darüber aufzuklären, daß sie seine wahre Identität kennt und ihn nicht für den harmlosen amerikanischen Touristen hält, als der er ihr gegenüber auftritt.

Die erste der neunundsechzig Einstellungen, aus denen Hitchcock die Sequenz montiert, beginnt mit spielerischer Ironie: Im Vordergrund wartet eine dunkle Limousine, um die herum zwei Männer Fußball spielen; als das Auto mit Kelly und Grant aus der Toreinfahrt biegt, springen sie rasch in die Limousine und fahren hinterher. Die folgende Totale zeigt eine hohe Steinbrücke über einer Schlucht, über die beide Autos mit gebührendem Abstand fahren und von der Kamera bis zum Ortseingang des idyllischen Dorfes verfolgt werden. Beide Einstellungen versetzen die Zuschauer in die Situation von Beobachtern: Sie wissen bereits, daß es Verfolger gibt, sie haben beide Autos beobachtet. Die nächsten fünf Einstellungen verwendet Hitchcock darauf, zu zeigen, wie Cary Grant aus einer Einstellung heraus, in der er mit Grace Kelly frontal zum Zuschauer gezeigt wird, den Kopf zum Rückspiegel dreht und in diesem in einer Detailaufnahme die Limousine der Verfolger zu sehen ist. Im Dialog wird klar, daß auch Grace Kelly weiß, daß sie verfolgt werden. Erst jetzt benutzt Hitchcock eine subjektive Einstellung, in der die Kamera mit dem Auto und aus der Perspektive der beiden auf eine Kurve zurast. Von dieser Einstellung an wird es bedeutsam, daß nicht Cary Grant, sondern Grace Kelly am Steuer sitzt, und zwar während der meisten Einstellungen mit einem selbstsicher strahlenden Lächeln um die Lippen herum, während der zur Passivität verurteilte Grant angestrengt versucht, seine Angst vor der rasanten Fahrt zu verbergen.

Formal werden seine Angstkurven fast rhythmisch geschnitten mit Einstellungen des Paares, in denen die ruhige und beherrschte Grace Kelly deutlich inszeniert ist, und subjektiven Einstellungen, in denen das Auto die Blick-Perspektive mit denen der Autoinsassen gleichgeschaltet, mit in die Kurve und auf bedrohliche Ziele zunimmt und Einstellungen, die Grants Angstreaktionen als Großaufnahmen festhalten. Indem Grant die eigentliche Hauptfigur dieser Mini-Erzählungen, der Sekundenromane einer Autofahrt ist, wird auch der Zuschauer in die Situation des passiv Erleidenden, in den Taumel der Angstlust hineingerissen. Das heißt aber auch, daß Grace Kelly zur tollkühnen Verführerin wird, die Grant mit sich reißt: eine Dimension, die der psychologischen Situation der Erzählhandlung entspricht, in der ja Grace Kelly in der Tat Grant verführen will. Die Angstlust steigert sich vom Fast-Zusammenstoß mit einem Autobus zu einer haarscharf genommenen Kurve, in der das Auto auf einen Abgrund zurast. Nach dieser subjektiven „Achterbahn“-Einstellung folgt ein Schnitt auf das befriedigt lächelnde Gesicht Kellys, auf eine Detailaufnahme ihrer spielerisch auf dem Steuer liegenden weiß behandschuhten Hände, von dort auf eine Detailaufnahme der nervös sich auf seine Knie spannenden Hände Grants und schließlich auf dessen verkrampftes Gesicht.

Ähnlich aufgebaut folgt noch eine weitere Einstellungsfolge, die klassische Blicke auf quietschende Autoreifen und die Limousine der Verfolger im Hintergrund gestattet. Den dramatischen Höhepunkt erreicht die Sequenz freilich durch einen Beinahe-Zusammenstoß mit einer alten Frau, die die Straße überquert. Das Motiv der Hände wird nun auf die Füße verlagert: In Detailaufnahme stemmen sich die braunen Halbschuhe Grants hilflos gegen den Boden. Nach dieser Dramatisierung folgen Einstellungen, die durch komische Übertreibung die überstandene Gefahr spielerisch wieder aufheben. Während einige der Details, wie die sich hilflos gegen den Boden stemmenden Füße oder der angespannt vorgereckte Oberkörper

Grants, die Spannung zwischen einem ohnmächtigen Körper und einer unbeherrschbaren Maschine inszenieren, werden diese „Entlastungs"-Sequenzen als Einheit von Körper und Maschine gezeigt: Wenn das Auto in die Kurve geht, bäumt sich Grant nicht mehr auf, sondern das Paar legt sich gemeinsam in die Kurve, als säße es auf einem Motorrad. Ganz zweifellos stecken in dieser ironischen Harmonie Hinweise auf das Abfließen einer Erregungskurve: die Zähmung des widerspenstigen Mannes, die Geschichte einer Verführung. Obwohl die Sequenz bis zu diesem Zeitpunkt keinerlei erotischen Inhalt hat, wird ganz deutlich, daß die Angstlust erotisiert dargestellt wird. Schon in diesen wenigen, eher konventionellen, überdies ins Komische gewendeten Filmminuten wird die sadomasochistische Komponente in Hitchcocks Inszenierung deutlich.

Die knappe Hälfte der gesamten Auto-Sequenz wird mit dem erzählerischen Ende der eigentlichen Verfolgungsjagd abgeschlossen: Auf eine sehr komische Weise wird ein die Straße überquerendes Huhn (ironische Reprise der alten Frau) zwar nicht dem Paar, aber den Verfolgten zum Verhängnis. Aus dem Blickwinkel des zurückschauenden Grants sieht der Zuschauer, was der Ton schon scheppernd und klirrend erzählt hat: Das Auto der Verfolger ist schachmatt gesetzt, die Vorderräder von einer Mauer sistiert, vor dem Desaster das unschuldige Huhn auf und ab stolzierend. In 58 Einstellungen, von denen jede im Durchschnitt ca. 5 Sekunden dauert, hat Hitchcock die Verfolgungsjagd zerlegt, die Illusion rasender Geschwindigkeit ist das Erlebnis schneller Schnitte, präziser Anschlüsse von Blickwinkeln und Kamera-Perspektiven: Mit den Leistungen von Auto-Motoren hat das gar nichts mehr zu tun; ein Sekundenroman von Angststeigerung und lustvoller Beruhigung, in der die gefilmten Autos noch am allerwenigsten bewegt wurden. Nachdem die Verfolger abgeschüttelt, das Paar bereits für Sekunden als Paar sichtbar geworden ist, kommt das Auto allmählich zum Stillstand. Die letzten 11 Einstellungen der Sequenz, die länger dauern als die 58 vorhergehenden zusammen, führen rasch auf einen malerischen Parkplatz in einer Haarnadelkurve der Corniche oberhalb von Nizza. Hitchcock, der zu diesem Film das erste Mal alle Außenaufnahmen an Originalschauplätzen drehen konnte (der Film beginnt bereits mit der Plakatausstellung zur Côte d'Azur in einem Reisebüro-Schaufenster), geizt an dieser Stelle nicht mit dem vogelperspektivisch über die Bucht Nizzas streifenden Blick des Reisesehnsüchtigen. An diesem locus amoenus der Liebenden mutiert das geparkte Auto zum privaten Raum, es wird zum Vorgriff auf Tisch und Bett. Während der Picknick-Koffer ausgepackt wird, versucht Kelly nun verbal Grant zu einem Rendez-vous zu verführen, auch jetzt sträubt er sich wieder, packt sie schließlich hart am Arm, was sie anerkennend kommentiert, erotisch deutet. Schließlich biegt er sie mit dem Arm zurück und küßt sie. Ein Auto-Traum der fünfziger Jahre erfüllt sich: Mobilität und Privatheit, Landschaftskulisse und Erotik, Aggression und Stillstand.

Nicht alle Regisseure haben das Talent und die Absicht, in wenigen Filmminuten hinter einem Klischee den psychischen Komplex hervortreten zu lassen, aus dem Traum vom Auto einen Auto-Traum werden zu lassen, in dem die Fahrt eine erotische Bewegung ist: voller Aggression und Angst und schließlicher Spannungslösung vor einer Kulisse befriedeter Natur, die selbst schon wieder wie ein ironisches Zitat wirkt, unwirklich wie alles, was friedlich scheint. An dieser Stelle ließe sich der Film auch als Endlos-Schleife weiter denken, wieder anschließend an das Plakat von Nizza in der Auslage, von dem zum gellenden Schrei einer Frau geschnitten wird, die sich aus einem Hotelfenster beugt, das den Blick freigibt auf die Uferpromenade Nizzas.

Die Filmleinwand ist der letzte soziale Ort, an dem das Auto die Utopie der Geschwindigkeit verkörpern kann. Kein Hindernis, das nicht komödiantisch oder mannhaft zu überwinden wäre, kein Verkehrsstau, der nicht umgehbar ist. Im Kino feiert noch der allerneueste James-Bond-Film die allerälteste Variante des Slapsticks: Das Auto wird zum Flugobjekt, zum Amphibienfahrzeug, Sattelschlepper tanzen im Film verliebte Pas de Deux', in Bertoluccis Epos *1900* fährt die Futuristin blind, in Zemeckis *Back to the Future* rast das elektronisch gesteuerte Automobil mit einem Hund am Steuer zurück durch die Zeit. Claire Goll dichtete noch 1922 in ihrem Zyklus *Lyrischen Films* unter dem Titel *Zwanzigstes Jahrhundert.*

„Benzmotoren und Radium allein schützen
Gegen Übelkeit vor dem Leben.
Eine Lichtreklame erschüttert mehr
Als der Mond,
Ein Pianola im Vorstadtcafé
Löst tiefer meine Verzweiflung
Als alle Nachtigallen.
Die Hochbahn berauscht mehr
Als ein gotischer Dom.
Wir beten in Kinos
Die kurbelnde Schicksalsgöttin an,
In allen Expresszügen
Sitzt unsre Sehnsucht.
Das Herz funktioniert elektrisch,
Das rote Signal...
O kosmisches Gefühl der Schnelligkeit!
Du mein Jahrhundert!
Elektrisch getriebenes,
Rennfahrer gegen die Sonne,
Scheinwerfer gegen die Sterne,
Ich bin dein!"

Nach den Materialschlachten des Ersten Weltkriegs im Jüngerschen „Stahlgewitter" haben freilich die futuristischen Utopien nicht nur apologetische Bewunderer gefunden, und nicht zufällig schreibt Bert Brecht wenige Jahre später eine Persiflage auf die Technik-Bewunderung seiner Zeitgenossen unter dem Titel *700 Intellektuelle beten einen Öltank an:*

„Darum erhöre uns
Und erlöse uns von dem Übel des Geistes.
Im Namen der Elektrifizierung
Der Ratio und der Statistik!"

Zwar hat das Auto sich im Kino, auf der Leinwand noch immer seinen utopischen Platz bewahren können, den ihm nicht zuletzt die ambigue Stellung des Mediums selbst als Technik und Form nahelegt, aber ganz unübersehbar hat das Auto auch im Film seine kulturkritischen Federn lassen müssen. In Jacques Tatis Komödien wie *Trafic* oder schon dem frühen *Mon Oncle* bis zu Godards kannibalistischer Massenschlachtung im Verkehr von *Weekend* wird das Auto zum zeitdiagnostischen Instrument. Als Massenphänomen wird es seiner Aura als privatem Ort beraubt, wird zur Konservenbüchse unter anderen, in der sich die Mengen einschweißen lassen, selbstvergessen sich noch als einzelne wähnend, während der sadistische Blick der Kamera freilegt, daß längst alle im selben Boot der rush hour festsitzen. In kulturkritischer Absicht emanzipiert sich die Fahrt der Kamera von der identischen im Auto, nur noch der Travelling der Kamera geht im Reisetempo an der stehenden Autoschlange in *Weekend* vorbei, aus der stauunabhängigen Vogelperspektive filmt Otar Iosselliani in *Les favoris de la lune* die monochromen Verkehrsströme in Paris, aus der beobachtend-ironischen Distanz des Betrachters und Kommentators.

Heiner Monheim

Verplant in alle Ewigkeit? Muß das mit dem Autoverkehr immer so weitergehen?

Vorbemerkung

Dieses Buch hat in vielen eindrucksvollen Bildern und Texten Beispiele für Stadtzerstörung, Landschaftszerstörung und Umweltschäden durch das Auto und die Verkehrsplanung gezeigt. Da stellt sich natürlich die Frage: Wird und muß das so weitergehen? Oder gibt es Hoffnungen und Ansätze für eine Kurskorrektur? Meine Antwort darauf beschränkt sich auf den Bereich der Städte. Sie fällt eher ermutigend aus. Denn erstens gibt es Anzeichen für wichtige und richtige Änderungen der Stadtverkehrsplanung in Deutschland. Und zweitens gibt es einige bemerkenswerte Erfahrungen von Städten mit der Verringerung des Autoverkehrs. Dieser Beitrag nennt jeweils kurz die Anzeichen einer solchen Änderung. Er stellt die wichtigsten Erfolge mit der Verringerung des Autoverkehrs in den Städten dar. Hierauf aufbauend werden die wichtigsten Elemente einer auf Minderung des Autoverkehrs und Heilung früherer Planungssünden abzielenden Stadt- und Verkehrsplanung diskutiert.

1. Symptome für eine neue Entwicklung im Stadtverkehr

Die Entzauberung des Autos

Im Gegensatz zu den erstmotorisierten Nachkriegsgenerationen ist für die meisten heutigen Bundesbürger das Auto eine Art Selbstverständlichkeit geworden. Die Einstellung zum Auto ist nüchterner. Viele der glänzenden Hoffnungen und Emotionen rund um das Auto sind geschwunden angesichts der Verkehrsmisere in den meisten Städten. Die Autofahrer empfinden heute deutlich weniger Freude beim Autofahren als früher.

Das Volk der Autosüchtigen zeigt Entwöhnungszeichen. 1984 hielten bereits die meisten Bundesbürger nicht mehr das Auto, sondern Busse, Bahnen, Fahrrad und Füße für die idealen Verkehrsmittel im Stadtverkehr.

Auch der Rückgang der jährlichen Autofahrleistung je Fahrzeug ist ein deutliches Anzeichen für den Sinneswandel. Seit 1960 ist sie um 4 500 km (= 1/4) gesunken.

Busse und Bahnen werden wieder salonfähig

Busse und Bahnen werden in den letzten Jahren wieder merklich salonfähiger. Es ist für umweltbewußte Zeitgenossen schick, öffentliche Verkehrsmittel zu benutzen. Der „Umsteiger" demonstriert Intelligenz und Verantwortungsbewußtsein und demonstriert durch Bus- und Bahnbenutzung ein Stück Empanzipiertheit von der Autodroge. Die Erfolge der Umweltabonnements in Freiburg, Basel, Zürich und anderen Städten können sich sehen lassen, und belegen den neuen Trend, den andere Städte wie Odense, Malmö, Kopenhagen, Amsterdam, Den Haag schon vor Jahren durch konsequenten Vorrang für Busse und Bahnen eingeleitet haben. Auch in Erlangen und Hannover war der Aufwärtstrend von Bussen und Bahnen bemerkenswert. In japanischen Großstädten ist der öffentliche Personen-Nahverkehr (ÖPNV) so attraktiv, daß viele private Gesellschaften mit Profit in das Geschäft mit Bussen und Bahnen eingestiegen sind.

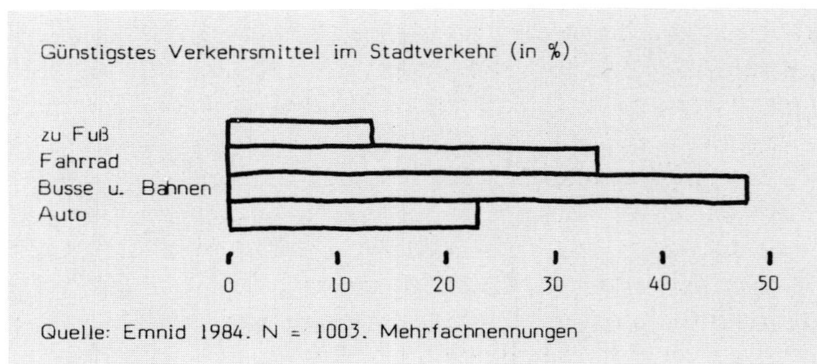

Die Renaissance des Fahrrades

Es ist auch wieder schick und sportlich, Fahrrad zu fahren. Nicht nur in der Freizeit, sondern auch im Alltag. Auch besser Verdienende und besser Ausgebildete sind wieder verstärkt aufs Fahrrad umgestiegen. Lassen das Auto immer öfter stehen. Wer heute auf Jugendlichkeit, Umweltbewußtsein und Freizügigkeit hält, demonstriert dies auch durch Fahrradnutzung und wird darin durch die Konsumgüterwerbung bestärkt. Denn ob für Sekt, Zigaretten, Uhren, Kosmetika, Mode oder sonstige

Konsumgüter geworben wird, stets ist plötzlich irgendwo auch ein Fahrrad zu sehen. Seit etwa 1978 hat das Fahrrad das Auto faktisch als Symbol für Jugendlichkeit, Freiheit, Sportlichkeit und Dynamik in der Werbung ersetzt.
Die Radnutzung verzeichnet bundesweit starken Zuwachs, in fahrradfreundlichen Städten mit geradezu unglaublichen Steigerungsraten. Die Fahrradproduktion und die Absatzzahlen erreichen unverändert Spitzenwerte.

Eine neue Generation von Verkehrsplanern
In der Verkehrsplanung vollzieht sich ein spürbarer Generationswechsel und Wechsel im Selbstverständnis. Erkennbar wird dies z. B. an den neueren Veröffentlichungen deutscher Verkehrsinstitute, an den Themen von Seminar-, Diplom- und Doktorarbeiten, den Programmen der Verkehrskongresse etc. Fußgängerverkehr, Fahrradverkehr, Verkehrsberuhigung, Geschwindigkeitsdämpfung, Rückbau von Straßen, Verkehr und Umweltschutz, städtebauliche Integration von Straßen und Bürgerbeteiligung sind inzwischen gängige Themen geworden. Das will zwar noch nicht viel sagen, weil durch Reden und Schreiben allein die Realität sich nicht ändert.
Aber es gibt inzwischen auch eine neue Generation von Kommunalpolitikern, die nicht mehr auf die Auto-Ideologie eingeschworen sind, die in den Bürgerinitiativen eigene Erfahrungen gesammelt haben. Ein Teil von ihnen ist über freie Wählergemeinschaften, alternative Listen oder als Kandidaten der Grünen in die Parlamente gewählt worden. Aber auch in den etablierten Parteien machen sich neue Ideen breit, die sensibler und umweltbewußter sind. Der vielfache Protest gegen Umwelt- und Stadtzerstörung durch Straßenbau zeigt seine Wirkungen. Ein Wandel in den grundlegenden Planungs- und Politikauffassungen ist unverkennbar. Generationen von Politikern und Planern hatten sich nur als Trendverlängerer und Trendvollstrecker aufgefaßt. Der neuen Generation ist dagegen ein neuer Handlungswille und neuer Mut zugewachsen. Da wird offen von der Veränderung der Verkehrsstrukturen gesprochen, von der längst überfälligen Domestizierung des Autoverkehrs.
Auch der Stil der Verkehrsplanung hat sich geändert. Früher geschah sie hinter geschlossenen Türen, hinter geheimnisvollen Zahlen und Fremdwortritualen aus der Modelltrickkiste der Experten. Heute vollzieht sie sich öffentlich, unter kritischer Begleitung durch die Medien und Bürger. Daraus resultiert ein natürlicher Zwang zu mehr Kompromißbereitschaft, zu einer offeneren Planung, in der Änderungen möglich sind.

Neue Vorbilder
Den größten Aufschwung erhielt die Umorientierung der Stadtverkehrsplanung durch den Blick über die eigenen Grenzen. Da drang plötzlich die Kunde von erstaunlichen Konzepten und Erfolgen zu uns. Das Nachbarland Holland beispielsweise wurde zum Wegbereiter für die Verkehrsberuhigung und eine qualitätsvolle Gestaltung von Straßen. Delft wurde zum Mekka einer ganzen Generation von Verkehrsplanern. Die holländische Verkehrsplanung erwies sich als äußerst innovationsfreudig. Sie erlebt eine Vielfalt von Experimenten, Modellvorhaben und Demonstrationsmaßnahmen. Auch die skandinavischen Länder gingen seit den siebziger Jahren energisch daran, ihren Stadtverkehr zu verbessern und den Autoverkehr einzuschränken. Und schließlich Japan, das aufgeschreckt durch die Umweltkrise der Großstädte in wenigen Jahren wichtige Weichenstellungen zur Erhöhung der Verkehrssicherheit und zur Verbesserung der Umwelt durchgesetzt hat, das trotz enormen Wirtschaftswachstums und eines beträchtlichen Motorisierungsbooms in den Großstädten mit minimalen Autoanteilen auskommt. Weil das Auto viel restriktiver bedient wird. Mit wenig Straßenfläche und mit wenig Parkraum. Und weil im Innerortsbereich der Autoverkehr flächendeckend langsam fahren muß. Vielfach Tempo 20, Tempo 30 und selbst auf Hauptverkehrsstraßen meist Tempo 40. Und weil die anderen Verkehrsarten viel besser bedient werden.

Mehr Experimentier- und Innovationsbereitschaft
Auch Deutschland wird inzwischen von einer wachsenden Experimentier- und Innovationsbereitschaft im Stadtverkehr

erfaßt. 1980 wurde bei der Novelle der Straßenverkehrsordnung sogar eine eigene Experimentierklausel aufgenommen. Seit Mitte der siebziger Jahre begann eine wachsende Zahl von Modellvorhaben mit dem erklärten Ziel, Innovationen anzuregen und Folgeprobleme des Autoverkehrs zu bewältigen: Modellvorhaben zur Förderung von Verkehrsberuhigung, Modellvorhaben zur Förderung des Fahrradverkehrs, Modellvorhaben zur Förderung von Bussen und Bahnen, Modellvorhaben zum Rückbau von Hauptverkehrsstraßen, Modellvorhaben zur Verringerung der Geschwindigkeiten.

Erweiterte Handlungsspielräume

Die lange Zeit sehr starren und autofixierten Rahmenbedingungen der Gesetze, Verordnungen und Richtlinien beginnen sich aufzulockern. Ende der siebziger Jahre wurden zahlreiche Straßenbaurichtlinien für den Innerortsbereich durch die verschiedenen Bundesländer außer Kraft gesetzt. Statt dessen wurde 1985 eine neue Empfehlung für die Anlage von Stadtstraßen (Erschließungsstraßen) fertiggestellt, die den Gemeinden einen großen Spielraum für die Planung und Gestaltung ihrer Innerortsstraßen gibt. Sie motiviert zu ausgewogener sensibler Berücksichtigung aller Nutzungsansprüche und bietet ein umfangreiches, nach Gebietstypen und Straßentypen vielfältig differenziertes Repertoire von Planungs- und Gestaltungsstrategien und Elementen an. Die Novelle der Straßenverkehrsordnung von 1980 brachte wesentlich erweiterte Rechtsgrundlagen für Beschränkungen des Autoverkehrs aus städtebaulichen und Umweltgründen. Sie schaffte zudem eine solide Rechtsgrundlage für die Verkehrsberuhigung und führte erstmals die langsamen Geschwindigkeiten ein. 1985 folgte die Einführung der Tempo-30-Zonen in die Straßenverkehrsordnung. Parallel hierzu wurden Anfang der achtziger Jahre in den meisten Bundesländern die Landesstraßengesetze novelliert, wobei die Abstimmungserfordernisse von Verkehr, Städtebau und Umweltschutz weit deutlicher verankert wurden.

Die Möglichkeiten für Beschränkungen des Autoverkehrs wurden erheblich erweitert.

Neue Leitbilder im Städtebau

Anfang der dreißiger Jahre hatte das städtebauliche Leitbild von der aufgelockerten, entdichteten und entmischten Stadt den Beginn der autogerechten Stadt- und Verkehrsplanung eingeleitet. Heute markiert ein gewandeltes städtebauliches Verständnis den neuen Trend. Die Schlagworte lauten Reurbanisierung, Nutzungsmischung, kosten- und flächensparendes Bauen, Revitalisierung des zentralen Wohnens, Kampf der Zersiedlung, Stärkung der wohnungsnahen Versorgung. Die Zersiedlung der Boomjahre ist inzwischen zum Alptraum geworden. Ihr soll eine gestalterisch gelungene, maßvolle, stadtnahe Verdichtung entgegengesetzt werden. Das urbane und zentrale Wohnen erfreut sich wieder wachsender Beliebtheit. Die säuberliche Trennung der Nutzungsbereiche in Verbrauchermärkte, Industrieviertel und Schlafstädte auf der grünen Wiese weit vor den Toren der Stadt, wird zunehmend kritisch gesehen. Nachfragerückgänge, Preisverfall und teilweises Leerstehen dokumentieren die schwindende Attraktivität solcher Lagen. Zum neuen städtebaulichen Leitbild gehört auch das wachsende Interesse an einer urbanen angepaßten Architektur und Maßstäblichkeit. Die Zeit der Hochhäuser und riesigen Flachbauten mit monotonen Rasterfassaden ist vorbei.

Fazit: Es geht auch anders

Manchem mag dieses Bild von der Trendwende in der Stadtverkehrsplanung zu optimistisch sein. Zugegeben, nicht alles was dort genannt wurde, ist schon Allgemeingut. Noch gibt es genügend Städte, wo es im alten Stil läuft. Wo sich immer noch schlimme Stadt- und Umweltzerstörungen durch Straßenplanung ereignen. Wo der Typ des sturen, kompromißlosen Verkehrsplaners noch nicht ganz ausgestorben ist. Aber trotzdem berechtigen die oben genannten Anzeichen einer Trendwende doch zu mehr Mut, daß sich tatsächlich im Stadtverkehr manches wenden läßt.

2. Erfolge einer veränderten Stadtverkehrsplanung

Dieser Optimismus beruht vor allem auf den Erfolgen derjenigen in- und ausländischen Städte, die es mit einer neuen Planungsstrategie geschafft haben, ihren Autoverkehr spürbar zu verringern. Dies sind beispielsweise Städte wie Kopenhagen und Odense in Dänemark, Uppsala, Göteborg und Malmö in Schweden, Groningen, Delft, Tilburg, Den Haag und Amsterdam in Holland, Bologna und Parma in Italien, Zürich und Basel in der Schweiz und Erlangen, Freiburg und Hannover in Deutschland.

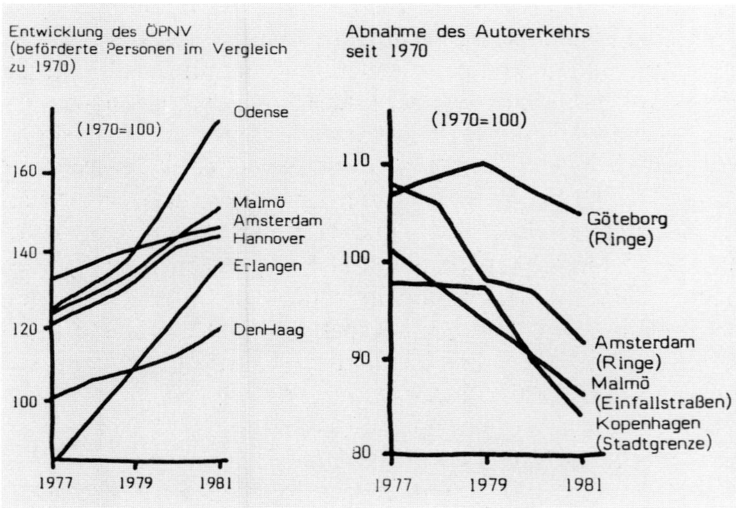

Mehr Lebensqualität mit weniger Autoverkehr

Lange Zeit galt es als ausgeschlossen oder jedenfalls in der sogenannten freiheitlichen, westlichen, hochtechnisierten Welt nicht machbar, den Autoverkehr zu reduzieren. Da wurden im Gegenteil Ängste geschürt, daß ein Rückgang des Autoverkehrs die Städte ins finsterste Mittelalter oder gar in die Steinzeit zurückfallen ließe, daß die Wirtschaft zusammenbrechen müßte und die Leute verarmen würden. Nichts davon ist wahr. Siehe die japanischen Metropolen, die ja geradezu vor Wachstum strotzen, trotz des geringen Autoverkehrs. Die Städte mit reduziertem Autoverkehr blieben vital wie eh und je. Aber sie wurden ein bißchen schöner, ruhiger, sicherer, humaner, lebens- und liebenswerter. Weil der Autoverkehr abgenommen hat.

Verkehrsplanung kann Verkehrsstrukturen umkehren

Dies zu erreichen, war keine Hexerei, sondern simples kleines Einmaleins der Verkehrsplanung. Die hat es dort in relativ kurzer Zeit geschafft, die Attraktivität des Fahrradverkehrs und des öffentlichen Verkehrs wirkungsvoll zu steigern und die Attraktivität des städtischen Autoverkehrs ohne jeden Dirigismus zu verringern. Das führte zu beträchtlichen Änderungen in der Verkehrsmittelwahl. Die Leute haben das Auto seltener benutzt und sind statt dessen vor allem auf Busse, Bahnen und Fahrrad umgestiegen. Dies wiederum führte in vielen Straßen zu einem Rückgang der Belastungen, ermöglichte es, Fahrbahnen zurückzubauen, Platz für Bäume, Fußgänger, Radfahrer, Busse und Bahnen, Kinder und Aufenthalt zu schaffen. Was wiederum die Verhaltensänderungen verstärkte. Entscheidend für die Erfolge dieser Städte war lediglich, daß sie das bekannte Planungsrepertoire konsequent und flächendeckend eingesetzt haben und auch nicht davor zurückschreckten, dem Autoverkehr Privilegien und Flächen wieder wegzunehmen. Im Interesse einer ausgewogenen, gerechten Verkehrsplanung.

Die konsequente Radverkehrsförderung bestand im wesentlichen aus einem großflächigen Ausbau der Radwegnetze, aus der Anlage von Fahrradtrassen auf den wichtigsten Radverkehrsverbindungen, aus einer radverkehrsfreundlichen Kreuzungsgestaltung und Ampelschaltung, aus verstärkter Kombination von ÖPNV und Fahrrad und aus Erweiterungen der Parkmöglichkeiten für Radfahrer an den wichtigsten Quell- und Zielpunkten.

Das Repertoire für Busse und Bahnen bestand im wesentlichen aus dem konsequenten Netzausbau in neuerschlossene Umlandgebiete, dem flächenhaften Ausbau eigener Busspuren und getrennter Gleiskörper, einer Verdichtung der Linien und Haltestellennetze, einer konsequenten Bevorrechtigung von Bussen und Bahnen an Kreuzungen und Ampeln und aus einer kundenfreundlichen Tarifgestaltung, die Umsteiger durch Billigabonnements lockte.

Am wenigsten ist es bisher gelungen, den Fußgängerverkehr wieder zu steigern. Das lag aber auch daran, daß seine Leistungsfähigkeit selbst von den fortschrittlichsten Verkehrsplanern meist unterschätzt wurde und daß seine Flächen- und Attraktivitätsdefizite weithin am größten sind. Immerhin: In Quartieren mit fußgängerfreundlichen Strukturen ist der Fußgängerverkehr stets hoch. Das läßt hoffen, daß bei entsprechender Planung auch hier der Trend umgekehrt werden kann. Das beweisen auch Einzelbeispiele, wo auf bestimmten Verbindungen der Fußgängerverkehr durch attraktive Angebote gesteigert werden konnte.

Szenarien eines besseren Stadtverkehrs

Der Verlauf der Kurven für die Beispielstädte zeigt, daß diese Erfolge nur ein Anfang sind. Der Autoverkehr kann durchaus noch weiter verringert werden, wenn in der Planung konsequent an diesem Ziel weitergearbeitet wird, Investitionen konsequent umgelenkt und verbale Prioritäten auch durch kraftvolle Taten begleitet werden.

Das enorme Potential machen verschiedene Szenarien deutlich. Für Berlin gibt es ein Szenario 2000 des DIW (Deutsches Institut für Wirtschaftsforschung), das einen Zuwachs des ÖPNV um 21% voraussagt, wenn man eine konsequente ÖPNV-Förderung betreibt. Bei Fortsetzung einer eher autofreundlichen Politik wird dagegen der ÖPNV in Berlin um 26% zurückgehen. Ähnliche Entwicklungsverläufe prognostiziert der FAT (Forschungsverein Automobiltechnik), der aufgrund umweltpolitisch unverzichtbarer Eingriffe in den Autoverkehr bundesweit eine ÖPNV-Zunahme um 20% vorhersagt, während bei Verzicht auf solche Maßnahmen ein ÖPNV-Rückgang um 15% zu erwarten ist.

Ein entscheidender Faktor in der weiteren Entwicklung sind die Reisezeiten. Durch Verkehrsberuhigung in den Städten verschieben sich die Reisezeiten beträchtlich zugunsten der Fußgänger, Radfahrer, Busse und Bahnen. Dagegen wird der Autoverkehr in den Städten langsamer. Das hat wichtige Folgen im Verkehrsverhalten. Die kurzen Wege nehmen zu, die langen ab. Davon profitieren am stärksten Fußgänger und Radfahrer, die erhebliche Wachstumsraten haben.

Solche Entwicklungen müssen nicht auf die Städte beschränkt bleiben. Auch im Regional- und Fernverkehr sind beträchtliche Umschichtungen möglich. Das zeigt das Szenario für die Gesamtverkehrsentwicklung der Schweiz. Es läßt erkennen, daß bei entsprechenden Preis- und Investitionsverschiebungen der Verkehr sehr schnell reagiert. Das Auto sinkt in seinem Anteil dadurch wieder auf eine vernünftige, städtebaulich und umweltmäßig verdaubare Menge ab.

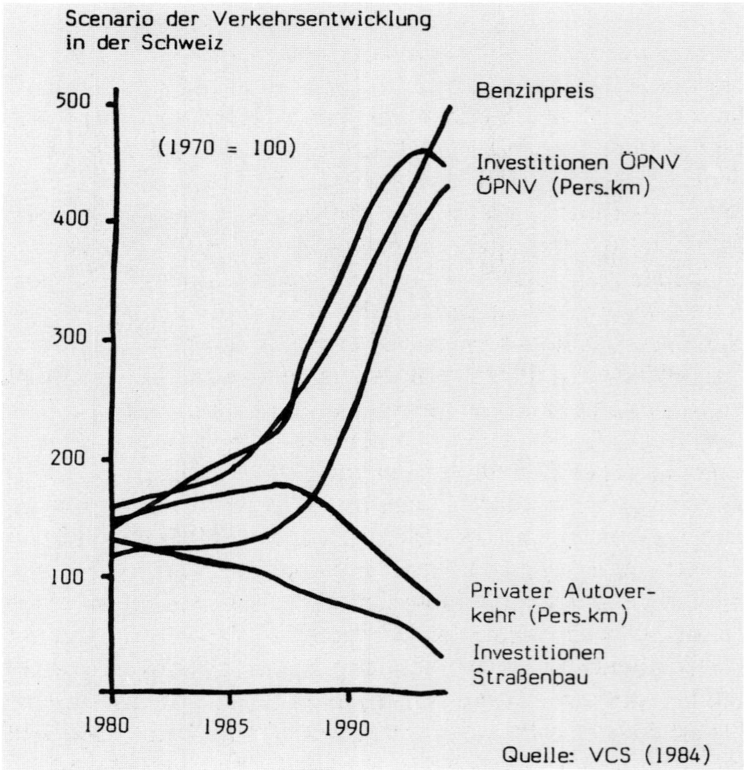

Das ist nicht utopisch, wie z.B. die zitierten Verkehrsstrukturen moderner japanischer Großstädte beweisen, in denen das Auto eine vergleichsweise kleine Rolle spielt.

3. Grundstrategien einer neuen Stadt- und Verkehrsplanung

Um eine wirkungsvolle Reduzierung des Autoverkehrs möglichst schnell und durchgreifend zu erreichen, sollte man nicht nur auf der Ebene der Verkehrsplanung ansetzen. Schließlich gibt es zwischen Verkehr und Stadtstruktur wichtige Wechselwirkungen. Ein Teil des heutigen Autoverkehrs ist Resultat falscher Standort- und Baupolitik. Also muß sich die Stadtplanung ebenfalls umstellen, auf neue, weniger aufs Auto fixierte Konzepte.

Fazit: integrierte Planungsstrategie hilft Städte und Umwelt verbessern

Wenn alle diese Möglichkeiten einer stadtverträglichen und umweltfreundlichen Organisation des Stadtverkehrs flächendeckend genutzt werden, ergibt sich ein beträchtlicher Spielraum zur Revitalisierung von Städten und Landschaften. Die angeführten Strategien ergänzen sich gegenseitig. Der verbleibende Autoverkehr ist so gering, daß in erheblichem Maße Straßenflächen renaturiert werden können bzw. den anderen Verkehrsmitteln zurückerstattet werden können. Auf diese Weise können viele der in der Vergangenheit begangenen Sünden durch Straßenbau wiedergutgemacht werden. In dem Maße, in dem parallel dazu auch im Bereich des Regional- und Fernverkehrs Strategien zur Verringerung der Abhängigkeiten vom Auto ergriffen werden, wächst die Motivation für die Bürger, ihre derzeitige Übermotorisierung abzubauen: durch Verzicht auf ein Auto bei nur geringer Jahresfahrleistung. Oder durch Anschaffung eines angepaßten, modernen, besser verträglichen Autotyps (stadtfreundlicher Kleinwagen). Andere Formen der Autonutzung wie das Taxi, der Leihwagen, die Fahrgemeinschaft oder die gemeinsame Nutzung eines privaten Autos mit anderen Haushalten (Car-Pooling) werden wesentlich relevanter. Auf diese Weise wird es möglich, nicht nur den Autofahrverkehr beträchtlich zu vermindern, sondern auch die Zahl der zugelassenen Fahrzeuge und damit den Parkflächenbedarf.

Literatur zur Vertiefung

Apel, D.: Umverteilung des städtischen Personenverkehrs. Aus- und inländische Erfahrungen mit einer stadtverträglichen Verkehrsplanung. Hrsg.: Difu (Deutsches Institut für Urbanistik), Reihe Stadtverkehrsplanung, Teil 3, Berlin 1984.

Droste, M.: Ausländische Erfahrungen mit den Möglichkeiten der räumlichen und sektoralen Umverteilung des städtischen Verkehrs. = Städtebauliche Forschung, 03.063. Hrsg. BMBau, Bonn 1978.

Gesellschaft für Landeskultur: Die Beeinflussung der Verkehrsmittelwahl durch unterschiedliche Reisezeiten. Bremen 1980.

VCS (Verkehrsclub der Schweiz) Hrsg.: Umwelt, Verkehr, Umkehr. Umweltgerechtes Leitbild für die Schweiz. Herzogenbuchsee 1983.

Holzapfel, H., Traube, K., Ullrich, O.: Autoverkehr 2000, Wege zu einem ökologisch und sozial verträglichen Straßenverkehr. Karlsruhe 1985.

Christian Sailer

Rechtliche Möglichkeiten gegen Autoverkehr

Ist gegen den Moloch Autoverkehr vielleicht ein *rechtliches* Kraut gewachsen, wenn schon die Politiker gegen die Benzinseligkeit ihrer Wähler nicht anzukommen glauben? Der Mehrzahl unserer Zeitgenossen mag diese Fragestellung ein Ärgernis sein. Das aggressive Credo von der „freien Fahrt für freie Bürger" ist so leicht nicht wieder loszuwerden, auch wenn der Wald stirbt, Baudenkmäler verrotten und Menschen erkranken.
Dabei handelt es sich doch um Güter von verfassungsrechtlichem Rang, deren Schutz dem Staat ausdrücklich aufgegeben ist: das „Leben" und die „körperliche Unversehrheit" in Art. 2 des Grundgesetzes, die „Denkmäler der Kunst und der Geschichte" in Art. 141 der Bayerischen Verfassung. Und was sagt dieser Artikel zum Wald: „Es gehört zu den vorrangigen Aufgaben von Staat, Gemeinden und Körperschaften des öffentlichen Rechts, den Wald wegen seiner besonderen Bedeutung für den Naturhaushalt zu schützen und eingetretene Schäden möglichst zu beheben oder auszugleichen."

1. Haltesignale beim Straßenbau

Diesen Geboten muß bereits beim Bau neuer Verkehrswege weit mehr als bisher Rechnung getragen werden. Nicht alles, was der Deutsche Bundestag auf Betreiben des immer noch straßenbauwütigen Bundesverkehrsministers im jeweiligen Bedarfsplan für die Bundesfernstraßen an neuen Autobahnen beschließt, muß bzw. darf auch gebaut werden. Der Bedarfsplan stellt nur die haushaltsrechtliche Ermächtigung dar. Vor den Baubeginn hat das Fernstraßengesetz die Hürde der Planfeststellung gesetzt. Und diese ist nach der Rechtsprechung des Bundesverwaltungsgerichts nur rechtmäßig, wenn die Straße erforderlich ist, wenn sie den einschlägigen Planungsleitsätzen entspricht und wenn die Planabwägung in Ordnung ist.
Die Erforderlichkeit eines Straßenbauprojekts hängt vor allem vom Verkehrsbedarf ab. Dabei ist auch zu prüfen, ob nicht der bloße Ausbau einer vorhandenen Bundesstraße bereits genügt. Bei den Planungsleitsätzen sind nicht nur die Ziele des Fernstraßengesetzes relevant, sondern auch die landesplanerischen Festlegungen. Manches davon wurde von den Straßenbauern noch gar nicht wahrgenommen. So enthält das Bayerische Landesentwicklungsprogramm in seiner neuesten Fassung beispielsweise die Maxime: „Bei Konflikten zwischen ökologischer Belastbarkeit und ökonomischen Erfordernissen ist den ökologischen Belangen Vorrang einzuräumen, wenn eine wesentliche und langfristige Beeinträchtigung der natürlichen Lebensgrundlagen droht." Wie will man damit noch den Bau der A 94 durch das Isental vereinbaren oder den Bau der A 95 durch das Loisachtal, ganz abgesehen davon, daß letztere bereits die „ökonomischen Erfordernisse" verbieten, da die Zerstörung des Loisachtals auch den Fremdenverkehr ruinieren wird. Und was die Planabwägung anbelangt, so sind hierbei vor allem weniger landschaftsschädliche Alternativen zu prüfen. Auch hiergegen wird vielfach gesündigt.
Diese Rechtsfehler können von jenen vor Gericht gerügt werden, die von einer Autobahntrasse betroffen sind: in erster Linie von Grundstückseigentümern, die Land abtreten müssen, aber auch von Gemeinden, die in ihrer Planungshoheit beeinträchtigt werden.

2. Einschränkungen der freien Fahrt

Aber nicht nur der Neubau von Straßen, sondern auch die Benutzung vorhandener Verkehrswege müßte und könnte von Rechts wegen weit menschen- und umweltfreundlicher erfolgen als dies bisher der Fall ist.
Die Straßenverkehrsordnung sieht inzwischen vor, daß die zuständigen Behörden „die Benutzung bestimmter Straßen oder Straßenstrecken ... zum Schutz der Wohnbevölkerung vor Lärm und Abgasen" und „zum Schutz der Gewässer und Heilquellen ... beschränken oder verbieten und den Verkehr umleiten" können. Das gleiche Recht haben sie zum Schutz von „Bade- und heilklimatischen Kurorten, Luftkurorten, Erholungsorten von besonderer Bedeutung, Landschaftsgebieten und Ortsteilen, die überwiegend der Erholung dienen", wenn durch solche Beschränkungen „anders nicht vermeidbare Belästigungen durch den Fahrzeugverkehr verhütet werden können" (§ 45 StVO).

Klassische Fälle sind Geschwindigkeitsbegrenzungen auf 30 km/h und die Einrichtung verkehrsberuhigter Bereiche durch das blaue Schild mit dem ballspielenden Kind und dem über die Straße gehenden Fußgänger. Hier dürfen Fußgänger „die Straße in ihrer ganzen Breite benutzen, Kinderspiele sind überall erlaubt, der Fahrzeugverkehr muß Schrittgeschwindigkeit einhalten, die Fahrzeugführer dürfen die Fußgänger weder gefährden noch behindern, wenn nötig müssen sie warten" (§§ 42 Abs. 4a, 45 Abs. 1b Nr. 3 StVO i. V. m. Verkehrszeichen Nr. 325).

Verkehrsrechtliche Anordnungen nach der Straßenverkehrsordnung sind allerdings nicht in der Lage, bestimmte Nutzungsarten oder Benutzerkreise einer Straße entgegen der ursprünglichen (einschränkungslosen) Widmung der Straße auszuschließen. Durch eine verkehrsberuhigende Anordnung kann also nicht auch der Schwerlastverkehr oder der Durchgangsverkehr von der Straße verbannt werden, wenn die Widmung der Straße keine Einschränkungen enthält. Hierzu bedarf es der straßenrechtlichen „Teileinziehung". Sie kann gemäß Art. 8 des Bayerischen Straßen- und Wegegesetzes angeordnet werden, „wenn überwiegende Gründe des öffentlichen Wohls für eine nachträgliche Beschränkung der Widmung auf bestimmte Benutzungsarten, -zwecke und -zeiten vorliegen". In Frage kommen Gründe des Städtebaus, des Natur- und Landschaftsschutzes, des Lärmschutzes, aber auch des Denkmalschutzes. Eine Teileinziehung stellt auch die Verengung der Straße oder der Einbau von Hindernissen dar, um rasante Autofahrer wirksamer als durch Verkehrszeichen zum Langsamfahren zu zwingen. Bei allen verkehrsberuhigenden und verkehrsbehindernden Maßnahmen ist eine Abwägung zwischen den miteinander in Konflikt geratenden Belangen geboten, zwischen dem öffentlichen Verkehrsinteresse einerseits und dem Ruhebedürfnis der Anlieger oder dem Landschafts- und Denkmalschutz andererseits. Am einfachsten ist die Drosselung des Verkehrs bei innerörtlichen Straßen, am schwierigsten bei Ortsdurchfahrten von Bundesstraßen. Bislang lassen unsere Behörden die Baudenkmäler unserer Städte meist lieber im Abgasdunst verkommen als sich zu radikalen Umleitungen etwa des Schwerlastverkehrs zu entschließen. Den eingangs zitierten Verfassungsgeboten werden sie damit kaum gerecht.

3. Ist der Bürger machtlos?

Ein Rechtsanspruch auf verkehrsbeschränkende Anordnungen der geschilderten Art wird bisher allerdings verneint. Man weist darauf hin, daß verkehrsrechtliche Anordnungen und Widmungsbeschränkungen im Ermessen der Verwaltung stünden. Das ist grundsätzlich richtig. Angesichts der sich verschärfenden Verkehrssituation sind jedoch wichtige Ausnahmefälle denkbar, in denen Straßenanliegern ein „subjektives öffentliches Recht auf behördliches Einschreiten" unter dem Gesichtspunkt des Grundrechtsschutzes zuwachsen dürfte.

Nach der Rechtsprechung des Bundesverfassungsgerichts gewährleistet das Grundrecht „Leben und körperliche Unversehrtheit" des Art. 2 Abs. 2 des Grundgesetzes nicht nur ein Abwehrrecht gegen staatliche Eingriffe. „Vielmehr folgt darüber hinaus aus seinem objektiv-rechtlichen Gehalt die Pflicht der staatlichen Organe, sich schützend und fördernd vor die darin genannten Rechtsgüter zu stellen" (Beschluß vom 20.12.1979, Amtliche Sammlung Band 53, S. 57). Dabei wird diese staatliche Schutzpflicht nicht erst bei vollendeten Eingriffen in die körperliche Unversehrtheit aktuell, sondern bereits bei erheblichen G e f a h r e n für Leben und Gesundheit. Wörtlich schreibt das Gericht in einer anderen Entscheidung im Zusammenhang mit der staatlichen Verpflichtung, die Würde des Menschen zu achten und zu schützen: „Daraus können sich verfassungsrechtliche Schutzpflichten ergeben, die es gebieten, rechtliche Regelungen so auszugestalten, daß auch die Gefahr von Grundrechtsverletzungen eingedämmt bleibt." (Beschluß vom 8.8.1978, Amtliche Sammlung Band 49, S. 142)

Der aus Art. 2 Abs. 2 des Grundgesetzes folgenden Pflicht, Maßnahmen zum Schutz der Gesundheit der Bevölkerung vor übermäßigem Verkehrslärm und unzumutbaren Abgasemissionen zu treffen, ist der Staat unter anderem durch die oben geschilderten Regelungen verkehrsbeschränkender Anordnungen zum Schutz von Ruhe und Erholung nachgekommen. Es handelt sich deshalb um sogenannte grundrechtsschützende Vorschriften, auf deren Einhaltung das Bundesverfassungsgericht den betroffenen Bürgern einen Rechtsanspruch einräumt, wenn es feststellt, daß die Außerachtlassung von Vorschriften, „die der Staat in Erfüllung seiner Pflicht zum Schutz der in Art. 2 Abs. 2 Grundgesetz genannten Rechtsgüter erlassen hat", zugleich zu einer Verletzung dieses Grundrechts führt (Beschluß vom 20. 12. 1979, Amtliche Sammlung Band 53, S. 65/66).

Voraussetzung ist allerdings, daß im konkreten Fall wirklich eine Gesundheitsgefährdung zu erwarten ist. Wie das Bundesverfassungsgericht in seiner Fluglärm-Entscheidung vom 14. 1. 1981 ausgeführt hat, neigt es dazu, den Begriff der körperlichen Unversehrtheit in Art. 2 Abs. 2 des Grundgesetzes mit dem Gesundheitsbegriff im Sinne der Satzung der Weltgesundheitsorganisation vom 22. 7. 1946 gleichzusetzen. Hiernach ist unter Gesundheit „der Zustand des vollständigen körperlichen, geistigen und sozialen Wohlbefindens und nicht nur das Freisein von Krankheit und Gebrechen" zu verstehen. In Anlehnung an diesen Gesundheitsbegriff hält das Gericht zum Beispiel Fluglärm schon dann für eine gesundheitliche Beeinträchtigung, wenn er „die Kommunikation im weitesten Sinne stört, den Erholungswert des Zuhause herabsetzt, Konzentration und Aufmerksamkeit mindert, Nervosität und Irritiertheitsgefühle verursacht sowie Erschrecken, Verärgerung und Furchtassoziationen auslöst . . .". Darüber hinaus ist das Gericht der Meinung, daß auch dann, wenn man diesem weiten Gesundheitsbegriff nicht folgen würde, sondern „körperliche Unversehrheit" in einem engeren Sinne auszulegen hätte, eine Gesundheitsbeeinträchtigung jedenfalls deshalb nicht ausscheiden würde, weil der fragliche Lärm „keinerlei somatische Folgen" hervorrufen würde, sondern sich „in einer Beeinträchtigung des psychischen und sozialen Wohlbefindens erschöpfen" würde. „Zumindest in Gestalt von Schlafstörungen lassen sich Einwirkungen auf die körperliche Unversehrtheit schwerlich bestreiten" (Amtliche Sammlung Band 56, S. 74 f.).

Angesichts dieser höchstrichterlichen Erkenntnisse über den verfassungsrechtlich gebotenen Gesundheitsschutz wird ein Umdenken bei der Anwendung der geschilderten Vorschriften über Verkehrsbeschränkungen durch verkehrsrechtliche Anordnungen und straßenrechtliche Teileinziehungen unvermeidlich. Vieles dürfte hier längst nicht mehr zur Ermessensdisposition der Behörden stehen, sondern im Lichte verfassungskonformer Auslegung zur strikten Handlungspflicht geworden sein, deren Erfüllung lärmbetroffene Anlieger vor Gericht einklagen können müssen.

Dabei ist freilich bei aller Kritik der bisherigen Praxis nicht zu verkennen, daß sich die Straßenverkehrsbehörden bei Verkehrseinschränkungen und Umleitungen nur mühsam zwischen Szylla und Charybdis hin und her bewegen. Was sie den einen an Verkehrsruhe schenken, bürden sie oft den anderen an zusätzlichem Verkehrslärm auf. Das Recht kann letztlich das Verkehrschaos nur notdürftig steuern. Seine Beseitigung ist nur durch durchgreifende politische Entscheidungen und ein radikales Umdenken möglich: den Ausbau des öffentlichen Personennahverkehrs, die Verlagerung des Straßenfernverkehrs auf die Schiene und den Abbau der Autohörigkeit jedes einzelnen von uns durch eine Vielzahl kleiner Verzichte zum Wohl des Ganzen.

Rudi Then Bergh

Auf Wiedergehen in München

Verkehrsberuhigung ist der erste ernsthaft diskutierte Versuch, die Vorherrschaft des Autos im Verkehr zu brechen: Unsere städtischen Straßen sollen wieder mehr dem Aufenthalt dienen, die heute fast ausschließliche Verkehrsnutzung soll auf ein sozial tragbares Maß gebracht werden. Dabei wird ein Verteilungskampf sichtbar um die Anteile für Verkehrs- bzw. Aufenthalts-(Sozial-)Funktion im öffentlichen Raum. Diese Rivalität kennen wir aus den Auseinandersetzungen in den 50er- und 60er Jahren, doch wurde damals fast ausnahmslos zugunsten des motorisierten Verkehrs entschieden.

Die Vorherrschaft des Autos wurde zunächst begründet, später dann festgeschrieben durch eine Reihe von Ursachen:

- Mit den zig PS unter der Motorhaube verfügt der PKW-Fahrer über ein Mittel zur Ausübung von Gewalt. Zusätzlich schützt ihn sein Blechmantel relativ gut vor körperlicher Belästigung.
- Demgegenüber steht die Kraft- und Schutzlosigkeit der vorwiegend betroffenen Fußgänger und Radfahrer. Sie haben keinen Panzer, keine Knautschzone und wenig wirksame oder gar keine Warnsignale.
- Gesellschaftlich wird der Autofahrer höher eingeschätzt als der Nichtmotorisierte. Motive dafür sind Technikgläubigkeit, Mobilitätseuphorie und auch der mit wachsendem Wohlstand gewachsene Komfortanspruch.
- Unter den Städte- und Straßenplanern befinden sich naturgemäß keine typischen Nichtautofahrer (Kinder, Pensionisten). Die über diese Planungen entscheidenden Personen gehören fast ausschließlich einer hohen Sozialschicht an. Für sie ist das Auto selbstverständlicher Besitz, sie haben darüber hinaus mehr Möglichkeiten, auf die soziale Funktion der Straße zu verzichten (leichteres Ausweichen im privaten Bereich auf Hausgärten und Ferienhäuser, im gesellschaftlichen Bereich auf reservierte, abgeschirmte Veranstaltungsorte).
- Eine mächtige Lobby vertritt die Interessen der Autofahrer: die Automobilindustrie und der ADAC, die „Partei" in der Bundesrepublik mit den meisten Mitgliedern.
- Steuerlich sind Fußgänger und Radfahrer gegenüber den motorisierten Verkehrsteilnehmern benachteiligt.
- Der öffentliche Verkehr weist nach wie vor Mängel auf. Er ist vielfach noch ungenügend in das gesamte Verkehrsgeschehen eingebunden.

Die Folge der Dominanz des Autos ist die Straßengestaltung der 70er Jahre, die von der Mehrzahl der Verkehrsteilnehmer heute noch als selbstverständlich hingenommen wird: Straßen sind ein Gefüge aus voneinander getrennten „Bahnen". Dieses Denken in Bahnen wird besonders deutlich an Plänen, die anstelle des Gehwegs eine „Gehbahn" ausweisen. Die konsequente Trennung der einzelnen Verkehrsarten voneinander forcierte einen Straßenbau, der systematisch jeden Kontakt der Verkehrsteilnehmer untereinander zu unterbinden sucht. Typische Bauelemente sind Fußgängerunterführungen, Gitter und Leitplankenbarrieren, die das Überqueren der Straße verhindern sollen.

Befürworter des Trennungsprinzips waren nicht nur die auf freie Fahrt eingeschworenen Autofahrer, auch die Fußgänger forderten z. B. Unterführungen – aus der praktischen Erfahrung ihres Unterlegenseins. Im olympischen Dorf in München kann man beobachten, zu welchen stadträumlichen und sozialen Konsequenzen die strikte Anwendung des Prinzips der getrennten Ebenen führen kann: für den Fahrverkehr ein Untergeschoß, das in seiner Tristesse und in seinem Irrgartencharakter kaum zu überbieten ist – und darüber die Fußgängerebene, die ihm an Trost- und Leblosigkeit in nichts nachsteht, trotz aller gestalterischer Häkeleien.

Mochte diese Gestaltung für die Hauptstraßen mit sehr hohem Verkehrsaufkommen noch praktikabel erscheinen, so führte doch die Anwendung dieses Entwurfschemas auf die übrigen Straßen der Stadt zu einer schwerwiegenden Beeinträchtigung der Kommunikation und des Straßen- und Platzraums. Die Folge war die Zerstörung der räumlichen Einheit des Verkehrs: Das Mit- und Zueinander als Zweck der Kommunikation wurde zum Nebeneinander, zum Gegeneinander.

Vor etwa zehn Jahren tauchte dann in der Öffentlichkeit der Begriff „Verkehrsberuhigung" auf. Wurden erste einschlägige Planungen noch als Hirngespinste von Phantasten abgetan, so

schufen doch eine Reihe von Ereignissen und Einsichten unerwartet günstige Bedingungen: die sogenannte Energiekrise, zunehmende Klagen über den Verkehrslärm, ständig steigende Zahlen von Verkehrsopfern, die offensichtliche Unmöglichkeit, die erstrebte Perfektion ohne totalen Kahlschlag in der Stadt durchzuführen, der Exodus gerade der Besserverdienenden ins Umland als Manifestation der Unwirtlichkeit auch unserer Stadt, die „Neue Innerlichkeit" und zuletzt das zumindest auch auf die Abgasbelastung zurückzuführende Waldsterben verhalfen der Verkehrsberuhigung zu unerwarteter Attraktivität.
Keine Wahlrede, kein Architektenwettbewerb, keine Bürgerversammlung mehr ohne Verkehrsberuhigung. Die Studienreise nach Delft wurde zur Pflichtübung der Stadträte. Die betroffenen Bürger gruppierten sich zu Arbeitskreisen, wollten aktiv und mit ihrer Kenntnis der örtlichen Gegebenheiten zur Verbesserung des Lebens in der Stadt beitragen. Arbeit und Resonanz waren ermutigend.
Nur die Verwaltung blieb deutlich reserviert. Die Beamten zählten gewissenhaft die PKW-Frequenzen, PKW-Stellplätze und die Kilometer umzubauender Straßen (und multiplizierten das Ergebnis mit 1 Million DM/km). Auch war zu hören, der Stadtbaurat habe erklärt, Verkehrsberuhigung, das seien „Mätzchen". Aber schließlich gab es doch die Zusagen der gewählten Stadträte und ihre Anweisung an die Verwaltung, „umgehend Vorschläge" auszuarbeiten. Die Meinung der Verwaltung: Verkehrsberuhigung sei a) im Gesetz nicht vorgesehen, b) sowieso zu teuer und c) nur im jahrzehntelangen Prozeß erreichbar. Es schien, als hätte die Verwaltung den größeren Sachverstand, die besseren Juristen und die Verantwortung für ein fürsorgliches, ausgleichendes Abwägen.
Die Sache mit dem „im Gesetz nicht vorgesehen" regelte sich unerwartet kurzfristig: Aus Bonn gab es neue, etwas menschenfreundlichere Richtlinien zum Bau innerstädtischer Straßen. Zudem sprach sich bald herum, daß von den städtischen Referaten an gar nicht so wenig Stellen der Stadt umgestaltet wurde. Verkehrsberuhigung war eben doch zum Gegenstand der planenden Verwaltung geworden. Im amtlichen Besichtigungsbus studierten die Stadträte die mittlerweile realisierten Versuche am Rand der Stadt, am Rand der großen Garten-Show und auch an Stellen, wo einfach aufgrund überholter Monsterplanungen genügend Experimentierfeld übriggeblieben war. In die eher alltäglichen Bereiche fand die Verkehrsberuhigung allerdings keinen Eingang: Es blieb bei zahlreichen nicht erledigten Anträgen der Bürger und beim unverdrossenen Weitermachen der Arbeitskreise und Initiativen.
Auftrieb gab den Verkehrsberuhigern erst wieder eine Kommunalwahl, die geänderte Mehrheitsverhältnisse brachte. Stadtpolitische Konsequenz war der Beschluß, Verkehrsberuhigung in der ganzen Stadt durchzuführen. Die Verwaltung sollte Verkehrsprogramme erstellen, deren Qualität vom Stadtrat besonders im Hinblick auf die Beruhigung präzisiert wurde. Die ersten dieser Verkehrsberuhigungsplanungen liegen mittlerweile vor: Sie schreiben einerseits das alte Ritual der Festlegung von Hauptverkehrsstraßen fort, sagen aber andererseits praktisch nichts über Beruhigungsmaßnahmen aus, außer daß dazu noch eine Reihe relevanter Untersuchungen abzuwarten sei. Was sollte auch der Sachbearbeiter vorschlagen? Er ist als Beamter an die Weisungen seiner vorgesetzten Referenten gebunden, von denen der eine der mit den „Mätzchen" ist, der andere von der Autoscootermentalität der Radler tönt und der dritte lieber erst einmal selber Versuche anstellt, statt den Erfahrungen aus dem Norden zu trauen.
Das ist, bei aller gebotenen Kürze, der Lauf der Dinge bis heute: Ein Berg kreißt und gebiert eine Maus. Nicht ermutigend. Was führte zu diesen eher kümmerlichen Vorschlägen der Verwaltung? Neben der bekannt reservierten Haltung der drei befaßten Referenten erleichtern wohl auch folgende Entwicklungen der Verwaltung die Ausarbeitung eines Konzeptes, das zur Verkehrsberuhigung fast nichts aussagt:
– Die Hoffnung, die Autofahrer würden wegen der steigenden Benzinkosten weniger fahren, erwies sich als trügerisch. Der erwartete Preisschock blieb aus, die Preissteigerungen kamen pfennigweise und so stetig, daß die Kunden sich ausreichend darauf einstellen konnten.

– Die sinkende Zahl der Verletzungen und Toten wirkt einschläfernd. Daß die geringere Schadensrate auf den Sicherheitsgurt zurückzuführen ist und damit wiederum vorwiegend nur den Autofahrern zugute kommt, wird nicht genügend beachtet.
– Die wenigen ausgeführten Verkehrsberuhigungsmaßnahmen waren lokal zu sehr begrenzt, so daß sich doch eher Verlagerungen als Reduzierungen ergaben. Aufgrund der mangelnden Großflächigkeit kam es nicht zur Beruhigung, sondern nur zum Stau an einzelnen überlasteten Stellen, deren Anlieger sich zu Recht über die so herbeigezauberten Belastungen beklagten.
– Das Umweltbewußtsein hat zwar zugenommen, doch konzentrierte sich der Fortschritt wieder einmal auf den rein technischen, apparativen Aspekt: mehr Isolierung, mehr Reinigung, effizienteres Recycling. Nur in seltenen Fällen reicht es zur Einsicht, daß ein wirklich umweltbewußtes Verhalten eben vielfach den Ausstieg aus der überholten Mentalität der totalen Verfügbarkeit voraussetzt. Gerade in der Nutzung des privaten Kraftfahrzeugs scheint dieses Umdenken besonders schwierig: Selbst wenn es im Einzelfall zum weitgehenden Verzicht aufs Autofahren kommt, auf den Besitz des Autos verzichtet kaum einer. Diese Tatsache findet ihren Niederschlag darin, daß der Parkplatz in vielen Gebieten schon das schwerwiegende Problem darstellt, nicht mehr – wie noch vor einigen Jahren – der Wunsch, vor die Haustür fahren zu können. Aus den Fahrzeugen, insbesondere der Bewohner der gut mit dem öffentlichen Verkehr bedienten Innenstadtrandgebiete, sind mittlerweile offensichtlich „Stehzeuge“ geworden.
– Die „Neue Innerlichkeit“ hielt nicht einmal im Ansatz, was sie versprochen hatte. Wir sollten von „Neuer Gemütlichkeit“ sprechen – gelernte Münchner durchschauen das Phänomen dann besser.
– Die Tempo-100-Diskussion und eine Reihe weiterer, wohl weniger ernst gemeinter Argumente vermitteln allzu leicht den Eindruck, der innerstädtische Autoverkehr stelle nicht eine der Hauptursachen des Waldsterbens dar. Die meisten toten Bäume stehen eben nicht auf dem Grünstreifen, sondern weit weg im Gebirge.

Viele der anfangs unterstützenden Faktoren haben sich also als nicht ausreichend tragfähig erwiesen. Verlaß ist offensichtlich nur auf den Wunsch nach besserer Sozialqualität des öffentlichen Raums und nach Umweltschutz durch Minderung der primär entstehenden Umweltbelastung. Das heißt im Klartext: nach Reduzierung des PKW-Verkehrs zugunsten des öffentlichen Verkehrs, der Fußgänger und Radfahrer. Wenn die neuen Verkehrsprogramme diese Zielvorstellungen verwirklichen sollen, müssen folgende Bedingungen eingehalten werden:
– Kein zusätzliches Angebot an Parkplätzen auf öffentliche Kosten oder auf Kosten anderer Nutzungen.
– Beschränkung des öffentlichen Parkraums auf die Anlieger eng begrenzter Gebiete, da zu große Parklizenzierungsbereiche nur die fast immer unnötigen Kurzstreckenfahrten begünstigen.
– Kein zusätzliches Angebot für den PKW-Verkehr auf Hauptverkehrs- und Ringstraßen, da der dort rollende PKW in den Wohngebieten startet und auch dort sein Ziel hat.
– Beseitigung von Engpässen nur dort, wo mit Sicherheit nachgewiesen werden kann, daß damit nicht nur eine Belastung (Stau, Abgas, Lärm, Unfallschwerpunkt) an eine andere Stelle verlagert wird.
– Verbesserung des Angebots im öffentlichen Verkehr, das heißt im innerstädtischen Bereich niedrigere Tarife, höhere Fahrzeugfrequenzen, geringere Abstände der Haltestellen und mehr Komfort für den Fußgänger auf dem Weg zur Haltestelle, zum Beispiel Arkaden, Rollsteige, ein Vordach zum Unterstellen und beruhigte Zuwege. Im Umland, das vom öffentlichen Verkehr nicht flächendeckend bedient werden kann, müssen an allen Bahn-Haltestellen Park-and-Ride-Plätze angelegt werden.
– Ausbau des grobmaschigen Radwegnetzes nicht auf Kosten der Fußgänger, sondern – wo immer gerade noch vertretbar –, auf Kosten des Autoverkehrs, also vorwiegend durch Reduzierung der Fahrbahnbreite, später eventuell auch der Fahrbahnzahl. Kein zusätzlicher Ausbau von Radwegen in künftigen Wohnstraßen, weil dadurch in diesen Straßen nur das Trennprinzip weiter fortgeschrieben würde.
– Sicherung der Brauchbarkeit und Bequemlichkeit der Rad-

und Fußwege durch ausreichende polizeiliche Überwachung bzw. bauliche Absicherung.
- Einbau von zum Beispiel Fahrbahngestellen und Schwellen zur Reduzierung der Fahrgeschwindigkeit in Wohngebieten (= Langsamfahrstraße). Im zweiten Schritt dann Umbau zu Wohnstraßen, in denen der nicht motorisierte Verkehr Vorrang hat. Zuerst sollten solche Straßen umgebaut werden, die zu Schulen, Grünflächen und Läden für den täglichen Bedarf führen.
- Erarbeiten eines Katalogs von typisierten Bauelementen, die beim Umbau zu Langsamfahr- und Wohnstraßen problemlos, systematisch und schrittweise angewandt werden können. Das Typisieren dieser Bauelemente ist erforderlich, weil einerseits die Suche nach Straßentypen zumindest im inneren Stadtbereich wegen der Vielzahl der vorhandenen Straßenquerschnitte und sonstigen Vorgaben nur theoretische Spielerei ist, und weil andererseits für die Benutzer der verkehrsberuhigten Straßen leicht erkennbar sein muß, welches Verhalten von ihnen an der jeweiligen Stelle erwartet wird.
- Berücksichtigung unserer Straßenbautradition. Eine Stadt wie München hat eine weit über die Vorherrschaft des Autos hinausreichende Bautradition, die das Stadtbild prägt und das Verhalten im öffentlichen Raum mitträgt. Besonders bei der sogenannten Straßenmöblierung sollten wir wirklich auf „Mätzchen" verzichten, die man andernorts und zum Teil auch hier schon für erforderlich hielt: vor allem auf die widerlichen Pflanzkübel. Bäume gehören in die Erde, ohne Sockel.

Die Verwirklichung all dieser Ziele wird Jahrzehnte dauern. Sie wird sehr viel kosten. Kurzfristig sind da nur die Planungen möglich. Das hat seine innere Logik. Einerseits muß der erreichte Zustand der beruhigten Straßen dem von den Benutzern dieser Straßen erreichten Bewußtseinsstand entsprechen. Es sollte uns angesichts der beruhigten Wohnstraßen nicht so gehen wie dem Indianer, der mit dem Zug gefahren ist und noch Tage nach seiner Ankunft am Bahnsteig hockt, weil er warten muß, bis sein Geist ankommt... Andererseits haben wir in der not-wendigen Zeit auch das erforderliche Geld und den ohnehin in großen Teilen des Straßennetzes anfallenden Renovierungsbedarf. Eine städtebauliche, gesellschaftliche Aufgabe also, nicht nur eine Frage der Verkehrsregelung: Deshalb müssen wir auch die im Städtebau üblichen Zeithorizonte und nicht die Schnellschaltungen der Verkehrsplaner in unser Kalkül einbeziehen.

Und wenn wir nicht anfangen mit der Verkehrsberuhigung? Dann kommt sie von selbst, nur in jeder Hinsicht unberechenbar und weniger steuerbar als bei geplantem, zielorientiertem Vorgehen. Wer das nicht glaubt, sollte sich umschauen in den dicht genutzten und befahrenen innerstädtischen Straßen. Die Autos fahren dort vom Stau vor der Ampel (= Temporeduzierung) zum Zweitreihenparker (= Engstelle). In vielen Fällen ist auch das Trennungsprinzip schon aufgehoben: Geparkt wird auf dem Gehsteig, geradelt wird gegen die Einbahnrichtung, und auf extrem dicht befahrenen Straßen hüpfen die Fußgänger auf der Fahrbahn herum. Da mit Wahrscheinlichkeit nur anzunehmen ist, daß sich der Verdichtungsprozeß weiter fortsetzt, wenn wir nichts dagegen unternehmen, wird sich das Chaos im Straßenverkehr noch weiter steigern. Dann doch lieber gleich aussteigen, aus dem Auto, und umsteigen auf den öffentlichen Verkehr, aufs Radl, auf unsere eigenen Füße, in einen Verkehr, in dem Begegnung nicht identisch ist mit Verletzung.

Als erste Maßnahme zur Verkehrsberuhigung sollten wir auf jeder Windschutzscheibe diesen Satz von Johann Gottfried Seume anbringen: *Wo alles zu viel fährt, geht alles sehr schlecht, man sehe sich nur um.* Vielleicht lernen wir Seume verstehen, der nach seinem Spaziergang von Sachsen nach Syrakus, also aus Erfahrung, auch geschrieben hat: *Ich bin der Meinung, daß alles besser gehen würde, wenn man mehr ginge.* Er hat damit den gesamten sozialen Umgang gemeint, nicht nur den Straßenverkehr.

Bis dann, auf Wiedergehen!

Ossi Baumeister

Aus eigenem Antrieb: Fahrradfahren

„Nichts hat den Menschen so mobil gemacht wie das Automobil", behauptet eine Mercedes-Reklame anläßlich der Frankfurter Automobilausstellung 1985. Ich möchte das Gegenteil behaupten. Keine technische Entwicklung hat eine so lähmende Wirkung auf die Gesellschaft ausgeübt wie das Auto. Vielmehr ist es das Fahrrad, das beweglich macht.

Die „unbestrittenen Vorteile" des Automobils sind laut Mercedes-Werbung: „Flexibilität in der Routenwahl, Komfort, Unabhängigkeit von Fahrplänen und Witterung, die jederzeitige Verfügbarkeit und das Fahren von Haus zu Haus." Abgesehen von der Witterung sind das alles Vorteile, die eher das Fahrrad für sich verbuchen kann.

Selbst bei der Geschwindigkeit braucht das Fahrrad einen Vergleich mit dem Auto nicht zu scheuen. Wissenschaftler in Deutschland, Frankreich und USA haben übereinstimmend ermittelt: Der Autofahrer bewegt sich mit einer Durchschnittsgeschwindigkeit von 14 Stundenkilometern vorwärts. * Wie das? Sie haben zur Fahrzeit auch die Stunden dazugerechnet, in denen wir das Geld für unser Auto verdienen, zum Parkplatz laufen, als Unfallopfer in der Klinik liegen, Wagenpflege treiben etc.

Ein Fahrrad dagegen fährt zwischen 15 und 25 Stundenkilometer schnell.

Ein sonniger Herbsttag. Ich setze mich aufs Rad, um von München nach Ampfing zu fahren (ca. 70 Kilometer). Ich will noch einmal die Landschaft des Isen- und Goldachtals genießen und fotografieren, was demnächst dem Bau der Autobahn A 94 zum Opfer fallen soll. Zwar könnte ich mit dem Auto fahren, ich entscheide mich aber nicht nur aus Umweltüberlegungen für mein Rad. Die Bewegung wird mir guttun, und ich möchte mich umschauen können. Ich möchte anhalten können, wo ich es will und Feldwege nehmen – eben flexibel sein in der Routenwahl, wie es die Mercedesreklame so trefflich formuliert.

Freilich könnte ich auch mit der S-Bahn durch die Stadt und ein Stück hinausfahren, aber diese Bequemlichkeit hebe ich mir lieber für die Rückfahrt auf. Es ist auch nicht angenehm, in der S-Bahn mit dem Rad im Gang stehen zu müssen, stets ein entschuldigendes Lächeln parat für die Mitfahrer, die gestenreich ihre properen Mäntel an meinen Reifen vorbeimanövrieren. Könnte man da nicht etwas machen? Einen Wagon mit anderer Bestuhlung für Leute mit Rädern, Kinderwägen etc.? Man könnte, aber man tut es nicht im Münchner Verkehrsverbund. Vielleicht ist die Nachfrage zu gering. Mit Angeboten Bedarf zu wecken, ist wohl eher eine Spezialität der Autoindustrie.

In Neuhausen fahre ich los. Auf der Dom-Pedro-Straße gibt es einen Potemkinschen Radweg. Das ist ein weißer Strich, der den Fußweg spaltet. Rechts die Fußgänger, links die Radfahrer. An zügiges Fortkommen ist nicht zu denken. Einer älteren Frau, die ihren Hund auf den Grünstreifen führt, weiche ich gerade noch aus. Bei Einfahrten, die kopfsteingepflastert den Weg queren, muß ich bremsen und mich in die Pedale stellen, um nicht allzusehr durchgerüttelt zu werden. Vor einem Restaurant ist wie üblich die Radspur zugeparkt und das Trottoir bevölkert. Ich bremse auf fast Null. Der korrekte Radfahrer würde jetzt absteigen und schieben.

Die kleine Fußgängerinsel, die auch der Radler überqueren muß, kenne ich schon. Also ganz langsam über die zwar tiefergelegte, aber noch sehr scharfe Bordsteinkante, sonst hacke ich mir wieder den Schlauch durch. Also jetzt reichts, ich nehme die Straße, herrlich glatter Asphalt! Hoffentlich kommt kein Streifenwagen. Das blaue Schild am Potemkinschen Radweg verpflichtet mich nämlich zur Gehsteigbenützung (§ 41 StVo). So einfach kann man jede Straße zur Quasi-Autobahn befördern. Der Leonrodplatz ist, wie jeden Morgen, voll. Es stinkt. Die Auspuffe qualmen. Würde ich jetzt korrekt abbiegen, müßte ich mich durch die Fußgänger schlängeln, die sich auf dem Rad-Gehweg drängen und zur Trambahn hinüberwollen. Dann erst einmal geradeaus über die Kreuzung fahren und, ohne Nachkommende zu behindern, wiederum auf Grün warten, um nach links zu kommen. Als Teilzeitautomobilist habe ich jedoch keine Scheu, mich durch den ohnehin stehenden Verkehr an die Linksabbiegerspur zu quetschen. Als es dann losgeht, macht ein Chauffeur, der von der Mittelspur aus links abbiegen will, gute Miene, mich so zu bedrängen, daß ich auf

der Mittelspur der Schweren-Reiter-Straße lande. Mit einigem Trotz erreiche ich das rettende Ufer. Um bei solchen Manövern nicht unterzugehen, braucht man auch Erfahrungen als Kfz-Lenker.
Einen seltsam apathischen Eindruck vermitteln die Chauffeure, wenn man sie bei langen Rotphasen durch die Scheiben betrachtet: Mensch in Aspik. Aus manchen Autos wummern Taktfetzen. Ohne HiFi ist das Autofahren wirklich unerträglich langweilig. Auf die Idee, während der langen Stehzeiten seinen Motor abzustellen, kommt kaum jemand.
Wissenschaftler wollen gemessen haben, daß Autofahrer den meisten Dreck selber einatmen. Neben Schlangen von noch nicht ganz warmgelaufenen Motoren auf Grün wartend, kann ich das nicht glauben, zumal man hinter dem Steuer weniger lufthalen muß als auf dem Sattel. Am meisten Sauerstoff allerdings brauchen die Motoren selbst. Auf dem Radweg längs der Schweren-Reiter-Straße kommt plötzlich ein Auto quer. Ich kann gerade noch bremsen. Der Fahrer ist genauso erschrocken wie ich. Er konnte mich nicht sehen, weil Büsche zwischen der Fahrbahn und dem Radweg die Sicht behindern. Gut gemeint, aber...
Ein Stück weiter wird der Gehweg aufgebuddelt. „Radfahrer absteigen“ gebietet ein Schild. Ich breche auch dieses Gebot. Was haben Straßenbauer und -planer eigentlich für ein Bild vom Radfahrer? Wer radfährt, so meinen sie wohl, hat viel Zeit, sonst würde er ja mit dem Auto fahren. Am Nordbad beginnt wieder ein Gehsteig-Radweg. Ein Pedalist vor mir scheucht mittels Sturmklingel einen Passanten aus der Bahn. Mir ist das peinlich.
„Das Rad hat den Radius des Menschen erweitert, ohne ihn auf Straßen zu verbannen, auf denen er nicht laufen darf“, schreibt Ivan Illich in seinem leider vergriffenen Buch „Die sogenannte Energiekrise“.
Der Radfahrer, nicht in ein Gehäuse gesperrt, ist auch kontaktfreudiger. Er kann schimpfen, sich entschuldigen, Schwätzchen an der Ampel halten und so fort. Man sagt: „Mir begegnete ein Radfahrer“, im Gegensatz zu: „Mir kam ein Auto entgegen“.
Die fast schon totalitäre Autoflut verdrängt den Radfahrer von den Straßen. Jetzt wird er mit den Fußgängern zusammen an die Wand gedrückt, und es passiert das, was häufig passiert, wenn Underdogs aneinandergeraten: Man drangsaliert sich gegenseitig. Stellenweise entsteht ein Gedränge, das das Illich-Zitat relativiert. Man kann in den Fußgängerreservaten (Fußgänger ab in die Zone) während der Einkaufszeiten wirklich nicht radfahren, auch nicht rücksichtsvoll.
Über die Hohenzollernstraße versuche ich möglichst direkt den Englischen Garten zu erreichen. In einem geparkten Auto sitzt ein Mann. Steigt er aus oder fährt er los? Lieber beide Hände an die Bremsen. Aber der schaut wirklich, bevor er seine Tür aufmacht. Im Großen und Ganzen sind Münchner Autofahrer doch recht umsichtig mit Fahrradfahrern. Wenn ich da an Paris denke... Je mehr Radler es gibt, desto deutlicher treten sie wohl auch ins Bewußtsein der Autofahrer. Nimmt man sie nicht wieder aus dem Bewußtsein heraus, wenn man grundsätzlich und möglichst überall Radwege baut?
Ich komme an einem Haus mit Jugendstilfassade vorbei, in dem bis vor kurzem Freunde gewohnt haben. Eine schöne helle Wohnung, aber leider nach vorne raus. Als ein Kind kam, sind sie an den Stadtrand geflüchtet. Eine Durchgangsstraße ist kein Platz, um Kinder großzuziehen. Wer es sich leisten kann, zieht „ins Grüne“. Seinen Arbeitsplatz in Schwabing erreicht der stolze Vater jetzt mit dem Auto: wieder einer mehr. Mit dem Rad wäre es zu weit, und „öffentliche Verkehrsmittel brauchen ewig.“ Wer sich den eingekeilten Bus in der Hohenzollernstraße ansieht, weiß auch warum.
Mein Freund Thomas hat nur fünf Kilometer zur Arbeit. „Mit dem Fahrrad durch die Innenstadt? Immer zur Stoßzeit? Soll ich mich frühmorgens noch verschlafen an Autos vorbeiquetschen?“ Thomas hat Glück, er wohnt in U-Bahnnähe. Somit ist er ein Subventionierter. Denn nur der Automobile zahlt laut ADAC die Kosten seiner Beförderung in vollem Umfang selbst. Ein Kilometer U-Bahn kostet im Schnitt 100 Millionen Mark – selbst bei hohen Fahrpreisen ein Zuschußbetrieb. Daß man die Nichtmotorisierten kostspielig durch öde Tunnels beför-

dert, weil Bus und Tram im Auto-Verkehr stecken bleiben, soll mit den Kosten des „Individualverkehrs“ nichts zu tun haben? Das Ostende der Hohenzollernstraße ist Einbahnstraße. Ich muß ausweichen: Nach links wäre es ein Umweg, rechtsherum über die Franz-Joseph-Straße muß man voll ins Gewühl. Gäbe es weniger Autos, könnte man auf diese Einbahn-Umwege verzichten. Die Radspur auf der Franz-Joseph-Straße ist lückenlos zugeparkt. Mein Adrenalinspiegel steigt. Auf der Fahrbahn werde ich von hinten angehupt. Ich drehe mich um und mache eine eindeutige Geste, die mir gleich wieder leidtut. Es ist so dumm, sich von Chauffeuren echauffieren zu lassen.

Über die Leopoldstraße: „Münchens berühmte Flanierstraße“, wird sie in Tourismusprospekten gern genannt, dabei ist sie nichts als eine mehrspurige Auto-Piste mit Trottoir. Zum Flanieren würde ich eher die Ramblas in Barcelona empfehlen. Die sind so breit wie der „Boulevard Leopold“, haben aber nur zwei schmale Fahrspuren. Flaniert wird in der Mitte. Altmünchner erinnern sich vielleicht: Die Landshuter Allee war, bevor sie zur Stadtautobahn wurde, ähnlich angelegt. An den „Boulevard-Leopold“ stößt die Ludwigsstraße – laut Prospekt: „Münchens Prachtstraße“. Sie soll jetzt einen Radweg bekommen. Das Trottoir reicht kaum aus, die Menge der Fußgänger zwischen Staatsbibliothek und Universität zu fassen; auch verursacht es „denkmalschützerisches“ Unbehagen, dem Gehsteig einen deutlich abgehobenen Radweg abzuknappsen. Die sechs Autospuren möchte man auch nicht gerne antasten. Die zur Hälfte zugeparkten Randspuren reichten den Radfahrern, mit rauchharten Lungen – versteht sich – bislang einigermaßen aus. Jetzt scheint das Autogeschiebe seine kritische Dichte erreicht zu haben, da müssen wohl die Nichtmotorisierten von der Fahrbahn verschwinden.

Der neue Radweg soll 1,2 Millionen Mark kosten und, das ist wohl das Schlimmste, 95 Parkplätze. Ein billiges Nahverkehrsabonnement à la Freiburg oder Basel wäre eine sinnvollere Investition.

Sinnvoller wäre auch, den Kraftfahrern klarzumachen, daß sie nicht allein sind: 56% aller Versorgungswege, 47% der Ausbildungswege, 42% der Freizeitwege und 25% der Arbeitswege werden zu Fuß oder mit dem Rad zurückgelegt.

Aber kaum einen Winkel gibt es mehr in der Stadt, dem das Auto nicht seinen Stempel aufgedrückt hat. Es ist langweilig, laut und stinkig in den meisten Straßen. Darum motorisiert sich, wer irgend kann, um der Öde zu entkommen und überwindet mit dem Auto die immer länger werdenden Strecken in der sich immer weiter entflechtenden Stadtagglomeration.

Im Englischen Garten, auf der Straße durch den Park, die für Privatwägen gesperrt ist, macht das Radfahren zum ersten Mal richtig Spaß. Ich stelle mir vor, wie angenehm es wäre, wenn solche breiten Wege für den nichtmotorisierten Verkehr sich durch die ganze Stadt ziehen würden. Und ich bin sicher, sie würden auch von vielen benützt werden.

Weiter geht es durch die schönen Alleen des Bogenhausener Villenviertels. Die geringe Wohndichte verdünnt auch die Automenge. Wer hier wohnt, mit Garage und Garten, sich Flugzeug und Rent-a-Car leisten kann, hat natürlich weniger Probleme mit dem Kfz.

Parallel zur Autobahn zum Flughafen Riem – Anfang der geplanten Autobahn A 94 nach Simbach-Braunau – fahre ich die alte Landstraße. Es gibt noch Reste von Landwirtschaft; Pferde stehen auf der Koppel. Aber jedes Jahr kommt eine neue Ansiedlung des Transportgewerbes dazu. Autowerkstätten, Ersatzteillager, Pneus en Gros, Schrott, Ladehöfe etc. Stadtnahe Versorgungsflächen werden mit Automobilem zugedeckt. Dafür kommt die Milch in Tanklastzügen von weit her. Wo selbst der Käse so zentral produziert wird wie die Autos, ist es nicht verwunderlich, daß immer mehr Landschaft und Lebensraum unter die Räder kommen.

Beim Flughafen angekommen, fallen mir die riesigen Parkplätze auf. Aber der „Airport“ wird ja nun bald ins Erdinger Moos verlegt. Damit schiebt sich München weitere 40 Kilometer nach außen. Ich nehme mir vor, einmal auf dem Stadtplan all die direkten und indirekten Verkehrsflächen zusammenzuzählen. Von der Auto-Fabrik über die Stadtautobahnen, Parkplätze, Tankstellen bis zu den Lärmschutzwällen. Ohne solche Einrichtungen könnte die Stadt erheblich schrumpfen, zusammenrücken; in sich lebenswerter und liebenswerter werden. „Jeder siebte Arbeitsplatz hängt vom Automobil ab", antwortet es mir aus einer anderen Ecke meines Kopfes. Ach so, ja, ich vergaß. Die Sachzwänge erscheinen total-totalitär?

Dornach, Aschheim, Kirchheim, und wie sie alle heißen, die ehemaligen Dörfer, die ich alle noch passieren muß, bis ich wirklich aufs Land komme. Ein Legohäuschen reiht sich ans andere. Wahrscheinlich ist das Wohnen dort ebenso langweilig wie das Durchradeln. Vom Ortskern ist meist nur noch der Maibaum neben der Raiffeisenkasse übrig.

Vor mir die offene Landstraße, hinter mir ein Pfeifen, das ganz schnell näher kommt, und schon ist er vorbei, der dynamische Jüngling mit flottem Spoiler. Ganz dicht ist er an mir vorbeigerauscht, denn er hat seine Maschine ja im Griff. Es macht ein kribbeliges Gefühl im Nacken, wenn man so ganz ohne schützendes Blechkleid, quasi nackt, den Sound eines heranschießenden Autos hört. Man schaut auf die Gegenspur. Wenn da auch eines kommt, drückt man sich noch enger an den Asphaltrand, auf die paar Zentimeter jenseits des weißen Randstrichs. Wenn es vorbeisaust, muß man sich etwas gegen den Luftdruck legen. In Serie kann einem das jede Landschaft vermiesen. Bei Lkw's mit Anhänger kommt als besonderer Kitzel noch die Frage hinzu: Weiß der Fahrer beim Wiedereinscheren, wie lang sein Zug wirklich ist? Irgendwann, denke ich mir manchmal, nachdem es tausendmal gutgegangen ist, erwischt dich mal einer. Aber was habe ich verträumtes Fossil auf dem Veloziped auch auf einer Landstraße zu suchen? Für einen Radfahrer macht es einen gewaltigen Unterschied, ob ein Auto mit 80 oder mit 100 und mehr an ihm vorbeirast. Für den Chauffeur sind es in der Regel nur ein paar Minuten Zeitersparnis.

Endlich geht es ab auf ruhigere Straßen. Die Landschaft ist hügelig. Geht es bergauf, bin ich besonders froh über mein leichtes Rad, über den großen Zahnkranz hinten und den kleinen vorn. Runter ins Tal, im kleinsten Gang, lasse ich es brausen. Die Hose flattert, die Augen tränen, ich könnte schreien vor Vergnügen. „Geschwindigkeitsrausch" nennt man das wohl. Aber ohne vorher richtig geschwitzt zu haben, wäre es doch nur halb so schön. So ein Fahrrad ist ein kleines feinmechanisches Meisterstück: elastischer Rahmen, Kugellager mit handpolierten Lagerschalen, die Schaltung butterweich und präzise. Wer als Radler Technik in Bausch und Bogen ablehnt, ist halt noch nie mit einem wirklich feinen Rad gefahren. Unter meinen radelnden Freunden sind einige Techniker und Ingenieure, die von dem enormen Wirkungsgrad des Fahrrads fasziniert sind.

Drei Watt leistet ein Durchschnittsfahrer, um einen Kilometer zurückzulegen. Bei einer Dauerleistung von 60 Watt, was gut zu schaffen ist, kann man in der Stunde 20 Kilometer zurücklegen. Ein Mittelklassewagen dagegen verbraucht für einen Kilometer ca. 1.000 Watt Energie. Das Gewicht eines Durchschnittsradlers beträgt vielleicht 75 Kilo, sein Fahrrad wiegt circa 15 Kilo, also ein Fünftel. Dagegen wiegt ein Durchschnittsauto 900 Kilo, also das Zwölffache des Fahrers.

An einer Kreuzung halte ich an und studiere die Karte. Einen direkten Weg durch das Isen- und Goldachtal gibt es nicht. „Seit 1500 Jahren ist im Bereich südlich des Isentals die sehr kleingliedrige Landschaft mit ihren regelmäßig nach Norden ziehenden Bachtälern von einer lockeren Streusiedlung besetzt, die sich völlig dem Landschaftsbild angepaßt hat ... Die Straßen folgen den natürlichen Geländelinien. Die Bachläufe sind in ihrer natürlichen Krümmung durch reichlichen Baumbewuchs markiert. Dieses Siedlungsgebiet hat geschichtlichen Charakter. Es ist Teil unserer altbayerischen Kultur."

Mein Rad lehnt am Baum, ich bin auf einen Hügel gelaufen und kann drei Kirchtürme sehen. Die Landschaftsbeschreibung hilft mir zu verstehen, warum es hier so schön ist. Die Gegend erinnert mich an die Toskana. Schön, daß es sie gleich vor der Haustür gibt – mit dem Fahrrad erreichbar. Hier also soll die Autobahn durchgebaut werden. Vielleicht etwas mehr südlich oder nördlich. Politiker liefern sich da noch Scheingefechte. Was für eine Kultur handeln wir uns da ein gegen diese „altbayerische Kulturlandschaft"?

Carin E. Stoller

Pendler-Leben

Ein Beispiel von Millionen

Mit etwa acht Jahren bin ich mit meinem Vater von München nach Weßling geradelt. Wir haben gebadet, Eis gegessen und sind wieder heimgefahren, im ganzen 50 Kilometer. Heute beginnen die Radltips der Münchner Abendzeitung meist mit dem Hinweis, welche Bundesstraße man fahren soll, bevor man seinen Treter vom Autodach schnallt. Was war das für ein Entdeckergefühl, als Fünfjähriger aus dem Dorf in Westfalen per Kinderrad zum fünf Kilometer entfernten Wasserschloß vorzustoßen. Angesichts der Turbos und GTI's würde ich meinen Kindern heutzutage solche Ausflüge strikt verbieten.
Die „einfache Chance, seine Landschaft kennenzulernen", von der Mitscherlich spricht, ist für Kinder zu gefährlich geworden. In Weidenbach, kurz vor Ampfing werden mir die Beine schwer, es wird auch schon dunkel. Den Zug nach München habe ich knapp verpaßt. Na gut, gehe ich derweil etwas essen, bis der nächste kommt. Schrecklich, denke ich mir beim zweiten dunklen Bier, in der Bauernwirtschaft. Schrecklich, diese Abhängigkeit von Fahrplänen.

* Ivan Illich, Die sogenannte Energiekrise, Reinbek 1974; J.-P. Dupuy, F. Gerin, in: Technologie und Politik Nr. 1, Reinbek 1975; Martin Burkhardt, Die gesellschaftlichen Kosten des Autoverkehrs, Freiburg 1980.

Vor 10 Jahren wurde ich an die Realschule in Aichach versetzt. Da ich meine Wohnung und mein Leben in München nicht aufgeben wollte, blieb mir nichts anderes übrig, als täglich die Strecke von zweimal 66 km zu fahren.

Das ergibt folgende Rechnung:
5 Tage pro Woche
35 Schulwochen pro Jahr
= 175 Tage
175 Tage x 2 Fahrten à 66 km = 23 100 km pro Schuljahr

Eine Alternative zum Auto gibt es auf der Strecke nach Aichach nicht. Das Verbundnetz ist so schlecht ausgebaut, daß man mit Bus, Bahn und zu Fuß zwei bis drei Stunden unterwegs ist, um an die Schule zu kommen. Mit dem Auto ist man in einer Stunde dort.

Ein Vergleich:

Auto		Verbund	
Aus dem Haus	8.15	Aus dem Haus	7.15
Mittlerer Ring	8.25	Bus zum Bahnhof	7.17 - 7.35
Autobahnanfang		IC nach Augsburg	7.52
Obermenzing	8.40	Anschlußzug in	
Sulzemoos	8.55	Augsburg	8.29
Ausfahrt Dasing	9.05	Ankunft in Aichach	8.53
Schule	9.15	Schule	9.15

Muß ich aber zur 1. Stunde um 7.45 in der Schule sein, wäre der Verbundweg noch länger: mit dem Bus zum Bahnhof, mit der S-Bahn um 5.16 nach Maisach, von dort um 5.53 nach Augsburg, um den einzigen Frühzug nach Aichach um 6.53 zu erreichen. Dann zu Fuß zur Schule, um gerade noch rechtzeitig um 7.40 Uhr da zu sein = 3 Stunden unterwegs.

Aus dem Haus
8.15

Mittlerer Ring
8.25

Mittlerer Ring
8.30

Verdistraße
8.35

Autobahnanfang
Obermenzing
8.40

Adelzhausen
9.00

Dasing
9.05

Schulstraße
9.15

Bus zum Bahnhof
7.17 - 7.35

Bahnhof
7.40

Zug nach
Augsburg
7.45

Im IC nach
Augsburg
7.50

Anschlußzug-
Bahnsteig
8.23

Anschlußzug
nach Aichach
8.29

im Zug
8.30

Ankunft in
Aichach
8.50

Nach 5 Jahren Pendeln habe ich mich zur Teilzeitarbeit entschlossen, denn die tägliche Belastung wird dadurch etwas kleiner. Mit 3 Schultagen ergibt sich folgende Rechnung:

3 Schultage pro Woche
35 Schulwochen pro Jahr
= 105 Tage
105 Tage x 2 Fahrten à 66 km = 13 860 km pro Schuljahr

Wenn der Stundenplan es zuläßt, bilden die Kollegen aus München eine Fahrgemeinschaft, die sich wenigstens die Autobahnstrecke teilt. Damit ertragen wir auch gemeinsam die tägliche Beanspruchung, die Abhängigkeit von Auto, Wetter und Verkehr.

Allenfalls 3000 Kilometer jährlich bewältigt der 32jährige Tübinger Ulrich Grosse mit dem Auto, jedoch mindestens 50 000, mitunter bis zu 80 000 Kilometer mit Zügen und Omnibussen der Bundesbahn.
Grosse reist nicht zum Vergnügen. Er fährt vorzugsweise auf Nebenlinien in Baden-Württemberg, etwa auf de schwäbsche Eisebahne - trulla, trulla, trullala -, bis in die hintersten Winkel der Alb. Ausgerüstet mit Photoapparat, Stoppuhr sowie einem Aktenkoffer voller Fahrpläne und Tabellen, notiert Grosse von Station zu Station Fahr- und Halteminuten, Rangiermanöver, zeitliche und örtliche Fluktuation der Bahnbenutzer. Seine Berechnungen landen auf den Schreibtischen württembergischer und badischer Landräte, die über Investitionen und Nutzeffekt der Nebenstrecken wachen müssen - sonst knipst ihnen die Bundesbahn ein Stück ab.
Die Landratsämter und die jeweils für die Verkehrsplanung mehrerer Kreise zuständigen Regionalverbände traktieren dann damit bei jährlich zweimal angesetzten Fahrplankonferenzen die Bundesbahn, sie weisen Kursbuch-Lücken nach und zeigen Verbesserungsmöglichkeiten auf. Die Erfolge des „Schwachstellen-Analytikers“, wie Grosse bei Bahn und Behörden anerkennend tituliert wird, sind einzigartig im Netz der Deutschen Bundesbahn.
Der Tuttlinger Landrat Hans Volle etwa, einer von denen, für die Grosse reist und rechnet, sieht seine ganze Region verkehrsmäßig „neu belebt“ und freut sich, daß die Ideen „eines Außenseiters auch von der Bundesbahn aufgegriffen und realisiert werden“.
Die Bundesbahn-Verwaltung selber geizt nicht mit Anerkennung für den Mann, der vor allem ihre Schwächen bloßlegt. Grosse sei, lobt der Planungsdezernent der Bundesbahndirektion Stuttgart, Gunter Allwanger, ein „Fahrplangenie“, dem es zu verdanken sei, „daß wir auch etwas für Strecken tun können, deren Benutzung nicht mehr unseren Erwartungen entsprach.“ Grosse habe mehrfach „den Verkehr von der Straße auf die Bahn zurückgeholt“.
Musterbeispiele für die „Anregungen von draußen“ (Allwanger)

sind die Gemeinden Balingen und Laufen in Südwürttemberg. Als Grosse festgestellt hatte, daß der Fußmarsch vom Bahnhof Balingen zum Schulzentrum 1,5 Kilometer weit war, obwohl die Bahngleise dicht bei den Schulgebäuden verlaufen, ließ er nicht locker, bis 1984 in Schulnähe eine neue Haltestation mit einem 120 Meter langen Bahnsteig („Balingen-Süd") eröffnet wurde.
Saßen vorher allenfalls dreißig Schüler aus Richtung Ebingen in den Zugabteilen, so waren es alsbald rund 270. Und als Grosse noch nachwies, daß ein wichtiger Zug in Balingen-Süd just zehn Minuten vor Schulschluß abfuhr, ließ die Bundesbahn ihren Fahrplan korrigieren. Inzwischen gibt es 450 Bahnfahrer. Motorräder und Mopeds bleiben daheim.
In Albstadt-Laufen an der Eyach wurde auf Grosses Drängen gleich der ganze Bahnhof verlegt, der zwei Kilometer vom Ortskern entfernt war, was einen entsprechenden Fußmarsch bei Wind und Wetter erforderte. Folge: Die Züge waren leer, parallel fahrende Omnibusse „knallvoll" (Grosse).
Für 120 000 Mark ließen Landkreis und Bundesbahn nahe der Ortsmitte von Laufen eine neue Station bauen, die jüngst, mit Beginn des Sommerfahrplans am 2. Juni, in Betrieb genommen wurde. Jetzt sind die Züge von und nach Ebingen oder Balingen eng besetzt.
Bahnplaner Grosse, zuvor Lehrer für Mathematik und Physik an einer Privatschule im Schwarzwaldstädtchen Calw, machte sein Fahrplan-Hobby zum Fulltime-Job, als die Schule mangels Nachfrage dichtmachen mußte. Erste Fahrplan-Erfahrungen hatte er bereits im Nagoldtalbahn-Ausschuß gesammelt, wo Delegierten von Kommunen und Kreisen, Wirtschaft und Fremdenverkehr am Erhalt der Nebenstrecke Pforzheim-Calw-Horb gelegen war. Sie war unrentabel und schlecht angebunden an weiterführende Bahnlinien.
Bürgermeister, Handelskammer-Vertreter und Hoteliers aus der Provinz schaffen es heute kaum, die Bundesbahn für einen neuen Anschluß oder ein dichteres Zugsystem zu gewinnen. Grosse erinnert sich denn auch: „Wenn man sich für eine kleine Station einsetzte, sagten die zuerst nur: Wo liegt denn das?"
Grosse allerdings, von einem Bürgermeister nominiert, drängte die Bundesbahn-Beamten mit detaillierten Zeitkalkulationen und Zugläufen in die Defensive, zumal er darauf bedacht war, „keine oder nur geringe Kosten zu verursachen". Der Erfolg des Nagoldtalbahn-Ausschusses, der heute auch von der Bundesbahn als „Modell" vorgezeigt wird, sprach sich rasch herum: Während der Regionalverkehr überall rückläufig war, stieg im Nagoldtal die Zahl der Fahrgäste nach der Kursbuch-Korrektur um bis zu zwanzig Prozent.
Grosse hatte beispielsweise vorgerechnet, daß Kreuzungs- und Anschlußtermine über Jahre hinweg willkürlich zementiert worden waren, daß Rangier- und Wartezeiten zu hoch angesetzt und Bahnbusse unnötig im Pendel- statt im Kreisverkehr eingesetzt worden waren.
Danach holte der Regionalverband Nordschwarzwald den arbeitslosen Lehrer zu Hilfe, der nun gegen Industrie- und Bahnvertreter um Vorrang für die Schiene stritt. „Die Firmen-Lobby", so Grosse, „hatte natürlich mehr Interesse am Straßen- und Speditionsverkehr."
Als im August 1983 in Baden-Württemberg die Kompetenzen für den Nahverkehr, aber auch die Investitionskosten von den vier Regierungspräsidien an die 35 Landkreise delegiert wurden, stand für Grosse „das Signal endgültig auf Grün". Mit akribischen Rentabilitäts- und Nutzungsexpertisen lieferte er den Landräten „Schwachstellen-Analysen aus der Sicht des Bahnbenützers".
Die Kreisverwaltungen von Tuttlingen, Rottweil, Balingen und Villingen-Schwenningen beauftragten Grosse, direkt mit der Bundesbahn zu verhandeln. Fernzüge, Intercity-Takte und günstige Verbindungen in die Schweiz wurden so für die Ländler gut erreichbar, und es gab verbilligte Sonntagsausflüge in die Landeshauptstadt Stuttgart.
Mitunter arbeitet Grosse für acht Landratsämter gleichzeitig. Seine Zielgruppen-Programme etwa für Pendler, Schüler oder Marktbesucher brachten Fahrgast-Steigerungsraten auf einzelnen Strecken von dreißig bis sechzig Prozent.
Im Zollern-Alb-Kreis wurde auf Vorschlag von Grosse die „Fahrlage" – Zeiten und Verbindungsdichte – von 150 Bahn- und

Auftragsbussen geändert, die zum Teil parallel zu leeren Zügen verkehrten. Die neuen Fahrpläne wurden nach Schul- und Bürozeiten oder Fabrikschichten ausgerichtet.
Dahinsiechende oder bereits geschlossene „Bahnhofswirtschäftle“ (Grosse) freuen sich neuerdings über Besucherzulauf. Immer weniger Autos verpesten beispielsweise das romantische Donautal zwischen Sigmaringen und Tuttlingen, seit dort, vorbei am Kloster Beuron, wieder Bummelzüge verkehren, die bedarfsweise an zehn Stationen stoppen.
„Man sieht täglich den Erfolg“, sagt der schlaue Schwabe Grosse, „und hat als Nebeneffekt ein schönes Stück Umweltschutz.“ Die Wochenenden verbringt der Junggeselle meist auf der Bahn – mit Kamera und Aktenkoffer.

(Mit freundlicher Genehmigung des Spiegel-Verlages)

Jörg Michael Fey

Abschied vom Auto

Eine Familie berichtet

Um es gleich vorwegzunehmen: Wir sind weder „Grüne“ noch spinnerte Sektierer (wenigstens glauben wir das), wenngleich man uns in den vergangenen Monaten häufig für verrückt erklärt hat. Wir sind eine Großfamilie aus einer Kreisstadt im Sauerland, fünf Kinder zwischen zwei und neun Jahren, Mutter (Grundschullehrerin a. D.) und Vater (Biologe, Oberstudienrat). Nach fünfzehn Jahren haben wir im März unseren Wagen abgeschafft.
Die Gründe für diesen einschneidenden Schritt waren und sind so erschreckend wie einfach: detaillierte Informationen über Umweltzerstörung, namentlich die Schäden durch den Straßenbau und den Straßenverkehr, denen ein Biologe sensibler gegenübersteht als der Normalbürger; der persönliche Einsatz im lokalen Naturschutz (so gegen Straßenneubauten); das endlose und unwirksame Gefasel über Katalysator, Tempo 100 und autofreien Sonntag; eine Regierung, die die Umweltbelastung zwar sieht, aber nur drüber redet; die vielen Naturschützer und „Grünen“, die zwar von anderen Verhaltensänderungen erwarten („Steig um auf Bus und Bahn“), in ihrem eigenen Bereich aber äußerst inkonsequent sind; und schließlich unser schlechtes Gewissen, das wir unseren Kindern gegenüber gehabt haben.
Wir haben – wie wohl die meisten Deutschen – unseren Wagen nur für Bequemlichkeitsfahrten gebraucht: zur Schule, zu den Großeltern, zum Einkaufen, für Kurzausflüge. Seit wir ihn nicht mehr haben, sind wir ruhiger geworden. Keine Hektik mehr im Auto, keine schreienden und schlagenden Kinder im Fond, dafür haben wir an den Wochenenden sehr häufig einen ganzen Linienbus für uns allein. Leider!
Fahrten zur Schule lassen sich dank hervorragender Verbindungen gut mit dem Bus erledigen, wobei in der Anfangsphase der Herr Oberstudienrat mit Schlips und Anzug bei den Schülern Aufmerksamkeit erregte (Ob der seinen Führerschein noch hat?). Hier im Bus erfahre ich inzwischen viele Schulneuigkeiten.
Für viele Menschen scheint es eine Überforderung zu sein, den Busfahrer beim Betreten des Busses zu grüßen. Statt dessen wird ihm die Monatskarte hingehalten, wie man einem Hund

den leeren Freßnapf zeigt. Die Busfahrer sind im großen und ganzen gelassen und hilfsbereit. Wir hatten anderes erwartet. Unmöglichkeiten werden möglich gemacht: Über Funk verständigen sie sich untereinander und warten geduldig auf Umsteiger, auch wenn sie dann mit zwei oder drei Minuten Verspätung losfahren.
Die Reaktionen unserer Nachbarn und Freunde waren gespalten. Unterschwellige Aggressionen fielen uns besonders auf. „Was soll das denn? Ihr seid wohl nicht ganz gescheit! Autos belasten die Umwelt nur ganz minimal. Schuld sind die Kraftwerke und vor allem die Flugzeuge.“ Andere fanden: „Das ist ja ganz nett, aber für mich kommt es nicht in Frage. Ich brauche das Auto.“ (Was wir bezweifeln, da keiner von ihnen Vertreter oder Selbständiger ist.) Oder – auch von jungen Leuten: „Einer allein schafft keine Änderung, deshalb fahre ich weiter Auto, obwohl ich weiß, daß es umweltschädigend ist.“ Entschuldigungen für die eigene Bequemlichkeit und Inkonsequenz, Gewissensmassage!
Was mußten wir in unserem Alltag ändern? Wir brauchen mehr Zeit (besonders am Wochenende, wenn die Verbindungen schlecht sind) und kaufen woanders ein. Fahrten zum Großeinkauf beim Aldi-Markt sind nun nicht mehr möglich. Wir besorgen unsere Sachen jetzt am Ort, wobei die älteren Kinder tatkräftig mithelfen. Wir stärken den Einzelhandel unserer Stadt, dem die mobilen Kunden ja fernbleiben.
Ein Wort zur Wirtschaftlichkeit: Unsere scheckheftgepflegten Autos, die wir im Laufe der Jahre fuhren, waren immer teurer als in den Kostentabellen des ADAC. Alles eingerechnet (Garage, Automobilclub, Haftpflicht, Steuern, Rechtsschutzversicherung, Reparaturen, Wartung, Pflegemittel, Benzin und Anschaffung) lagen wir bei rund 450 Mark pro Monat. Für Bus- und Bahnfahrten geben wir momentan zirka 150 Mark pro Monat aus.
Wir haben sehr schnell gelernt, aus den vorgegebenen Verbindungen das Beste zu machen. Lange Wartezeiten beim Umsteigen an zugigen Haltestellen lassen sich häufig vermeiden, wenn man ein paar Stationen eher aussteigt und der anderen Buslinie, die man sonst nicht erreicht hätte, über kurze Nebenstraßen „den Weg abschneidet“.
Wir sind in den vergangenen Monaten noch kritischer und noch umweltsensibler geworden, nehmen in der Stadt mehr Belastungen wahr als vorher, gehen Wege und Straßen, die wir zuletzt vor fünfzehn Jahren benutzt haben. Wir sehen die wartenden, stinkenden und lärmenden Autos an den Kreuzungen mit anderen Augen als vorher, sind der Meinung, daß das Auto in der Stadt entbehrlich ist. Wir fragen uns, warum die umwelt- und menschenfreundlichen Bus- und Bahnnetze nicht ausgebaut werden?
Es fahren zu wenig mit Bus und Bahn. Erst wenn mehr Menschen umsteigen, werden die Busse komfortabler, legen die Eisenbahnwagen ihre Trauerkleider ab, wird das Angebot attraktiver. Aber: „Die sollen mal anfangen“, sagen die Noch-Autofahrer.
Die Verkehrsunternehmen sind gefordert, Bus und Bahn attraktiver zu machen (da gibt es viele Möglichkeiten), all die Natur- und Umweltschützer (wer ist das nicht?), die in der Stadt auf ihren Wagen verzichten können, sollten nicht länger zögern, dies auch zu tun, selbst wenn sie in den nächsten Jahren noch Unannehmlichkeiten in Kauf nehmen müssen.
Wir sind froh, daß wir diesen Schritt vollzogen haben und bereuen unseren Entschluß bis heute nicht.

(Mit freundlicher Genehmigung der „ZEIT“)

Bildnachweis

Ossi Baumeister, München (Agentur Hamann): S. 6 r.u.; 7 r.o.; 11; 12; 13; 14 l.o.; 14 r.u.; 15 l.; 16 l.o.; 17 r.; 18 r.; 19; 20 u.; 21 r.o.; 22 l.u.; 23; 24 l.o., r.u.; 25 l.o.; 26 l.o., r.; 28 r.o.; 29 l.o., r.u.; 30 l.o., r.u.; 31 o.; 32 l.u.; 33 o.; 34 o.; 36 l.u.; 37 l.o., u.; 41 l.o.; 44 r.o., l.u.; 46 l; 48 r.o., l.u., r.u.; 49; 52 u.; 53 l.u., r.o.; 55; 56 r.o., l.u.; 57 l.o., r.u.; 59 r.o., u.; 60 r.u.; 61 l.o., u.; 62 u.; 63 o.; 64; 65; 67 r.u.; 68 r., l.u.; 69 r.o.; 70 u.; 71 l.o.; 74 o.; 76 l.u.; 77 l.o.; 78 r.; 79 l.o., u.; 80 r.u.; 81; 83 r.o., l.u.; 85 l.o., u.; 86 l.u.; 87; 88 l.u.; 90 l.o.; 94 l.o., r.u.; 95 l.o., u.; 96 o., l.u., m.u.; 97 u.; 98 l.o.; 99 l.o., r.u.; 100 r.o., u.; 101 r.u.; 102 r.o.; 103 r.; 104 r.u.; 108 r.o.; 110; 111 l.o.; 113 r.

Bertram Luftbild, München-Riem: Luftbilder S. 10; 93; 107; 131; Freigabe Reg. v. Obb. G4/30904; BMfLV Wien, 13.088/599-1.6/85; Reg. v. Obb. G4/30907; G4/30912.

Rüdiger Disko, München: S. 21 l.o.; 30 r.o.; 32 l.o.; 40 o.; 45 r.u.; 51 r.; 89 l.o.; 98 l.u.; 111 r.o.

Echte Nederlandse Fietsersbond, Woerden/Niederlande: Titel; S. 112; 113 l.o.; 114 l.

Sylvia Hamberger, München: S. 15 r.; 17 l.; 24 r.o.; 28 r.u.; 31 r.u.; 32 r.u.; 33 l.u.; 36 r.o.; 40 r.u.; 43 r.o.; 44 l.o.; 46 r.u.; 47; 48 l.o.; 56 l.o.; 58 l.o.; 58 r.u.; 60 l.o.; 62 o.; 63 l.u.; 67 r.o.; 68 l.o.; 69 l.; 70 o.; 72; 73 u.; 75 l.; 76 l.o.; 77 r.o., u.; 78 l.u.; 79 r.o.; 82 r.; 84; 88 l.o.; 89 r.o., l.u.; 90 m.o., r.o., u.; 91 u.; 94 r.o., l.u.; 95 r.o.; 103 l.; 111 r.u.

Karla Hey, München: S. 14 l.u.; 51 l.o.; 60 r.o.

Fa. Foto Hosser, Idar-Oberstein: S. 38 l.o.

Institut für Wohnen und Umwelt, Darmstadt: S. 83 r.u.

Josefine Jasperse, Groningen: S. 36 l.o.; 80 o., l.u.; 115 l.

Manfred Kaddatz, München: S. 45 l.o.; 52 r.o.; 53 l.o.; 99 r.o., l.u.; 101 l.

Georg Kasimir, Wien: S. 104 r.o.

Landesamt für Denkmalpflege Rheinland-Pfalz, Mainz: S. 7 u.

Frank Lehmann, Frankfurt: S. 6 r.o.

Florian Lindemann, Frankfurt: S. 102 u.

Udo Müller, Archiv Bundschuh: S. 106.

Thomas Piltz, München: S. 14 r.o.

Jürgen Peikert, Idar-Oberstein: S. 38 l.u.

Falk Rogner, München: S. 100 l.o.

Anna Schlichting, Berlin: S. 38 r.

Peter Seewald, München: S. 8; 9.

Carin Stoller, München: S. 16 r.; 20 l.o.; 24 l.u.; 28 l.; 41 u.; 43 l.; 45 r.o.; 111 l.u.

Bodo Teising, München: S. 105 l.o.

Mona Winter, München: S. 29 r.o.; 44 r.u.; 46 r.o.

Wolfgang Zängl, München: S. 18 l.; 20 r.o.; 21 u.; 22 l.o., r.; 25 l.u., r.; 26 l.u.; 27; 29 l.u.; 30 l.u.; 31 l.u.; 32 r.o.; 33 r.u.; 34 u.; 35; 36 r.u.; 37 r.o.; 40 l.u.; 41 r.o.; 42; 43 r.u.; 45 l.u.; 48 m.u.; 51 l.u.; 52 l.o.; 54; 56 r.u.; 57 r.o., l.u.; 58 r.o.; 59 l.o.; 61 r.o.; 63 m.u., r.u.; 66; 67 l; 69 r.u.; 71 r.o., u.; 73 o.; 74 u.; 75 r.; 76 r.; 78 l.o.; 82 l.; 83 l.o.; 85 r.o.; 86 o., r.u.; 88 r.; 89 r.u.; 91 o.; 92; 96 r.u.; 97 o.; 98 r.; 102 l.o.; 104 l.; 108 r.u.; 109; 114; 115 r.

Autorenhinweise

Arbeitsgruppe Biophysik (das sind derzeit die Physiker Prof. Dietmar Knoppik, Dr. Helmut Selinger, Dr. Alexander Ziegler-Jöns am Lehrstuhl für Physik der TU München-Weihenstephan). Seit 1979 Untersuchungen der Photosynthese von Kulturpflanzen (vor allem Weizen, Gerste), seit 1984 auch des Einflusses von Schadgasen auf die Photosynthese von Fichten, wie z. B. die Gaswechselmessungen des hier beschriebenen Experiments. Die Gesamtplanung des Experiments oblag einer Arbeitsgruppe am Lehrstuhl für Botanik der TU München-Weihenstephan (Prof. B. Hock, H. Kammerbauer, R. Römmelt).Ein detaillierter wissenschaftlicher Bericht über das hier beschriebene Experiment ist zur Veröffentlichung in der Zeitschrift „Environmental Pollution" eingereicht.

Ossi Baumeister, freier Journalist in München, arbeitet hauptsächlich an Fotoreportagen zu Umweltthemen.

Peter M. Bode, Redakteur, Kunst- und Kulturkritiker (Südd. Zeitung, Spiegel, Abendzeitung); freier Mitarbeiter für FAZ und Art. Mitarbeit an fachspezifischen Nachschlagewerken; Architektursendungen für Fernsehen und Rundfunk. Mitarbeit an Ausstellung und Buch 'Grün kaputt'. Veröffentlichungen: Deutsche Kunst seit 1960: Architektur (mit Paolo Nestler), München 1976; Architektur aus Österreich (mit Gustav Peichl), Salzburg und Wien 1980; Architektur zum Wohnen, München 1985.

Frank Böckelmann, Kommunikationswissenschaftler und Schriftsteller in München. Mitherausgeber von *Tumult – Zeitschrift für Verkehrswissenschaft.* Veröffentlichungen u. a.: Befreiung des Alltags (Hrsg.), 1970; Theorie der Massenkommunikation, 1975; Subversive Aktion – Der Sinn der Organisation ist ihr Scheitern (mit H. Nagel), 1976; Der Hunger nach Begrenzung – Die BRD am Ende des Jahrhunderts, 1985.

Jörg Michael Fey, Dr. rer. nat., Biologe, Oberstudienrat in Lüdenscheid, zahlreiche Publikationen zur Biologie von Fließgewässern und zur Biologiedidaktik.

Sylvia Hamberger, Studium der Zoologie und Verhaltensforschung, Mitarbeiterin der „Gesellschaft für sozialwissenschaftliche und ökologische Forschung", München. Verschiedene Veröffentlichungen und Vorträge zur Umweltproblematik, Gentechnologie und Hygienekultur. Mitarbeit an Ausstellung und Buch 'Grün kaputt'.

Ulrich Höpfner, Dr. rer. nat., Mitbegründer und Mitarbeiter des IFEU (Institut für Energie und Umwelt), Heidelberg. Hauptarbeitsgebiet: KFZ-Emissionen.

Gertrud Koch, Filmkritikerin und Filmwissenschaftlerin. Lehrt Filmtheorie an verschiedenen Universitäten. Veröffentlichungen zu filmwissenschaftlichen und ästhetischen Themen. Lebt in Frankfurt a. M.

Hans-Joachim Mader, Dr. rer. nat., Biologe in der Bundesforschungsanstalt für Naturschutz und Landschaftsökologie, Bonn. Veröffentlichungen zur Inselökologie, Straße und Tierwelt, Verinselung und Vernetzung der Landschaft.

Heiner Monheim, Dr. phil., Bundesforschungsanstalt für Landeskunde und Raumordnung, Bonn. Stadt- und Regionalplaner. Veröffentlichungen u. a.: Verkehr in der Sackgasse, Kritik und Alternativen (1979), Fußgängerstadt (1977), Fahrrad in der Stadt (1980), Flächenhafte Verkehrsberuhigung (1983).

Michael Rutschky lebt in Berlin. Buchveröffentlichungen u. a.: „Erfahrungshunger. Ein Essay über die siebziger Jahre" (1980); „Wartezeit. Ein Sittenbild" (1983); „Zur Ethnographie des Inlands" (1984); „Auf Reisen. Ein Fotoalbum" (1986).

Christian Sailer, Rechtsanwalt in München; Spezialgebiet: Verwaltungs- und Verfassungsrecht; zahlreiche Veröffentlichungen zu Fragen des Umweltrechts; Prozeßvertretungen von Bürgern und Gemeinden gegen Großprojekte (z. B. Flughafen München II, Rhein-Main-Donau-Kanal).

Ferdinand Sander, Dipl.-Ing., leitender Büroarbeiter in der Industrie, Aufkleberverbreiter und Initiator einer bundesweiten Kampagne „Freiwillig Tempo 100 auf Autobahnen dem Wald zuliebe“.

Christian Schütze, Dr. phil., Studium der Geschichte und Philosophie an den Universitäten Kiel und Heidelberg. Tätigkeiten in der Industrie und am Forschungsinstitut der Deutschen Gesellschaft für Auswärtige Politik. Redakteur bei der Stuttgarter Zeitung und leitender Redakteur bei der Süddeutschen Zeitung, dazwischen Chefredakteur der Zeitschrift »Natur«.

Jochen Sonn, Dipl.-Psych., 13 Jahre Beschäftigter der Daimler Benz AG in Stuttgart-Untertürkheim, 6 Jahre Mitglied des Betriebsrates (Fraktion der Plakat-Gruppe um Willi Hoss). Veröffentlichungen in „Wohin denn wir?“ (Oberbaum 1982); „Starker Arm am kurzen Hebel“ (Rotbuch 1981); „Kongreß Zukunft der Arbeit“ (Berger, Müller, Pfriem, 1982).
(Der vollständige Text kann über den Autor bezogen werden. Das Schlußzitat ist dem SPIEGEL 50/1983 entnommen.)

Klaus Spitzer, Kunsterzieher in Neuss, freier Berater und Planer in der Spielpädagogik. Veröffentlichungen u. a.: Spielplatzhandbuch. Ein kritisches Lexikon: Stichworte und Materialien für Aktion und Unterricht (mit J. u. R. Günter) Hamburg 1980; Grün in der Stadt - von oben, von selbst, für alle, von allen (mit M. Andritzky, Hg.) Reinbek 1981.

ginka steinwachs, vogelfreie schriftstellerin in frankfurt - mon amour, amateur-fußgängerin, wie man am besten an ihren romanen: marylinparis, 1978/79 und berliner trichter 1979 erkennen kann. veröffentlichte zuletzt das metastück: erzherzog - herzherzog 1985 im raben verlag.

Carin E. Stoller, Kunsterzieherin an der Realschule Aichach und freie Künstlerin in München.

Harald Theml, Prof. Dr. med., Internist, Leiter einer Abteilung für Hämatologie und Onkologie in Karlsruhe. Neben Fachpublikationen in Vorträgen und Aufsätzen Auseinandersetzung mit ökologischen und medizinisch ethnischen Gegenwartsfragen, z. B. „Krieg ist keine Krankheit“ (Ed. München 1983), „Bedrohung und Verdrängung“ (Zürich 1984), „Fragen an die Medizinische Ethik unter der atomaren Bedrohung“ 1985.

Rudi Then Bergh, Dipl.-Ing. Architekt, München, Mitarbeit an Verkehrsberuhigungsinitiativen in München seit 1977.

Paul Virilio, Architekt und Urbanist, Leiter der Ecole spéciale de l'architecture in Paris. Der vorliegende Text wurde mit freundlicher Genehmigung des Merve-Verlages, Berlin, dem Band Fahren, fahren, fahren . . . entnommen. Weitere Veröffentlichungen u. a. Geschwindigkeit und Politik; Der reine Krieg.

Hubert Weinzierl, Dipl.-Forstwirt, Vorsitzender des Bund für Umwelt und Naturschutz Deutschland e.V. (BUND) und des Bund Naturschutz in Bayern e.V. Zahlreiche Veröffentlichungen auf dem Gebiet des Natur- und Umweltschutzes.

Mona Winter lebt als Schriftstellerin in München. Veröffentlichte 1985 „Mondlicht im Prisma“, gab 1983 „Zitronenblau – Balanceakte ästhetischen Begreifens“ heraus, verfaßte zusammen mit anderen „Venusfliegenfalle“ (1979). Weitere Arbeiten: Essays über die Welt der Filmbilder, neuere Literatur, Ästhetik des Zerfalls.

Brigitte Wormbs studierte Landschaftsökologie und -planung, Städtebau und Kunstgeschichte. Sie lebt in Ulm und veröffentlichte als freie Schriftstellerin u. a. die Bücher „Über den Umgang mit Natur. Landschaft zwischen Illusion und Ideal“ (3. Aufl. 1981) und „Ortsveränderung“ (1981).

Wolfgang Zängl, Soziologe, Mitarbeiter der Gesellschaft für sozialwissenschaftliche und ökologische Forschung in München. Mitarbeit an Ausstellung und Buch 'Grün kaputt'. Vorträge und Aufsätze über die Zerstörung der Welt durch Technik. Veröffentlichungen u. a.: Der Baum der Reisenden (1980); Fabriklandschaften (1984).

Die Sprache der Autoren ist deutlich, die Bild-Dokumentation zu diesem Umweltbuch hervorragend – Die Autorenbeiträge geben keine romantisierende Überhöhung des Naturgedankens, wollen Natur weder idealisieren, noch ideologisieren. Ohne Larmoyanz werden Beispiele und Gegenbeispiele gezeigt. Die eindrucksvollen Texte sind von Forstsachverständigen, Ärzten, Journalisten, engagierten Umweltschützern verfaßt. Jean Jacques Rousseau und Goethe sind in die Text-Sammlung aufgenommen worden. Ein mutiges Buch. Ein Buch für die Zukunft. Ulrike Stielau

DIE ZEIT, 4. Mai 1984

– ein schöner Sprengsatz friedlicher Gedanken – gehört als Postwurfsendung in jeden Hausbriefkasten.
Gottfried Knapp

Südd. Zeitung, 13. August 1983

Dieter Wieland
Peter M. Bode
Rüdiger Disko

GRÜN KAPUTT, LANDSCHAFT UND GÄRTEN DER DEUTSCHEN

210 Seiten, 320 vierf. Abb. DM 28,-

Grün kaputt

Landschaft und Gärten der Deutschen

Raben Verlag München